ICT建设与运维岗位能力培养丛书

锐捷ICT人才教育中心用书

IPv6技术与应用（锐捷版）

正月十六工作室　组　编

黄君美　欧阳绪彬　汪双顶　主　编

罗定福　曾振东　蔡宗唐　副主编

电子工业出版社

Publishing House of Electronics Industry

北京·BEIJING

内 容 简 介

围绕网络工程师对路由交换设备的配置与管理内容，本书较系统、完整地介绍了 IPv6 地址、邻居发现、地址冲突检测、IPv6 静态路由、IPv6 默认路由、OSPFv3、IPv6 访问控制列表、IPv6 隧道等知识。

全书由 IPv6 局域网应用篇、IPv6 园区网应用篇、IPv4 与 IPv6 混合应用篇、IPv6 扩展应用篇四大单元组成，每个单元包含 3～5 个项目，每个项目均源自一个真实的应用场景，并按工作过程系统化展开。通过在业务场景中学习和实践，读者能快速熟悉 IPv6 的相关知识及应用。

本书提供了微课、PPT、练习与思考等教学资源，适合作为应用型本科、高职、中职、技工等院校信息技术类通识课的教材，也可作为 IPv6 技术与应用的培训教材，以及社会信息技术类相关工作人员的参考用书。

图书在版编目（CIP）数据

IPv6 技术与应用：锐捷版 / 黄君羡，欧阳绪彬，汪双顶主编 . -- 北京：电子工业出版社，2022.3
ISBN 978-7-121-43099-2

Ⅰ．①I… Ⅱ．①黄… ②欧… ③汪… Ⅲ．①计算机网络—通信协议 Ⅳ．① TN915.04

中国版本图书馆 CIP 数据核字（2022）第 042723 号

责任编辑：李　静　　　　特约编辑：付　晶
印　　刷：涿州市般润文化传播有限公司
装　　订：涿州市般润文化传播有限公司
出版发行：电子工业出版社
　　　　　北京市海淀区万寿路 173 信箱　　邮编　100036
开　　本：787×1092　1/16　印张：16.5　字数：423 千字
版　　次：2022 年 3 月第 1 版
印　　次：2025 年 8 月第 7 次印刷
定　　价：49.80 元

凡所购买电子工业出版社图书有缺损问题，请向购买书店调换。若书店售缺，请与本社发行部联系，联系及邮购电话：（010）88254888，88258888。

质量投诉请发邮件至 zlts@phei.com.cn，盗版侵权举报请发邮件至 dbqq@phei.com.cn。

本书咨询联系方式：（010）88254604，lijing@phei.com.cn。

ICT建设与运维岗位能力培养丛书编委会

（以下排名不分顺序）

主任：

罗　毅　　广东交通职业技术学院

副主任：

白晓波　　全国互联网应用产教联盟
武春岭　　全国职业院校电子信息类专业校企联盟
黄君羡　　中国通信学会职业教育工作委员会
王隆杰　　深圳职业技术学院

委员：

许建豪　　南宁职业技术学院
邓启润　　南宁职业技术学院
彭亚发　　广东交通职业技术学院
梁广明　　深圳职业技术学院
李爱国　　陕西工业职业技术学院
李　焕　　咸阳职业技术学院
詹可强　　福建信息职业技术学院
肖　颖　　无锡职业技术学院
安淑梅　　锐捷网络股份有限公司
王艳凤　　广东唯康教育科技股份有限公司
陈　靖　　联想教育科技股份有限公司
秦　冰　　统信软件技术有限公司
李　洋　　深信服科技股份有限公司
黄祖海　　中锐网络股份有限公司
张　鹏　　北京神州数码云科信息技术有限公司
孙　迪　　华为技术有限公司
刘　勋　　荔峰科技（广州）科技有限公司
蔡宗山　　职教桥数据科技有限公司

前 言
PREFACE

"正月十六工作室"联合IT厂商、IT服务商、资深教师组成教材开发团队,聚焦产业发展动态,持续跟进新一代ICT岗位需求变化,基于工作过程系统化开发了项目化课程和全方位教学资源。

本书前期历经职业院校教学、企业培训的多次打磨,融合了教材开发团队多年的教学与培训经验,采用最容易让读者理解的方式,通过场景化的项目案例将理论与技术应用密切结合,让技术应用更具实用性;通过标准化业务实施流程让读者熟悉工作过程;通过项目拓展进一步巩固业务能力,促进读者养成规范的职业行为。全书通过15个精心设计的项目让读者逐步掌握IPv6技术与应用,为成为一名准IT网络管理工程师打下坚实的基础。

本书主要有如下特色。

1.课证融通、校企双元合作开发

本书由高校教师和企业工程师联合编写。书中关于路由与交换技术及知识点导入了锐捷网络服务技术标准和锐捷认证考核标准;课程项目导入了荔峰科技、中锐网络等服务商的典型项目案例和标准化业务实施流程;高校教师团队按高职网络专业人才培养要求和教学标准,结合读者的认知特点,将企业资源进行教学化改造,形成工作过程系统化教材,使教材内容符合系统管理工程师岗位技能培养要求。

2.项目贯穿、课产融合

递进式场景化项目重构课程序列。本书围绕系统管理工程师岗位对网络工程中IPv6技术技能的要求,基于工作过程系统化方法,按照TCP/IP协议由低层到高层这一规律,设计了15个进阶式项目案例,并将网络知识分块融入各项目中,构建各项目内容。读者通过进阶式项目的学习,可掌握相关的知识和技能,逐步具备系统管理工程师的岗位能力。

图0-1所示为IPv6技术与应用学习地图。

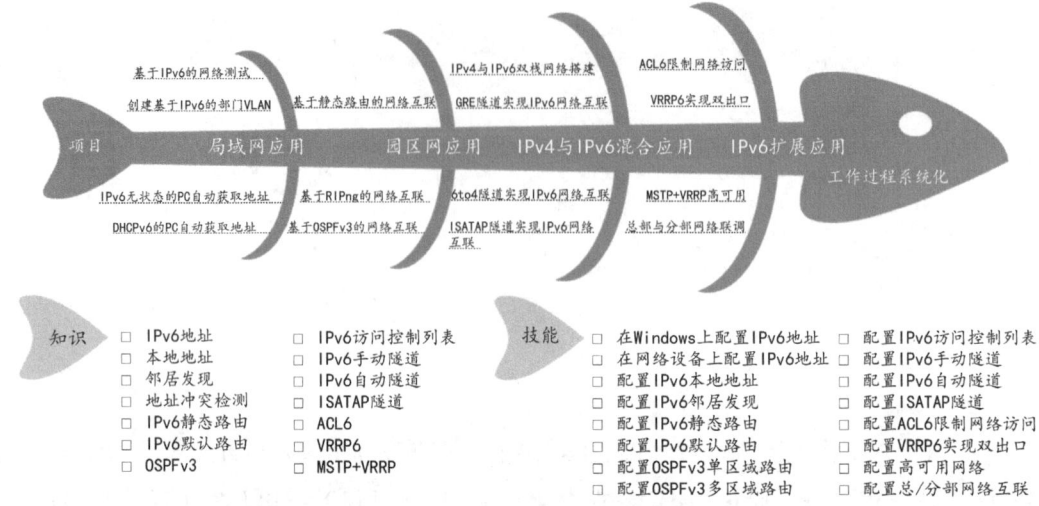

图0-1　IPv6技术与应用学习地图

用业务流程驱动学习过程。课程项目按企业工程项目实施流程分解为若干工作任务。通过项目描述、项目需求分析、项目相关知识的讲解为任务做铺垫；项目实施过程由任务规划、任务实施和任务验证构成，符合工程项目实施的一般规律。读者通过15个项目的渐进学习，逐步熟悉IT系统管理工程师岗位中IPv6配置与管理知识的应用场景，熟练掌握业务实施流程，培养良好的职业素养。

3.实训项目具有复合性和延续性

考虑企业真实工作项目的复合性，工作室在每个项目后精心设计了课程实训项目。实训项目不仅考核与本项目相关的知识、技能和业务流程，还涉及前序知识与技能，强化了各阶段知识点、技能点之间的关联，让读者熟悉知识与技能在实际工作场景中的应用。

若本书作为教学用书，则参考学时为40 ～ 74学时，各项目的参考学时如表0-1所示。

表0-1　学时分配表

内容模块	课程内容	学时
局域网应用篇	项目1　基于IPv6的Jan16公司网络测试	2～4
	项目2　为Jan16公司创建基于IPv6的部门VLAN	2～4
	项目3　基于IPv6无状态的PC自动获取地址	2～4
	项目4　基于DHCPv6的PC自动获取地址	2～4
园区网应用篇	项目5　基于静态路由的总部与分部互联	2～4
	项目6　基于RIPng的Jan16园区网络互联	2～4
	项目7　基于OSPFv3的Jan16公司总部与多个分部互联	2～4

内容模块	课程内容	学时
IPv4与IPv6混合应用篇	项目8　Jan16公司基于IPv4和IPv6的双栈网络搭建	2～4
	项目9　使用GRE隧道实现Jan16公司总部与分部的互联	2～4
	项目10　使用6to4隧道实现Jan16公司总部与分部的互联	2～4
	项目11　使用ISATAP隧道实现Jan16公司IPv6网络的互联	2～4
IPv6扩展应用篇	项目12　使用ACL6限制Jan16公司网络访问	2～4
	项目13　Jan16公司基于VRRP6的ISP双出口备份链路配置	4～6
	项目14　Jan16公司基于MSTP和VRRP的高可靠性网络搭建	4～6
	项目15　Jan16公司总部及分部IPv6网络联调	4～6
课程考核	综合项目实训/课程考评	4～8
课时总计		40～74

本书由正月十六工作室组编，主编为黄君羡、欧阳绪彬、汪双顶，副主编为罗定福和曾振东、蔡宗唐，相关编者信息如表0-2所示。

表0-2　教材编写单位和编者信息

参编单位	编　者
正月十六工作室	欧阳绪彬、蔡宗唐、庞德芬、梁焯明
联想教育	吴洋洋
中锐网络	安淑梅、任超
锐捷网络	黎明、杨卓荣
荔峰科技	刘勋
广东交通职业技术学院	黄君羡、许兴鸥
广东青年职业学院	曾振东
广东松山职业技术学院	罗定福

本书在编写过程中，参阅了大量的网络技术资料和书籍，并引用了IT服务商的大量项目案例，在此，对这些资料的贡献者表示感谢。

由于技术发展迅速，加上编者水平有限，书中难免有疏漏和不足之处，望广大读者批评指正。

编　者
2022年1月

目 录
CONTENTS

项目 1　基于 IPv6 的 Jan16 公司网络测试

项目 2　为 Jan16 公司创建基于 IPv6 的部门 VLAN

项目 3　基于 IPv6 无状态的 PC 自动获取地址

项目 4　基于 DHCPv6 的 PC 自动获取地址

项目 5　基于静态路由的总部与分部互联

项目 6　基于 RIPng 的 Jan16 园区网络互联

项目 7　基于 OSPFv3 的 Jan16 公司总部与多个分部互联

项目 8　Jan16 公司基于 IPv4 和 IPv6 的双栈网络搭建

项目 9 使用 GRE 隧道实现 Jan16 公司总部与分部的互联

项目 10 使用 6to4 隧道实现 Jan16 公司总部与分部的互联

项目 11　使用 ISATAP 隧道实现 Jan16 公司 IPv6 网络的互联

项目 12　使用 ACL6 限制 Jan16 公司网络访问

项目 13　Jan16 公司基于 VRRP6 的 ISP 双出口备份链路配置

项目 14　Jan16 公司基于 MSTP 和 VRRP 的高可靠性网络搭建

项目 15   Jan16 公司总部及分部 IPv6 网络联调

项目 1

基于 IPv6 的 Jan16 公司网络测试

扫一扫，
看微课

项目描述

Jan16公司所在的智慧园区已全面升级为IPv6网络。公司已部署的交换机、路由器均支持IPv6协议，公司拟将信息中心升级为IPv6网络，前期需要测试公司现有终端设备是否支持IPv6。

网络工程师小明负责该测试任务，计划先使用信息中心的两台终端进行IPv6网络测试，本项目网络拓扑如图1-1所示。

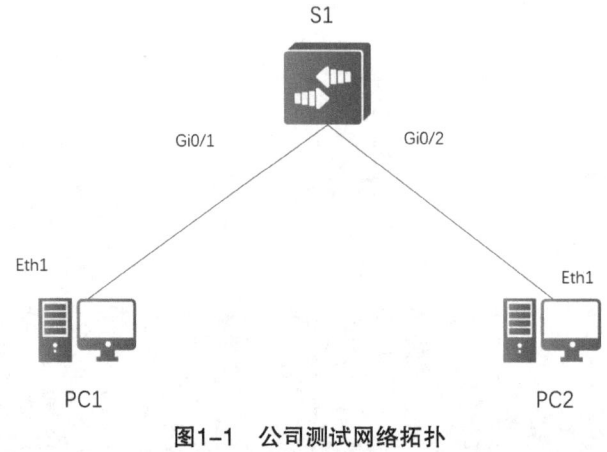

图1-1 公司测试网络拓扑

项目需求分析

公司网络从IPv4升级到IPv6，需要信息中心尽快熟悉IPv6网络地址的相关知识，先在信息中心的测试终端上进行小规模实施，待测试通过后，再进行全网实施，这有利于降低项目实施风险。

根据项目描述，用于测试的交换机支持IPv6协议。本项目需要将信息中心的两台测试终端接入测试交换机，在终端上配置IPv6地址，并测试通信是否正常。

因此，本项目可以通过以下工作任务来完成：

在PC上配置IPv6地址。

项目相关知识

1.1 IPv6概述

IETF在20世纪90年代提出了下一代互联网协议——IPv6，IPv6支持几乎无限的地址空间。IPv6使用了全新的地址配置方式，使配置更加简单。IPv6还采用了全新的报文格式，提高了报文处理的效率和安全性，也能更好地支持QoS。

IPv6采用128位的地址长度，其地址总数可达2^{128}个。这不仅解决了网络地址资源数量的问题，还为万物互联所限制的IP地址数量扫清了障碍。因此，相比于IPv4，IPv6具有诸多优点。

（1）地址空间巨大。

相对于IPv4的地址空间而言，IPv6可以提供2^{128}个地址，几乎不会被耗尽，可以满足未来网络的任何应用，如物联网等。

（2）层次化的路由设计。

在规划设计IPv6地址时，吸取了IPv4地址分配不连续问题带来的教训，采用了层次化的设计方法，前3位固定，理论上，互联网骨干设备上的IPv6路由表只有8192（顶级聚合第4 ~ 16位，共13位，顶级路由则为2^{13}=8192）条路由信息。

（3）效率高，扩展灵活。

相对于IPv4的报头大小可变（可为20 ~ 60字节），IPv6报头采用了定长设计，大小固定为40字节。相对于IPv4报头中数量多达12个的选项，IPv6把报头分为基本报头和扩展报头，基本报头中只包含选路所需要的8个基本选项，其他功能都设计为扩展报头，这样有利于提高路由器的转发效率，也可以根据新的需求设计出新的扩展报头，以使其具有良好的扩展性。

（4）支持即插即用。

设备连接到网络中，可以通过自动配置的方式获取网络前缀和参数，并自动结合设备自身的链路地址生成IP地址，简化了网络管理工作。

（5）更好的安全保障。

IPv6通过扩展报头的形式支持IPSec协议，无须借助其他安全加密设备，因此可以直接为上层数据提供加密和身份认证，保障了数据传输的安全性。

（6）引入了流标签的概念。

使用IPv6新增的Flow Label字段，加上相同的源IP地址和目的IP地址，可以标记数据包属于某个相同的流量，业务可以根据不同的数据流进行更细致的分类，实现优先级控制。例如，基于流的QoS等应用适用于对连接的服务质量有特殊要求的通信，如音频或视频等实时数据传输。

1.2 IPv6的数据包封装

因为IPv4中的报头功能字段过多，路由器查找选路的时候需要读取每个字段，但很多字段是空白的，这样会导致转发效率低，所以IPv6把报文的报头分为基本报头和扩展报头两部分。基本报头中只包含基本的必要属性，如源IP地址、目的IP地址等，扩展属性利用扩展报头添加在基本报头的后面。

1.IPv6基本报头

IPv6基本报头大小固定为40字节，其中包含8个字段，其格式如图1-2所示。

```
+--+--+--+--+--+--+--+--+--+--+--+--+--+--+--+--+--+--+--+--+--+--+--+--+--+--+--+--+--+--+--+--+
| Version  |  Traffic Class  |                    Flow Label                        |
+--+--+--+--+--+--+--+--+--+--+--+--+--+--+--+--+--+--+--+--+--+--+--+--+--+--+--+--+--+--+--+--+
|         Payload Length            |       Next Header      |      Hop Limit       |
+--+--+--+--+--+--+--+--+--+--+--+--+--+--+--+--+--+--+--+--+--+--+--+--+--+--+--+--+--+--+--+--+
|                                                                                  |
+                                                                                  +
|                                                                                  |
+                          Source Address                                          +
|                                                                                  |
+                                                                                  +
|                                                                                  |
+--+--+--+--+--+--+--+--+--+--+--+--+--+--+--+--+--+--+--+--+--+--+--+--+--+--+--+--+--+--+--+--+
|                                                                                  |
+                                                                                  +
|                                                                                  |
+                        Destination Address                                       +
|                                                                                  |
+                                                                                  +
|                                                                                  |
+--+--+--+--+--+--+--+--+--+--+--+--+--+--+--+--+--+--+--+--+--+--+--+--+--+--+--+--+--+--+--+--+
```

图1-2　IPv6基本报头格式

（1）Version：4位，指定IPv6时，其值为6。

（2）Traffic Class：8位，其功能与IPv4中的TOS字段类似，用来区分不同类型或优先级的IPv6数据包，根据RFC2647中定义的差分服务技术，该字段使用了6位作为差分服务代码点（Differentiated Services Code Point，DSCP），可以表示的DSCP值为0～63。

（3）Flow Label：20位，用于标识同一个数据流，此字段为IPv6的新增字段。由于可以标记一个流中的所有数据包，路由器可以利用该字段来辨别一个流，而不用处理流中的每个数据包头，提高了处理效率。目前，该字段还在试用阶段。

（4）Payload Length：16位，数据包的有效载荷，指报头后的数据内容的长度，单位是字节，最大数值为65535，指IPv6基本报头后面的数据内容长度，包含扩展报头部分。该字段和IPv4报头中的总长度字段的不同在于，IPv4报头中总长度字段指的是报头和数据两部分的长度，而IPv6的有效载荷字段只是指数据部分的长度，不包括IPv6基本报头。

（5）Next Header：8位，指明基本报头后面的扩展报头或上层协议中的协议类型。如果只有基本报头而无扩展报头，那么该字段的值指示的是数据部分所承载的协议类型，这一点类似IPv4报头中的协议字段，且与IPv4的协议字段使用相同的协议值。例如，UDP为17，TCP为6。表1-1列出了常用的Next Header值及对应的扩展报头或高层协议类型。

表1-1　常用的Next Header值及对应的扩展报头或高层协议类型

Next Header值	对应的扩展报头或高层协议类型
0	逐跳选项扩展报头
6	TCP
17	UDP
43	路由选择扩展报头
44	分段扩展报头
50	ESP扩展报头
51	AH扩展报头
58	ICMPv6
60	目的选项扩展报头
89	OSPFv3

（6）Hop Limit：8位，其功能类似于IPv4中的TTL字段，最大值为255，报文每经过一跳，该字段值会减1，该字段值减为0后，数据包会被丢弃。对于IPv6来说，此时会发送一条ICMPv6超时消息，以通知数据包的源端数据已经被丢弃。

（7）Source Address：128位，数据包的源IPv6地址，必须是单播地址。

（8）Destination Address：128位，数据包的目的IPv6地址，可以是单播地址或组播地址。

2. IPv6扩展报头

IPv6扩展报头是可选报头，位于IPv6基本报头后，其作用是取代IPv4报头中的选项字段，这样可以使IPv6的基本报头采用定长设计，并把IPv4中的部分字段（如分段字段）独立出来，将其设计为IPv6分段扩展报头，这样做的好处是大大提高了中间节点对IPv6数据包的转发效率。每个IPv6数据包都可以有0或多个扩展报头，每个扩展报头的长度都是8字节的整数倍。IPv6基本报头和扩展报头的Next Header字段表明了紧跟在此报头后面的内容是什么，可能是另一个扩展报头或者高层协议。

IPv6的扩展报头被当作IPv6静载荷的一部分，计算在IPv6基本报头的Payload Length字段内。

IPv6的报文结构示例如图1-3所示。

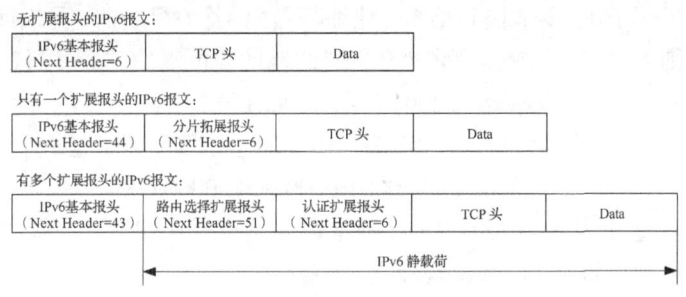

图1-3　IPv6的报文结构示例

目前，RFC2460中定义了6个IPv6扩展报头：逐跳选项扩展报头、目的选项扩展报头、路由选择扩展报头、分段扩展报头、认证扩展报头、封装安全净载扩展报头。

逐跳选项扩展报头和目的选项扩展报头的数据部分采用了类型–长度–值（Type-Length-Value，TLV）的选项设计，如图1-4所示。

选项数据类型 （Option Data Type）	选项数据长度 （Option Data Length）	选项数据值 （Option Data Value）

图1-4　扩展报头数据部分的选项设计

（1）Option Data Type：8位，标识类型，最高2位表示设备识别此扩展报头时的处理方法（00表示跳过这个选项；01表示丢弃数据包，不通知发送方；10表示丢弃数据包，无论目的IP地址是否为组播地址，都向发送方发送1个ICMPv6的错误信息报文；11表示丢弃数据包，当目的IP地址不是组播地址时，向发送方发送1个ICMPv6的错误信息报文）；第3位表示在选路过程中，Data部分是否可以被改变（0表示Option不能被改变，1表示Option可以被改变）。

值得注意的是，若存在认证扩展报头，则在计算数据包的校验值时，可变化Data部分需要作为8位的全0进行处理。

（2）Option Data Length：8位，标识Option Data部分的长度，最大为255字节，不包含

Option Data Type 和 Option Data Length 部分的长度。

（3）Option Data Value：长度可变，最大为255字节，包含选项的具体数据内容。

1.3 IPv6地址的表达方式

对于IPv4的32位地址，人们习惯上将其分成4块，每块有8位，中间用"."相隔，为了方便书写和记忆，一般换算成十进制数。例如，11000000.10101000.00000001.00000001可以表示为192.168.1.1。这种表达方式被称为点分十进制。

对于IPv6来说，可以将16位分成1块，一共为8块，每块用":"相隔。下面是一个IPv6地址的完整表达方式：

$$2001:0fe4:0001:2c00:0000:0000:0001:0ba1$$

显然，这样的地址是非常不便于书写和记忆的，所以在此基础上可以对IPv6地址的表达方式做一些简化。

（1）简化规则1：每个地址块的起始部分的0可以省略。

例如，上述地址可以简化表达为2001:fe4:1:2c00:0:0:1:ba1。

需要注意的是，只有每个地址块的前面部分的0可以省略，但中间和后面部分的0是不能省略的。在上述例子中，第5块和第6块地址都是由4个0组成的，可以简化为1个0。

（2）简化规则2：由1个或连续多个0组成的地址块可以用"::"取代。

例如，上述地址可以简化表达为2001:fe4:1:2c00::1:ba1。

需要注意的是，在整个地址中，只能出现一次"::"。例如，以下是一个完整的IPv6地址：

$$2001:0000:0000:0001:0000:0000:0000:0001$$

若错误地将其简化表达为2001::1::1，则上述表达方式中出现了2次"::"，会导致无法判断具体哪几块地址被省略，以致出现歧义。

以上IPv6地址可以正确表示为以下两种表达方式。

表达方式1：

$$2001::1:0:0:0:1$$

表达方式2：

$$2001:0:0:1::1$$

IPv6地址也分为两部分——网络号和主机号，为了区分这两部分，在IPv6地址后面加上"/数字（十进制数形式）"的组合，数字用来确定从头开始的几位是网络位。

例如，2001::1/64。

项目规划设计

◎ 项目拓扑

本项目使用2台PC及1台新购置的交换机来搭建项目拓扑，如图1-5所示。其中PC1与PC2是Jan16公司现有员工计算机，S1作为PC1与PC2之间的数据交换设备。通过为PC1和PC2配置IPv6地址，实现PC1与PC2之间能通过IPv6地址互相访问。

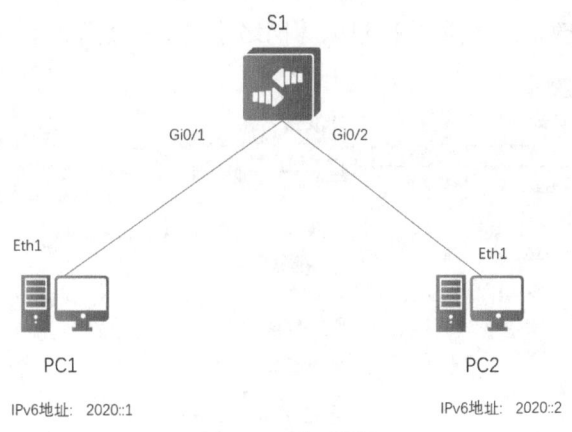

图1-5　项目拓扑

◎ 项目规划

根据以上项目拓扑图进行项目的业务规划,端口互联规划表、IP规划表分别如表1-2和表1-3所示。

表1-2　端口互联规划表

本端设备	本端接口	对端设备	对端接口
PC1	Eth1	S1	Gi0/1
PC2	Eth1	S1	Gi0/2
S1	Gi0/1	PC1	Eth1
S1	Gi0/2	PC2	Eth1

表1-3　IP规划表

设备命名	接口	IP地址	用途
PC1	Eth1	2020::1/64	PC1主机地址
PC2	Eth1	2020::2/64	PC2主机地址

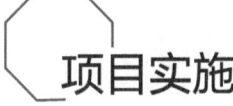

项目实施

任务 1-1　在 PC 上配置 IPv6 地址

任务规划

根据项目规划中的IP规划表,为PC1、PC2配置相应的IPv6地址。

任务实施

1. PC1配置

(1)在开始菜单中单击【设置】-【网络和Internet】-【状态】选项,如图1-6所示,在右侧菜单中单击【更改适配器选项】，进入【网络连接】配置界面。

图1-6 打开网络和Internet

（2）在【网络连接】配置界面中，右击需要配置的网络适配器，选择【属性】命令，如图1-7所示。

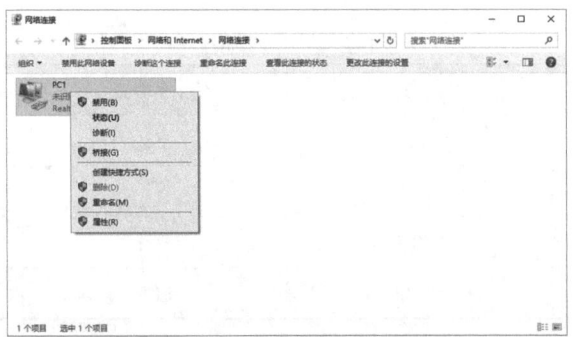

图1-7 打开网络适配器属性设置界面

（3）在网络适配器【PC1属性】界面中，勾选【Internet协议版本6（TCP/IPv6）】前的复选框，如图1-8所示。

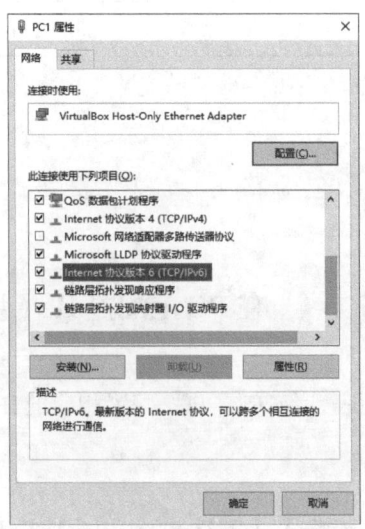

图1-8 选择"Internet 协议版本 6（TCP/IPv6）"

（4）如图1-9所示，为PC1配置【IPv6地址】为【2020::1】，【子网前缀长度】为【64】，单击【确定】按钮，IPv6地址设置完毕。

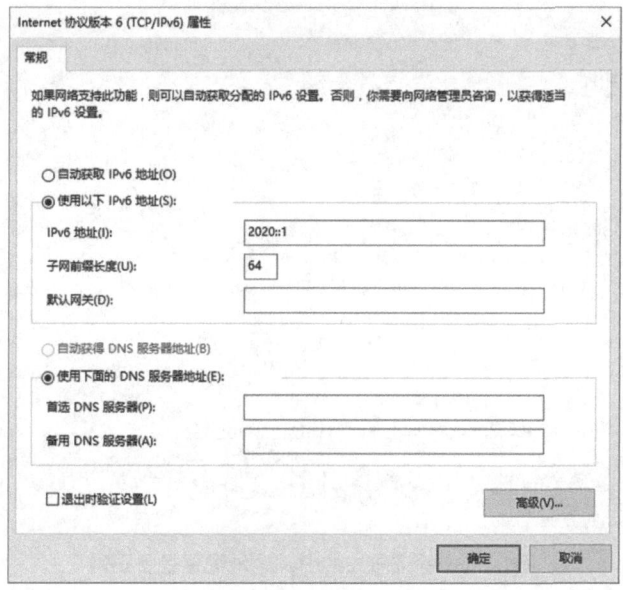

图1-9　配置IPv6地址

2. PC2配置

PC2的配置操作与PC1的配置操作相同，这里不再赘述。需注意PC2的IP地址为2020::2/64，谨防地址配置错误导致IP地址冲突问题。

任务验证

（1）在PC1上同时按下键盘上的【Windows】键和【R】键，调出运行窗口，在运行窗口中输入【CMD】命令，单击【确定】按钮。在打开的CMD窗口中输入【ipconfig】命令，查看物理网卡上IPv6地址的配置情况，验证已配置的IPv6地址是否正确，结果如图1-10所示。PC1已经正确加载了IPv6地址。

```
C:\Users\admin>ipconfig

Windows IP 配置


以太网适配器 PC1:

    连接特定的 DNS 后缀 . . . . . . . :
    IPv6 地址 . . . . . . . . . . . . : 2020::1
    本地链接 IPv6 地址 . . . . . . . : fe80::8df1:3700:a071:2ba%21
    IPv4 地址 . . . . . . . . . . . . : 192.168.1.1
    子网掩码 . . . . . . . . . . . . : 255.255.255.0
    默认网关 . . . . . . . . . . . . :

隧道适配器 isatap.{4E29DDFF-233B-4C98-B882-7D161C721168}:

    媒体状态 . . . . . . . . . . . . : 媒体已断开连接
    连接特定的 DNS 后缀 . . . . . . . :
```

图1-10　验证PC1的IPv6地址配置是否正确

（2）在 PC2 上进行相同的操作，结果如图 1-11 所示。可以看到，PC2 同样正确加载了对应的 IPv6 地址。

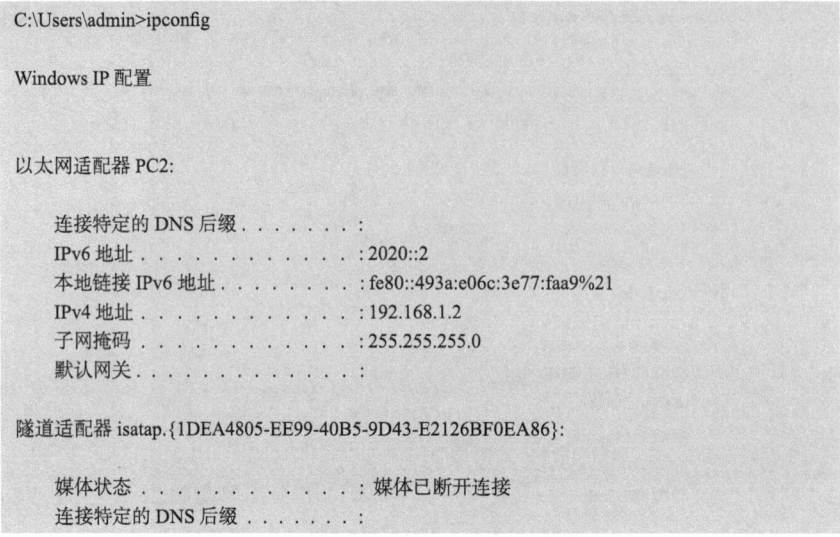

```
C:\Users\admin>ipconfig

Windows IP 配置


以太网适配器 PC2:

    连接特定的 DNS 后缀 . . . . . . . :
    IPv6 地址 . . . . . . . . . . . . : 2020::2
    本地链接 IPv6 地址 . . . . . . . . : fe80::493a:e06c:3e77:faa9%21
    IPv4 地址 . . . . . . . . . . . . : 192.168.1.2
    子网掩码 . . . . . . . . . . . . . : 255.255.255.0
    默认网关 . . . . . . . . . . . . . :

隧道适配器 isatap.{1DEA4805-EE99-40B5-9D43-E2126BF0EA86}:

    媒体状态 . . . . . . . . . . . . . : 媒体已断开连接
    连接特定的 DNS 后缀 . . . . . . . :
```

图1-11　验证PC2的IPv6地址配置是否正确

项目验证

使用【ping】命令可以进行网络连通性测试。在 PC1 的 CMD 窗口中输入命令【ping 2020::2】，测试 PC1 与 PC2 之间 IPv6 的连通性，结果如图 1-12 所示。可以看到 PC1 发送了 4 个测试数据包给 PC2，PC2 全部接收到并回应了 PC1，平均响应时间为 1ms，PC1 和 PC2 基于 IPv6 的通信正常，响应效果很好。

```
C:\Users\admin>ping 2020::2

正在 ping 2020::2 具有 32 字节的数据:
来自 2020::2 的回复: 时间 =2ms
来自 2020::2 的回复: 时间 =1ms
来自 2020::2 的回复: 时间 =2ms
来自 2020::2 的回复: 时间 =1ms

2020::2 的 ping 统计信息:
    数据包: 已发送 =4, 已接收 =4, 丢失 =0 (0% 丢失),
往返行程的估计时间 (以毫秒为单位):
    最短 =1ms, 最长 =2ms, 平均 =1ms
```

图1-12　PC1与PC2之间的连通性测试

练习与思考

◎ 理论题

1. 请对 IPv6 地址 2002:0DB8:0000:0100:0000:0000:0346:8D58 进行压缩，以下哪一项是正确的?（　　）

　　A. 2002:0DB8::0346:8D58　　　　　　B. 2002:DB8:100::0346:8D58

　　C. 2002:0DB8:0:1::346:8D58　　　　　D. 2002:DB8:0:100::346:8D58

2. 关于 IPv6 的描述，以下哪些是正确的?（　　）（多选）

　　A. 庞大的地址空间　　　　　　　　　B. 兼容 IPv4 协议

　　C. IPv6 目前已广泛应用　　　　　　　D. IPv6 报头比 IPv4 报头更加精简

3. IPv6 中 IP 地址的长度为（　　）。

　　A.32 位　　　　　　B.64 位　　　　　　C.96 位　　　　　　D.128 位

4. 目前来看，IPv4 的主要不足是（　　）。

　　A. 地址已分配完毕　　　　　　　　　B. 路由表数量急剧膨胀

　　C. 无法提供多样的 QoS　　　　　　　D. 网络安全不到位

5. IPv6 基本报头的长度是固定的，包括（　　）字节。

　　A.20　　　　　　　B.40　　　　　　　C.60　　　　　　　D.80

◎ 项目实训题

1. 项目背景与要求

小明承接了 Jan161 公司的网络维护工作，现需要对 Jan161 公司的核心交换机和 PC 的 IPv6 兼容性进行测试。实训拓扑如图 1-13 所示。具体要求如下：

（1）PC1 的 IP 地址为 2001:x:y::1/64，PC2 的 IP 地址为 2001:x:y::2/64（x 为班级，y 为短学号）。

（2）配置 PC 的 IP 地址，并实现 PC1 与 PC2 互通。

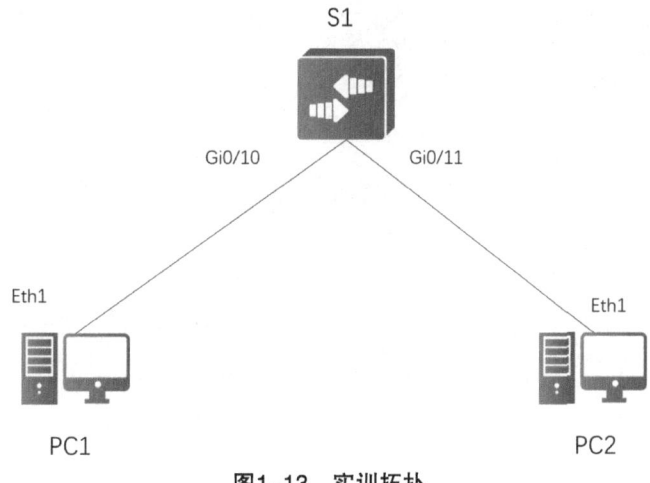

图 1-13　实训拓扑

2.实训业务规划

根据以上实训拓扑和需求，参考本项目的项目规划完成表1-4和表1-5。

表1-4 端口互联规划表

本端设备	本端接口	对端设备	对端接口

表1-5 IP规划表

设备命名	接口	IP地址	用途

3.实训要求

完成实训后，请截取以下实训验证截图。

（1）PC1在CMD命令行下使用【ipconfig】命令，查看IPv6地址配置情况。

（2）PC2在CMD命令行下使用【ipconfig】命令，查看IPv6地址配置情况。

（3）PC1在CMD命令行下ping PC2，查看PC1与PC2之间的网络连通性。

项目 2

为 Jan16 公司创建基于 IPv6 的部门 VLAN

扫一扫，
看微课

项目描述

Jan16公司购置了两台交换机用于搭建管理部和网络部的部门网络，采购的两台交换机均支持IPv6协议。网络工程师小明负责本项目的实施，公司网络拓扑如图2-1所示，项目要求如下：

（1）购置三层交换机S1和二层交换机S2，且已按照图2-1所示的拓扑连接了管理部和网络部的PC。

（2）根据通信业务要求，创建管理部和网络部两个部门的网络，便于后期进行管理。

（3）所有网络均使用IPv6进行组网。

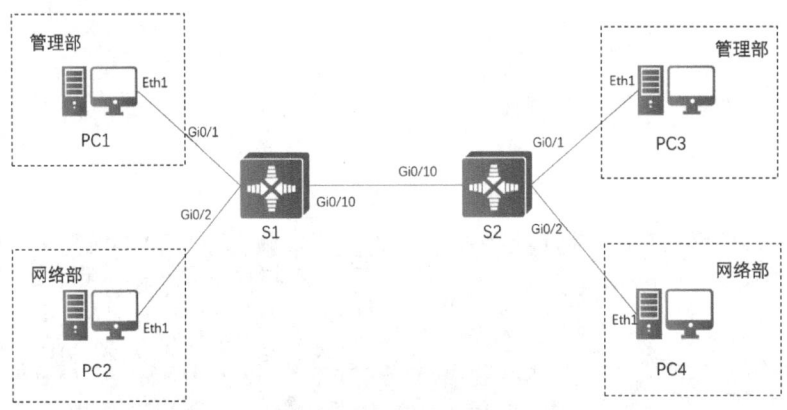

图2-1　公司网络拓扑

项目需求分析

Jan16公司现有管理部、网络部两个部门。现在需要为两个部门创建IPv6网络，可以将各个部门划分至不同的VLAN，实现各部门之间交换网络的隔离。

因此，本项目可以分解为以下工作任务来完成：

（1）创建部门VLAN，实现各部门的网络划分。

（2）配置交换机互联端口，实现PC可跨交换机通信。

（3）配置交换机及PC的IPv6地址，完成IPv6网络的搭建。

项目相关知识

2.1 IPv6 地址结构

IPv6地址的结构为子网前缀+接口ID，子网前缀相当于IPv4中的网络位，接口ID相当于 IPv4 中的主机位。

IPv6 地址的构成如图 2-2 所示。

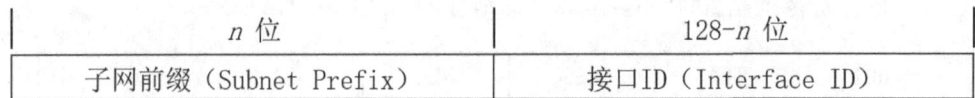

n 位	128-n 位
子网前缀（Subnet Prefix）	接口 ID（Interface ID）

图2-2　IPv6 的地址构成

IPv6 中较常用的是 64 位前缀长度的网络。

2.2　IPv6 单播地址

IPv6 单播地址表示唯一标识一个接口，类似 IPv4 的单播地址。发送到单播地址的数据包将被传输到此地址所标识的唯一接口，一个单播地址只能标识一个接口，但一个接口可以有多个单播地址。

单播地址可细分为以下几类。

1. 链路本地地址

链路本地地址（Link-local）的引入是 IPv6 地址的一个非常方便的地方，它可以在节点未配置全球单播地址的前提下，仍然互相通信。

链路本地地址只在同一链路上的节点之间有效，在 IPv6 启动后就自动生成，使用了特定的前缀 FE80::/10，接口 ID 使用 EUI-64 自动生成，也可以手动配置。链路本地地址用于实现无状态自动配置、邻居发现等应用。同时，OSPFv3、RIPng 等协议都工作在该地址上。eBGP 邻居也可以使用该地址来建立邻居关系。路由表中路由的下一跳或主机的默认网关都是链路本地地址。

EUI-64 自动生成方法如下。

48 位 MAC 地址的前 24 位为公司标识，后 24 位为扩展标识符。第（1）步将 FFFE 插入 MAC 地址的公司标识和扩展标识符之间，第（2）步将第 7 位求反。

例如，MAC 地址为 A1-B2-C3-D4-E5-F6 的主机的 IPv6 地址生成过程如下。

（1）先将 MAC 地址拆分为两部分：A1B2C3 和 D4E5F6。

（2）在 MAC 地址的中间加上 FFFE 变成 A1B2C3FFFED4E5F6。

（3）将第 7 位求反：A3B2C3FFFED4E5F6。

（4）EUI-64 计算得出的接口 ID 为 A3B2:C3FF:FED4:E5F6。

2. 唯一本地地址

唯一本地地址是 IPv6 网络中可以自己随意使用的私有网络地址，使用特定的前缀 FD00/8，IPv6 唯一本地地址的格式如图 2-3 所示。

Prefix	Global ID	Subnet ID	Interface ID

图2-3　IPv6 唯一本地地址的格式

- 固定前缀：8 位，FD00/8。
- Global ID：40 位，全球唯一前缀；通过伪随机方式产生。
- Subnet ID：16 位，工程师根据网络规划自定义的子网 ID。
- Interface ID：64 位，相当于 IPv4 中的主机位。

3.全球单播地址

全球单播地址相当于IPv4中的公网地址，目前已经分配出去的前3位是001（已固定），所以已分配的地址范围是2000::/3。全球单播地址的格式如图2-4所示。

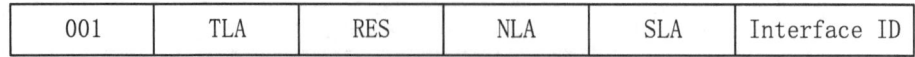

| 001 | TLA | RES | NLA | SLA | Interface ID |

图2-4　全球单播地址的格式

- 001：3位，目前已分配的固定前缀为001。
- TLA（Top Level Aggregation，顶级聚合）：13位，IPv6的管理机构根据TLA分配不同的地址给某些骨干网的ISP，最大可以得到8192个顶级路由。
- RES：8位，保留使用，为未来扩充TLA或者NLA预留。
- NLA（Next Level Aggregation，次级聚合）：24位，骨干网ISP根据NLA为各个中小ISP分配不同的地址段，中小ISP也可以针对NLA进一步分割地址段，分配给不同用户。
- SLA（Site Level Aggregation，站点级聚合）：16位，公司或企业内部根据SLA把同一大段地址分成不同的网段，分配给各站点使用，一般作为公司内部网络规划，最大可以有65536个子网。

4.嵌入IPv4地址的IPv6地址

（1）兼容IPv4的IPv6地址（如图2-5所示）。

这种IPv6地址的低32位携带一个IPv4的单播地址，主要用于IPv4兼容IPv6自动隧道，但由于每个主机都需要一个单播IPv4地址，可扩展性差，所以基本已经被6to4隧道取代。

80位	16位	32位
0000……0000	0000	IPv4 Address

图2-5　兼容IPv4的IPv6地址

（2）映射IPv4的IPv6地址（如图2-6所示）。

这种地址的前80位全为0，后面16位全为1，最后32位是IPv4地址。这种地址是将IPv4地址用IPv6地址表示。

80位	16位	32位
0000……0000	FFFF	IPv4 Address

图2-6　映射IPv4的IPv6地址

（3）6to4地址。

6to4地址用在6to4隧道中，它使用IANA指定的2002::/16为前缀，其后是32位的IPv4地址，6to4地址中后80位由用户自己定义，可对其中前16位进行划分，定义多个IPv6子网。不同的6to4网络使用不同的48位前缀，彼此之间使用其中内嵌的32位IPv4地址的自动隧道来连接。IPv6单播地址分类如表2-1所示。

表2-1　IPv6单播地址分类

地址类型	高位二进制	十六进制
链路本地地址	1111111010	FE80::/10
唯一本地地址	11111101	FD00:8
全球单播地址（已分配）	001	2……/4或者3……/4
全球单播地址（未分配）	其余所有地址	

2.3 IPv6组播地址

在IPv6中不存在广播报文，要通过组播来实现，广播本身就是组播的一种应用。

IPv6组播地址标识一组接口，目的地址是组播地址的数据包会被属于该组的所有接口接收。IPv6组播地址构成如图2-7所示。

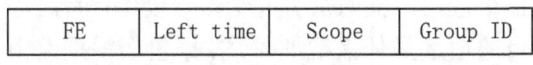

| FE | Left time | Scope | Group ID |

图2-7　IPv6组播地址构成

- FF：8位，IPv6组播地址前8位都是FF/8，以FF::/8开头。
- Left time：4位，第1位是0，格式为|0|r|p|t|。

r位：取0表示非内嵌RP，取1表示内嵌RP。

p位：取0表示非基于单播前缀的组播地址，取1表示基于单播前缀的组播地址，p位取1，则t位必须为1。

t位：取0表示永久分配组播地址，取1表示临时分配组播地址。

- Scope：4 bit，标识传播范围。

0001　node（节点）

0010　link（链路）

0101　site（站点）

1000　organization（组织）

1110　global（全球）

- Group ID：112位，组播组标识号。

1. IPv6固定的组播地址

IPv6固定的组播地址如表2-2所示。

表2-2　IPv6固定的组播地址

固定组播地址	IPv6组播地址	相当于IPv4的哪些地址
所有节点的组播地址	FF02::1	广播地址
所有路由器的组播地址	FF02::2	224.0.0.2
所有OSPFv3路由器地址	FF02::5	224.0.0.5
所有OSPFv3 DR和BDR	FF02::6	224.0.0.6
所有RP路由器	FF02::9	224.0.0.9
所有PIM路由器	FF02::D	224.0.0.13

被请求节点组播地址：由固定前缀 FF02::1:FF00:0/104 和单播地址的最后24位组成。

2.特殊地址

0:0:0:0:0:0:0:0（简化为::）未指定地址：它不能分配给任何节点，表示当前状态下没有地址，如当设备刚接入网络后，本身没有地址，则发送数据包的源地址使用该地址。例如，发送 RA 消息，重复地址检测（Duplicated Address Detection，DAD），该地址不能用作目的地址。

0:0:0:0:0:0:0:1（简化为::1）环回地址：节点用它作为发送后返回给自己的IPv6报文，不能分配给任何物理接口。

2.4 IPv6任播地址

任播的概念最初是在RFC1546（Host Anycasting Service）中提出并定义的，主要为DNS和HTTP提供服务。IPv6中没有为任播规定单独的地址空间，任播地址和单播地址使用相同的地址空间。IPv6任播地址可以同时被分配给多台设备，也就是说多台设备可以有相同的任播地址，数据包的目的地址是任播地址时，数据包会根据路由器的路由表指导，转发到离源设备最近且拥有该目的地址的设备。

如图2-8所示，服务器A、B和C配置的是同一个任播地址，根据路径的开销，用户访问该任播地址时，会选择开销为2的路径（转发到服务器C）。

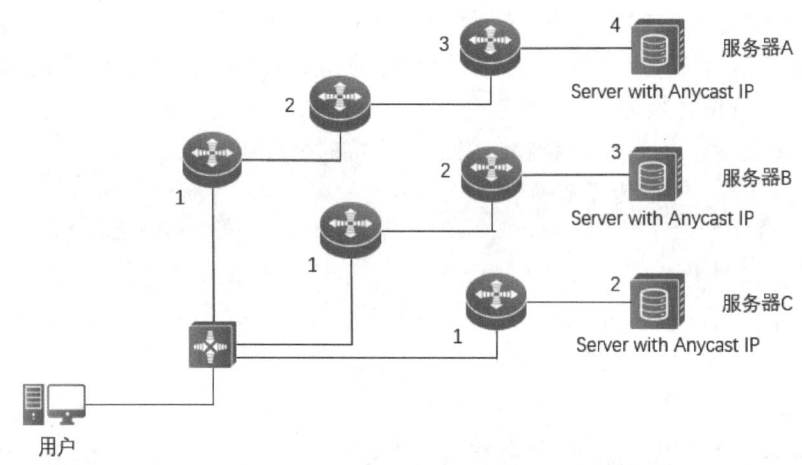

图2-8　任播地址示意图

任播技术的优势在于源节点不需要了解为其提供服务的具体节点，而可以接收特定服务，当一个节点无法工作时，带有任播地址的数据包会被发往其他两个主机节点，从任播成员中选择合适的目的节点取决于路由协议重新收敛后的路由表情况。

任播可以分为基于网络层的任播和基于应用层的任播。两者主要的区别是基于网络层的任播仅依靠网络本身（如路由表）来选择目标服务器节点，而基于应用层的任播会基于一定的探测手段和算法来选择性能最好的目标服务器节点。RFC2491和RFC2526定义了一些保留的任播地址格式，如子网路由器任播地址，用来满足不同的任播应用访问需求。

2.5 ICMPv6协议

在IPv6网络中，可以使用ICMPv6进行网络连通性测试。因为IPv6的特性，ICMPv6的功能更加强大。

1. ICMPv6 概述

ICMPv6 是 IPv6 协议的一个重要组成部分，IPv6 网络中要求所有节点都要能支持 ICMPv6。当 IPv6 网络中任何一个网络节点不能正确处理收到的 IPv6 报文时，便会通过 ICMPv6 协议向源节点发送消息报文或者差错报文，用于通知源节点当前报文的传输情况。该功能与 ICMPv4 基本一致，都可用于传递各种差错和控制信息。需要注意的是，ICMPv6 只能用于网络的诊断、管理等，并不能用来解决网络中存在的问题。例如，如果某中间节点收到的报文过大，导致不能转发给下一跳，那么该节点便会通过 ICMPv6 向源节点反馈报文过大的问题，之后由源节点进行报文长度调整，重新发送。

在 IPv4 网络中，ICMPv4 协议用于收集各种网络信息，协助完成诊断和排除各种网络故障。而在 IPv6 网络中，ICMPv6 协议具备以下 5 种网络功能：错误报告、网络诊断、邻居发现、多播实现和路由重定向，可以完成很多 ICMPv4 协议无法完成的工作。如 IPv4 网络中的 ARP、IGMP、RARP 等功能，这些协议都是独立存在的，而在 IPv6 网络中，这些功能均由 ICMPv6 代为实现，不需要新增额外的协议支持。另外，ICMPv6 还可用于 IPv6 网络的无状态地址自动配置、重复地址检查、前缀重新编址、PMTU（Path MTUDiscovery）等。

2. ICMPv6 报文封装

IPv6 报头较为简短，当需要实现某些功能时，可以通过添加可选的 IPv6 扩展报头来实现，可选扩展报头可以有多个，需要在 IPv6 报头的下一个报头字段指定扩展报头类型。当然，并不是每个数据包都包括所有的扩展报头。在中间路由器或目标需要一些特殊处理时，发送主机才会添加相应扩展报头。如果数据包中没有扩展报头，也就是说数据包只包括基本报头和上层协议单元，基本报头的下一个报头字段值指明上层协议类型。ICMPv6 作为上层协议之一，下一个报头字段的值为 58。

携带 ICMPv6 报文的 IPv6 报文格式如图 2-9 所示。

图2-9　携带ICMPv6报文的IPv6报文格式

3. ICMPv6 报文格式

图 2-10 所示为 ICMPv6 报文的一般格式。所有 ICMPv6 报文的常规首部结构均相同，其中包含类型、代码、校验和 3 个字段，这些字段与 ICMPv4 类似。

图2-10　ICMPv6报文的一般格式

（1）类型。

字段长度为 8 位，定义了报文的类型，该字段决定了其他部分的报文格式。当该字段最高位取值为 0 时，此时该字段的编码值范围为 0 ～ 127，编号之内的报文均为差错报文；当该字段最高位取值为 1 时，此时该字段的编码值范围为 128 ～ 255，编号之内的报文均为查询报文。

（2）代码。

字段长度为8位，该字段依赖类型字段，在类型字段的基础上，它被用来在基本类型上创建更详细的报文等级，提供更详细的内容。例如，类型字段取值1时，代表差错报文，此时的含义为目的地不可达，当类型字段为1、代码为0时，表示因为没有到达目的地的路由导致报文不可达；当类型字段为1、代码为1时，表示因为与目的地的通信被禁止（可能是受到了策略的限制）导致报文不可达。

（3）校验和。

字段长度为16位，用来校验ICMPv6报头和数据的完整性。

（4）报文主体。

该字段长度可变，不同类型及代码的报文主体，分别代表不同的含义。

4. ICMPv6报文的类型

表2-3所示为常用ICMPv6差错报文类型和代码。

表2-3　常用ICMPv6差错报文类型和代码

类型	类型含义	代码	代码含义
1	目的地 不可达	0	没有路由到达目的地
		1	与目的地址的通信被禁止
		2	超过了源地址的范围
		3	地址不可达
		4	端口不可达
		5	源地址的入口/出口策略失败
		6	拒绝路由到达目的地
2	分组过大	0	包太大，发送方将代码字段设为0，接收方忽略代码字段
3	超时	0	传输过程中"Hop-Limit"超时
		1	分片重组超时
4	参数问题	0	参数错误
		1	错误的首部字段
		2	不可识别的Next Header类型
		3	不可识别的IPv6选项

表2-4所示为常用ICMPv6查询报文类型和名称。

表2-4　常用ICMPv6查询报文类型和名称

类型	代码	报文名称	使用场景
128	0	回显请求	ping请求
129	0	回显应答	ping响应
133	x	路由请求	用于网关发现和IPv6地址自动配置
134	x	路由通告	用于网关发现和IPv6地址自动配置

续表

类型	代码	报文名称	使用场景
135	x	邻居请求	用于邻居发现及重复地址检测
136	x	邻居通告	用于邻居发现及重复地址检测
137	x	重定向	用于路由重定向

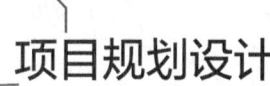

项目规划设计

◎ 项目拓扑

本项目中，使用4台PC及2台交换机搭建项目拓扑，如图2-11所示。其中PC1 ~ PC4是Jan16公司各部门员工的计算机，S1、S2分别为汇聚层交换机和接入层交换机，S1作为各部门网关。通过为交换机划分VLAN，以及配置IPv6地址来完成IPv6网络的搭建。

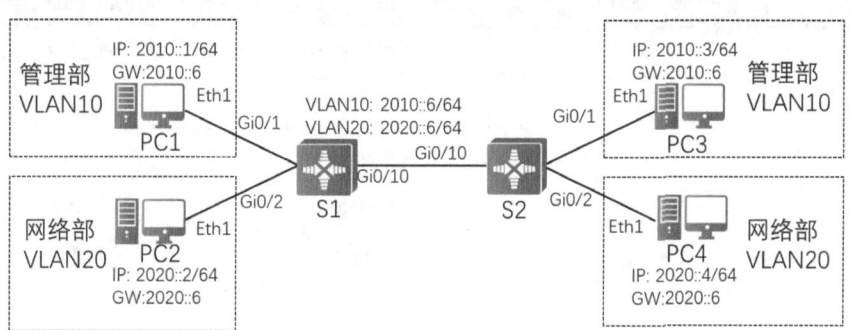

图2-11　项目拓扑

◎ 项目规划

根据项目拓扑进行业务规划，VLAN规划表、端口互联规划表、IP规划表分别如表2-5 ~ 表2-7所示。

表2-5　VLAN规划表

VLAN	IP地址段	用途
VLAN10	2010::/64	管理部
VLAN20	2020::/64	网络部

表2-6　端口互联规划表

本端设备	本端接口	端口类型	对端设备	对端接口
PC1	Eth1	N/A	S1	Gi0/1
PC2	Eth1	N/A		Gi0/2

续表

本端设备	本端接口	端口类型	对端设备	对端接口
PC3	Eth1	N/A	S2	Gi0/1
PC4	Eth1	N/A		Gi0/2
S1	Gi0/1	ACCESS	PC1	Eth1
	Gi0/2	ACCESS	PC2	Eth1
	Gi0/10	TRUNK	S2	Gi0/10
S2	Gi0/1	ACCESS	PC3	Eth1
	Gi0/2	ACCESS	PC4	Eth1
	Gi0/10	TRUNK	S1	Gi0/10

表2-7 IP规划表

设备命名	接口	IP地址	用途
PC1	Eth1	2010::1/64	PC1主机地址
PC2	Eth1	2020::2/64	PC2主机地址
PC3	Eth1	2010::3/64	PC3主机地址
PC4	Eth1	2020::4/64	PC4主机地址
S1	VLAN10	2010::6/64	管理部网关地址
	VLAN20	2020::6/64	网络部网关地址

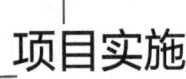

项目实施

任务 2-1　创建部门 VLAN

任务规划

根据端口互联规划表（如表2-6所示）要求，为两台交换机创建部门VLAN，然后将对应端口划分到部门VLAN中。

任务实施

1.在交换机上创建VLAN

（1）为S1创建部门VLAN。

Ruijie>enable	进入特权模式
Ruijie#configure terminal	进入全局配置模式
Ruijie(config)#hostname S1	修改设备名称
S1(config)#vlan 10	创建VLAN10

S1(config–vlan)#exit	退出
S1(config)#vlan 20	创建VLAN20
S1(config–vlan)#exit	退出

（2）为S2创建部门VLAN。

Ruijie>enable	进入特权模式
Ruijie#configure terminal	进入全局配置模式
Ruijie(config)#hostname S2	修改设备名称
S2(config)#vlan 10	创建VLAN10
S2(config-vlan)#exit	退出
S2(config)#vlan 20	创建VLAN20
S2(config-vlan)#exit	退出

2.将交换机端口添加到对应VLAN中

（1）在S1上将对应端口添加到VLAN中。

S1(config)#interface gigabitEthernet 0/1	进入端口视图
S1(config–if–GigabitEthernet 0/1)#switchport mode access	配置链路类型为ACCESS
S1(config–if–GigabitEthernet 0/1)#switchport access vlan 10	划分端口到VLAN10中
S1(config–if–GigabitEthernet 0/1)#exit	退出
S1(config)#interface gigabitEthernet 0/2	进入端口视图
S1(config–if–GigabitEthernet 0/1)#switchport mode access	配置链路类型为ACCESS
S1(config–if–GigabitEthernet 0/2)#switchport access vlan 20	划分端口到VLAN20中
S1(config–if–GigabitEthernet 0/2)#exit	退出

（2）在S2上将对应端口添加到VLAN中。

S2(config)#interface gigabitEthernet 0/1	进入端口视图
S2(config–if–GigabitEthernet 0/1)#switchport mode access	配置链路类型为ACCESS
S2(config–if–GigabitEthernet 0/1)#switchport access vlan 10	划分端口到VLAN10中
S2(config–if–GigabitEthernet 0/1)#exit	退出
S2(config)#interface FastEthernet0/2	进入端口视图
S2(config–if–GigabitEthernet 0/2)#switchport mode access	配置链路类型为ACCESS
S2(config–if–GigabitEthernet 0/2)#switchport access vlan 20	划分端口到VLAN20中
S2(config–if–GigabitEthernet 0/2)#exit	退出

任务验证

（1）在S1上使用【show vlan】命令验证VLAN的创建情况，从如图2–12所示的结果中可以看到VLAN10与VLAN20均已创建完成。

```
S1(config)#show vlan
VLAN Name                Status    Ports
---- -------------------- --------- -------------------------
   1 VLAN0001             STATIC    Gi0/3, Gi0/4, Gi0/5, Gi0/6
                                    Gi0/7, Gi0/8, Gi0/9, Gi0/10
                                    Gi0/11, Gi0/12, Gi0/13, Gi0/14
                                    Gi0/15, Gi0/16, Gi0/17, Gi0/18
                                    Gi0/19, Gi0/20, Gi0/21, Gi0/22
                                    Gi0/23, Gi0/24, Gi0/25, Gi0/26
                                    Gi0/27, Gi0/28, Te0/29, Te0/30
                                    Te0/31, Te0/32
  10 VLAN0010             STATIC    Gi0/1
  20 VLAN0020             STATIC    Gi0/2
```

图2-12　在S1上验证VLAN创建情况

（2）在S2上使用【show vlan】命令验证VLAN的创建情况，从如图2-13所示的结果中可以看到VLAN10与VLAN20均已创建完成。

```
S2(config)#show vlan
VLAN Name                Status    Ports
---- -------------------- --------- -------------------------
   1 VLAN0001             STATIC    Gi0/3, Gi0/4, Gi0/5, Gi0/6
                                    Gi0/7, Gi0/8, Gi0/9, Gi0/10
                                    Gi0/11, Gi0/12, Gi0/13, Gi0/14
                                    Gi0/15, Gi0/16, Gi0/17, Gi0/18
                                    Gi0/19, Gi0/20, Gi0/21, Gi0/22
                                    Gi0/23, Gi0/24, Gi0/25, Gi0/26
                                    Gi0/27, Gi0/28, Te0/29, Te0/30
                                    Te0/31, Te0/32
  10 VLAN0010             STATIC    Gi0/1
  20 VLAN0020             STATIC    Gi0/2
```

图2-13　在S2上验证VLAN创建情况

（3）在S1上使用【show interface switchport】命令验证链路配置情况，正确结果如图2-14所示。

```
S1#show interface switchport
Interface          Switchport Mode    Access Native Protected VLAN lists
------------------ ---------- ------- ------ ------ --------- ----------
GigabitEthernet 0/1 enabled   ACCESS  10     1      Disabled  ALL
GigabitEthernet 0/2 enabled   ACCESS  20     1      Disabled  ALL
```

图2-14　在S1上验证链路配置情况

（4）在S2上使用【show interface switchport】命令验证链路配置情况，正确结果如图2-15所示。

```
S2#show interface switchport
Interface          Switchport Mode    Access Native Protected VLAN lists
------------------ ---------- ------- ------ ------ --------- ----------
GigabitEthernet 0/1 enabled   ACCESS  10     1      Disabled  ALL
GigabitEthernet 0/2 enabled   ACCESS  20     1      Disabled  ALL
```

图2-15　在S2上验证链路配置情况

任务 2-2　配置交换机间的互联端口

任务规划

根据项目拓扑规划，S1 与 S2 之间的互联链路需要转发 VLAN10、VLAN20 的流量，因此需要将该链路配置为 TRUNK 链路，并配置 TRUNK 链路的 VLAN 允许列表。

任务实施

1.配置 S1 的互联端口

在 S1 上配置交换机互联链路为 TRUNK 链路，并为相关 VLAN 配置允许列表。

S1(config)#interface gigabitEthernet 0/10	进入端口视图
S1(config–if–GigabitEthernet 0/10)#switchport mode trunk	配置链路类型为TRUNK
S1(config–if–GigabitEthernet 0/10)#switchport trunk allowed vlan only 10,20	TRUNK口VLAN裁剪
S1(config–if–GigabitEthernet 0/10)#exit	退出

2.配置 S2 的互联端口

在 S2 上配置交换机互联链路为 TRUNK 链路，并为相关 VLAN 配置允许列表。

S2(config)#interface gigabitEthernet 0/10	进入端口视图
S2(config–if–GigabitEthernet 0/10)#switchport mode trunk	配置链路类型为TRUNK
S2(config–if–GigabitEthernet 0/10)# switchport trunk allowed vlan only 10,20	TRUNK口VLAN裁剪
S2(config–if–GigabitEthernet 0/10)#exit	退出

任务验证

（1）在 S1 上使用【show interface trunk】命令验证 S1 的链路配置情况，如图 2-16 所示。

```
S1#show interface trunk
Interface              Native VLAN  VLAN lists
------------------------  ----------------  ----------------------
GigabitEthernet 0/10      1               10,20
```

图2-16　验证S1的链路配置情况

（2）在 S2 上使用【show interface trunk】命令验证 S2 的链路配置情况，如图 2-17 所示。

```
S2#show interface trunk
Interface              Native VLAN  VLAN lists
------------------------  ----------------  ----------------------
GigabitEthernet 0/10      1               10,20
```

图2-17　验证S2的链路配置情况

任务 2-3　配置交换机及 PC 的 IPv6 地址

任务规划

为各部门 PC 配置 IPv6 地址和网关。

任务实施

1.根据表 2-8 为各部门 PC 配置 IPv6 地址及网关

表2-8　各部门PC的IPv6地址及网关

设备命名	IP地址	网关
PC1	2010::1/64	2010::6
PC2	2020::2/64	2020::6
PC3	2010::3/64	2010::6
PC4	2020::4/64	2020::6

PC1的IPv6地址配置结果如图2-18所示，同理完成PC2 ~ PC4的IP地址配置。

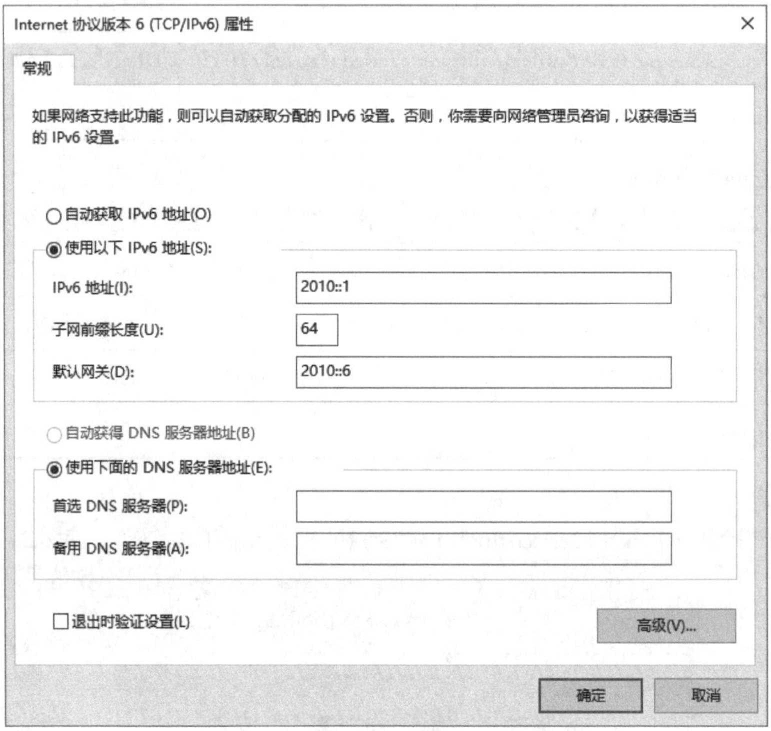

图2-18　PC1的IPv6地址配置结果

2.配置S1的VLANIF接口IP

在交换机S1上为两个部门VLAN创建VLAN接口并配置IP地址，作为两个部门的网关。

S1(config)#interface vlan 10	进入VLAN10接口
S1(config-if-VLAN 10)#ipv6 enable	开启接口IPv6功能
S1(config-if-VLAN 10)#ipv6 address 2010::6/64	配置IPv6地址
S1(config-if-VLAN 10)#exit	退出
S1(config)#interface vlan 20	进入VLAN20接口
S1(config-if-VLAN 20)#ipv6 enable	开启接口IPv6功能
S1(config-if-VLAN 20)#ipv6 address 2020::6/64	配置IPv6地址
S1(config-if-VLAN 20)#exit	退出

任务验证

在 S1 上使用【show ipv6 interface brief】命令验证 IP 地址配置情况，结果如图 2-19 所示。

```
S1(config)#show ipv6 interface brief

VLAN 10                    [up/up]
        FE80::274:9CFF:FE6B:A751
        2010::6
VLAN 20                    [up/up]
        FE80::274:9CFF:FE6B:A751
        2020::6
```

图 2-19　验证 S1 的 IPv6 地址配置情况

项目验证

（1）测试管理部 PC1 与 PC3 之间的通信情况，因为是相同部门下的两台 PC，所以 PC1 与 PC3 之间能够互相通信，如图 2-20 所示。

```
C:\Users\admin>ping 2010::3

正在 ping 2010::3 具有 32 字节的数据：
来自 2010::3 的回复：时间 =1ms
来自 2010::3 的回复：时间 =1ms
来自 2010::3 的回复：时间 =1ms
来自 2010::3 的回复：时间 =2ms

2010::3 的 ping 统计信息：
    数据包：已发送 = 4，已接收 = 4，丢失 = 0 (0% 丢失 )，
往返行程的估计时间 ( 以毫秒为单位 )：
    最短 =1ms，最长 =2ms，平均 =1ms
```

图 2-20　PC1 与 PC3 网络连通性测试

（2）测试管理部 PC1 与网络部 PC2 之间的通信情况，因为汇聚层交换机 S1 配置了关于 VLAN10 与 VLAN20 的 VLAN 接口地址作为两个部门 PC 的网关，所以两部门之间的主机能通过网关互相通信，测试结果如图 2-21 所示。

```
C:\Users\admin>ping 2020::2

正在 ping 2020::2 具有 32 字节的数据：
来自 2020::2 的回复：时间 =1ms
来自 2020::2 的回复：时间 =3ms
来自 2020::2 的回复：时间 =1ms
来自 2020::2 的回复：时间 =1ms

2020::2 的 ping 统计信息：
    数据包：已发送 = 4，已接收 = 4，丢失 = 0 (0% 丢失 )，
往返行程的估计时间 ( 以毫秒为单位 )：
    最短 =1ms，最长 =3ms，平均 =1ms
```

图 2-21　PC1 与 PC2 网络连通性测试

练习与思考

◎ **理论题**

1. ICMPv6的邻居发现协议，定义了路由通告消息、路由器请求信息、邻居请求信息、邻居通告消息和（　　）5种ICMPv6消息。

  A.重定向消息 B.组播查询信息 C.组播报告信息 D.路由通告信息

2. 当ICMPv6报文中的类型为128、代码为0时，该报文的作用是什么？（　　）

  A.差错报文，表示没有路由到达目的地

  B.差错报文，表示端口不可达

  C.查询报文，是ping响应报文

  D.查询报文，是ping请求报文

3. 下列IPv6地址中，错误的是（　　）。

  A.::FFFF   B.::1   C.::1:FFFF   D.::1::FFFF

4. 下列IP地址中，（　　）是IPv6链路本地地址。

  A.FC80::FFFF B.FE80::FFFF C.FE88::FFFF D.FE80::1234

5. ICMPv6除了提供ICMPv4原有的功能，还提供下面哪些功能？（　　）（多选）

  A.邻居发现 B.路由选路 C.报文分片 D.重复地址检查

6. ICMPv6支持的功能比ICMPv4强大。（　　）（判断）

◎ **项目实训题**

1.项目背景与要求

Jan161公司的网络由多个部门组成，需要配置VLAN技术，实现隔离各部门间PC的通信，仅允许部门内部互相通信。实训拓扑如图2-22所示。具体要求如下：

（1）为各部门配置IPv6地址，网络部PC的IPv6前缀为2010:x:y::/64，管理部PC的IPv6前缀为2020:x:y::/64（x为班级，y为短学号）。

（2）为各部门创建部门VLAN及在交换机上划分VLAN。

（3）配置交换机互联链路为TRUNK链路，并配置允许列表允许VLAN10、VLAN20的流量通过。

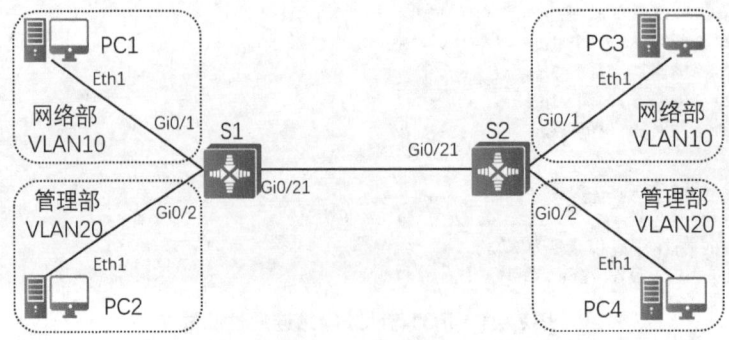

图2-22 实训拓扑

2.实训业务规划

根据以上实训拓扑和需求,参考本项目的项目规划完成表2-9～表2-11。

表2-9　VLAN规划表

VLAN	IP地址段	用途

表2-10　端口互联规划表

本端设备	本端接口	端口类型	对端设备	对端接口

表2-11　IP规划表

设备命名	接口	IP地址	用途

3.实训要求

完成实训后,请截取以下实训验证截图:

(1)在S1上使用【show vlan】命令,查看VLAN创建情况。

(2)在S2上使用【show vlan】命令,查看VLAN创建情况。

(3)在S1上使用【show interface trunk】命令,查看交换机链路配置情况。

(4)在S2上使用【show interface trunk】命令,查看交换机链路配置情况。

(5)网络部PC1 ping网络部PC3,查看部门间的网络连通性。

(6)管理部PC2 ping管理部PC4,查看部门间的网络连通性。

(7)网络部PC1 ping管理部PC4,查看不同部门间的网络连通性。

项目 3

基于IPv6 无状态的PC 自动获取地址

扫一扫，
看微课

项目描述

Jan16公司前期已对公司信息部的计算机进行测试，均能兼容IPv6网络，接下来拟将公司管理部、财务部升级为IPv6网络。网络工程师小明发现这两个部门的计算机较多，计划采用计算机自动获取地址方式来减少IPv6地址的配置工作量。公司网络拓扑如图3-1所示，具体要求如下：

（1）公司使用三层交换机S1、二层交换机S2和S3进行组网，S2、S3各自连接两个部门的计算机。

（2）公司有管理部和财务部两个部门，各部门需动态获取IPv6地址，以实现部门间的相互通信。

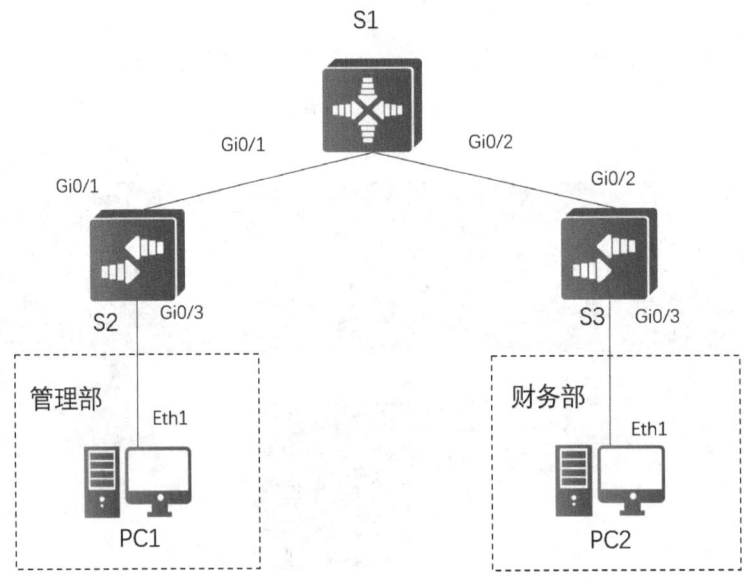

图3-1　公司网络拓扑

项目需求分析

Jan16公司现有管理部、财务部两个部门。现在需要将各个部门划分至不同的VLAN，并实现各部门主机通过基于IPv6的无状态地址自动配置获取IPv6地址。

因此，本项目可以分解为以下工作任务来完成：

（1）创建部门VLAN，实现各部门网络划分。

（2）配置交换机互联端口，实现PC与网关交换机之间的通信。

（3）配置交换机及PC的IPv6地址，并开启无状态地址自动配置功能，实现为PC自动分配IPv6地址。

项目相关知识

3.1 邻居发现协议

邻居发现协议（Neighbor Discovery Protocol，NDP）是IPv6体系中最重要的基础协议，它通过 Internet 控制报文协议（ICMPv6）进行通信。IPv6的很多功能都依赖NDP完成，如邻居表管理（相当于IPv4中的ARP缓存表）、默认网关自动获取、无状态地址自动配置、路由重定向等。

NDP定义了5类报文来实现形成邻居表、网关自动发现、无状态地址自动配置、路由重定向等功能。这5类报文分别是：路由器请求（Router Solicitor，RS）报文、路由器通告（Router Advertisement，RA）报文、邻居请求（Neighbor Solicitor，NS）报文、邻居通告（Neighbor Advertisement，NA）报文和路由重定向报文。各类报文均以组播的形式发送，若报文是主机发送给路由器的，则报文目的地址使用IPv6组播地址FF02::2（代表链路本地内所有路由器）。若报文是路由器发送给主机的，则报文目的地址使用IPv6组播地址为FF02::1（代表链路本地内所有节点）。

1. RS报文

路由器请求报文类型为133、代码为0，用于IPv6主机寻找本地链路上存在的路由器，当主机接入IPv6网络后会开始周期性发送RS报文，收到RS报文的路由器会立即回复RA报文。在无状态地址配置过程中，主机通过发送RS报文通过路由器，路由器回应RA报文来获得IPv6子网前缀信息，并使用前缀信息结合EUI-64规范（EUI-64规范将在项目相关知识3.2部分进行介绍）生成IPv6单播地址，以此来快速获得IPv6地址，无须等待RA报文的周期性发送。RS报文格式如图3-2所示。

类型（133）	代码（0）	校验和
保留		
选项		

图3-2　RS报文格式

IPv6主机发送RS报文时，会将目的地址设置为本地链路内所有路由的组播组地址FF02::2，源地址为本地接口以FE80（所有启用IPv6功能的网络接口均会以链路本地地址固定前缀FE80::/10结合EUI-64规范自动生成一个链路本地地址）开头的链路本地地址。当源地址为链路本地地址时，源接口便会将自己的链路层地址放在RS报文的选项字段中，路由器收到该报文时，便可创建关于该主机IPv6地址与链路层地址映射关系的邻居表。

2. RA报文

路由器通告报文类型为134、代码为0，用于向邻居节点通告自己的存在。RA报文中携带了路由前缀、自身链路层等参数消息，RA报文格式如图3-3所示。

类型（134）		代码（0）		校验和	
跳数限制	M位	O位	保留	路由器生存期	
可达时间					
重传时间					
选项					

图3-3 RA报文格式

路由器会周期性地发送 RA 报文，或者在收到 RS 报文时触发 RA 报文发送。若路由器周期性发送 RA 报文，则会将目的地址设置为本地链路内所有节点的组播组地址 FF02::1。若 RA 报文是因为收到 RS 报文而发送，则目的地址设置为收到的 RS 报文中的单播源地址。

RA 报文格式中的关键字段解释如下。

● 跳数限制：用于通知主机后续通信过程中单播报文的默认跳数值。

● M位：若该位为1，则告知 IPv6 主机将使用 DHCPv6 的形式来获取 IPv6 地址参数信息（本节讨论无状态地址自动配置，DHCPv6 形式为有状态地址自动配置，将在项目4中介绍相关内容）。

● O位：若该位为1，则告知 IPv6 主机将通过 DHCPv6 来获取其他配置信息，如 DNS 地址信息等。

● 保留：保留字段。

● 路由器生存期：用于告知 IPv6 主机本路由器作为默认网关的有效期，默认有效期为30分钟，最大时长为18.2小时。若该字段为0，则代表该路由器不能作为默认网关（NDP协议可以实现网关自动发现，对于未配置默认网关的主机，收到 RA 报文时，可以使用该路由器作为默认网关）。

● 可达时间：用于设置接收 RA 报文的主机判断邻居可达的时间。

● 重传时间：用于规定主机延迟发送连续 NDP 报文的时间。

● 选项：包括路由器接口的链路层地址（主机可根据该链路层地址构建关于路由器 IPv6 地址与链路层地址的邻居表）、MTU、单播前缀信息。

路由器默认关闭接口 RA 报文发送功能，需在接口下开启 RA 报文发送功能。

3. NS报文

邻居请求报文类型为135、代码为0，用于解析其他邻居节点的链路层地址。NS 报文格式如图3-4所示。

类型（135）	代码（0）	校验和
保留		
目标地址		
选项		

图3-4　NS报文格式

NS 报文格式中的关键字段解释如下。

● 目标地址：需要解析的 IPv6 地址，因此该处不能出现组播地址。

● 选项：会放入 NS 报文发送者的链路层地址。

4. NA报文

邻居通告报文类型为136、代码为0，计算机节点和路由器均可以发送 NA 报文。IPv6可以通过 NA 报文来通告自己的存在，也可通过 NA 报文通知邻居更新自己的链路层地址。

NA 报文格式如图 3-5 所示。

类型（136）	代码（0）	校验和
R位　S位　O位		保留
目标地址		
选项		

图3-5　NA 报文格式

NA 报文格式中的关键字段解释如下。

- 当 R 位为 1 时，表示发送者为路由器。
- 当 S 位为 1 时，表示该 NA 报文是 NS 报文的响应。节点使用 NA 报文来回复 NS 报文时，目标地址填充为单播地址。如果是告诉邻居需要更新自己的链路层地址，这时用组播地址 FF02::1 作为目标地址来通告给本地链路中的所有节点。
- 当 O 位为 1 时，表示需要更改原先的邻居表信息。
- 目标地址：标识所携带的链路层地址对应的 IPv6 地址。
- 选项：用于携带被请求的链路层地址。

NS 报文与 NA 报文除了实现地址解析，还用于重复地址检测（Duplicated Address Detection，DAD）。

当 IPv6 节点 Host-A 获取到一个新的 IPv6 单播地址时，需要通过 NS 报文解析该 IPv6 单播地址在当前网络中是否存在冲突，此时目标地址字段会填充为被请求节点的组播地址（如 Host-A IPv6 地址 2001::1234:5678/64，对应被请求节点组播地址为：FF02::1:FF34:5678/104。被请求组播组地址为：固定前缀 FF02::1:FF00:0/104 +该单播地址的最后 24 位）。如果该 IPv6 单播地址已被网络中某个节点 Host-B 使用，那么节点 Host-B 就是该组播组成员，收到 NS 报文时，会响应 NA 报文，收到 NA 报文的节点 Host-A 判定地址重复，需重新获取 IP 地址，若未收到 NA 报文则 IPv6 地址配置生效。如果节点此时需要通过 NS 报文检测邻居可达性，那么目标地址字段填充为目标地址的单播地址。

5. 重定向报文

重定向报文类型为 137、代码为 0，当网关路由器发现更优的转发路径时，会以重定向报文的方式告知主机。

与 ICMPv4 的重定向功能类似，对于某个目标 IPv6 地址，当 IPv6 主机的默认网关并非到达目的地址的最优下一跳（默认路由器）时，默认网关路由器便会发送重定向报文，通知 IPv6 主机修改去往该目的地址的下一跳为其他路由器。主机收到重定向报文后，会在路由表中添加一个主机路由。

重定向报文格式如图 3-6 所示。

类型（137）	代码（0）	校验和
保留		
目标地址（更优的路由器网关地址）		
目的地址（需要到达的目标地址）		
选项		

图3-6　重定向报文格式

3.2 EUI-64规范

在IPv6网络中，需要根据EUI-64规范为每个启用了IPv6功能的接口生成链路本地地址，或者为无状态地址自动配置的主机生成IPv6单播地址。

1. EUI-64规范计算方式

链路本地地址及IPv6单播地址均属于全球单播地址，全球单播地址规定IPv6地址的后64位作为接口标识，相当于IPv4地址中的主机位。

EUI-64是IPv6生成接口标识的最常用方式，它采用接口的MAC地址生成IPv6接口标识。MAC地址的前24位代表厂商ID，后24位代表制造商分配的唯一扩展标识。MAC地址的第七高位是一个U/L位，值为1时表示MAC地址全局唯一，值为0时表示MAC地址本地唯一。

EUI-64计算时，先在MAC地址的前24位和后24位之间插入16位的一串固定值［1111 1111 1111 1110（FFFE）］，然后将U/L位的值从0变成1，这样就生成了一个64位的接口标识，且该接口标识的值全局唯一。图3-7所示为EUI-64规范生成接口标识的过程。

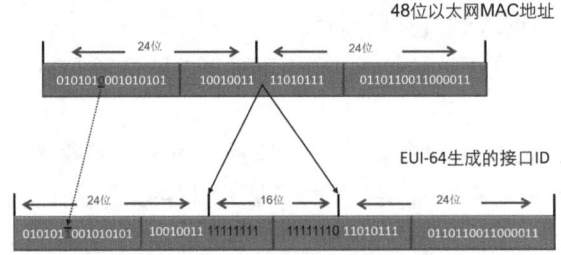

图3-7　EUI-64规范生成接口标识的过程

2. 根据EUI-64规范生成IPv6单播地址

图3-8所示为启用了无状态IPv6地址自动配置的网络拓扑。

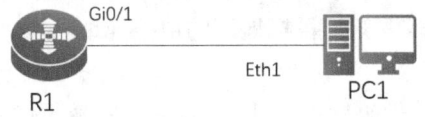

图3-8　PC1无状态自动获取IPv6地址

PC1网卡的MAC地址为54-89-98-2F-6E-C9，根据EUI-64规范生成的64位接口标识为5689:98ff:fe2f:6ec9，结果如图3-9所示。

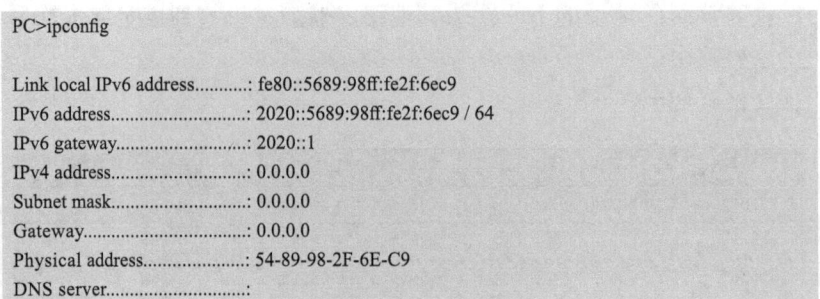

```
PC>ipconfig

Link local IPv6 address...........: fe80::5689:98ff:fe2f:6ec9
IPv6 address.......................: 2020::5689:98ff:fe2f:6ec9 / 64
IPv6 gateway.......................: 2020::1
IPv4 address.......................: 0.0.0.0
Subnet mask........................: 0.0.0.0
Gateway............................: 0.0.0.0
Physical address...................: 54-89-98-2F-6E-C9
DNS server.........................:
```

图3-9　PC1的接口信息

查看路由器R1的Gi0/1接口的IPv6地址信息，如图3-10所示。其中，接口的IPv6子网前缀信息为【2020::】，此时AR1通告给PC1的RA报文中就会包含【2020::】的前缀信息。

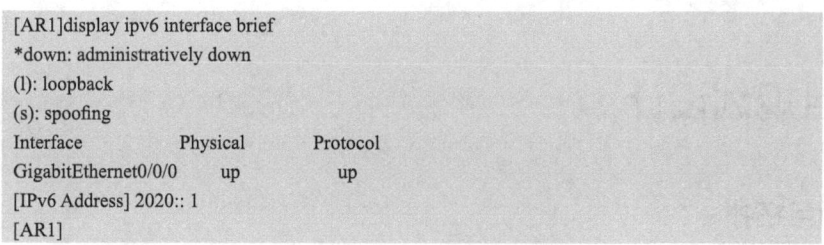

```
[AR1]display ipv6 interface brief
*down: administratively down
(l): loopback
(s): spoofing
Interface              Physical          Protocol
GigabitEthernet0/0/0   up                up
[IPv6 Address] 2020:: 1
[AR1]
```

图3-10　验证IPv6地址配置情况

结合路由器前缀信息及已经计算出来的64位接口标识，即可得到IPv6单播地址为2020:: 5689:98ff:fe2f:6ec9，如图3-9所示。

3. 根据EUI-64规范生成链路本地地址

当接口使用IPv6功能时，接口会自动根据EUI-64生成链路本地地址。如图3-9所示，此时主机网卡的MAC地址为54-89-98-2F-6E-C9，根据EUI-64规范为该MAC地址修改U/L位及插入FFFE，得到一个64位接口标识5689:98ff:fe2f:6ec9。结合链路本地地址固定前缀【fe80::/10】，最终获得链路本地地址为fe80:: 5689:98ff:fe2f:6ec9。

3.3　无状态地址自动配置

IPv4使用DHCP实现自动配置，包括IP地址、默认网关等信息，简化了网络管理。IPv6地址增长为128位，且终端节点多，对于自动配置的要求更为迫切，除了保留DHCP作为有状态自动配置，还增加了无状态自动配置。无状态自动配置即自动生成链路本地地址，主机根据RA报文的前缀信息，自动配置全球单播地址，并获得其他相关信息。

结合NDP报文的交互过程，路由器为节点分配IPv6单播地址，如图3-11所示。

（1）主机节点Node A在配置好链路本地地址后，发送RS报文，请求路由器的前缀信息。

（2）路由器收到RS报文后，发送单播RA报文，携带用于无状态地址自动配置的前缀信息，同时路由器会周期性地发送组播RA报文。

（3）Node A收到RA报文后，根据前缀信息和配置信息生成一个临时的全球单播地址。同时启动DAD，发送NS报文验证临时地址的唯一性，此时该地址处于临时状态。

（4）链路上的其他节点收到DAD的NS报文后，若没有使用该地址，则丢弃报文，否则产生应答NS报文的NA报文。

（5）Node A如果没有收到DAD的NA报文，说明地址是全局唯一的，那么用该临时地址初始化接口，此时地址进入有效状态。

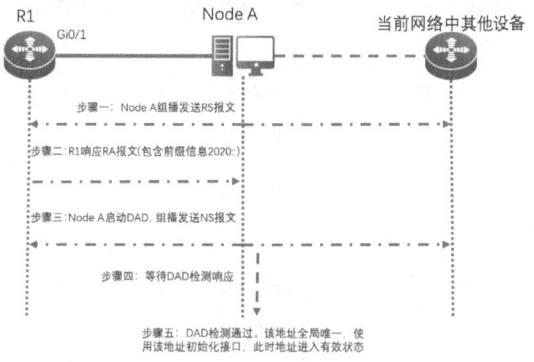

图3-11　无状态地址自动配置工作过程

项目规划设计

◎ 项目拓扑

本项目使用 2 台 PC 及 3 台交换机搭建项目拓扑，如图 3-12 所示。其中 PC1 是管理部员工主机，PC2 是财务部员工主机，S1 是汇聚层交换机、S2 与 S3 是接入层交换机。S1 作为各部门网关，且为各部门员工主机下发子网前缀信息。通过配置实现各部门 PC 之间互联互通。

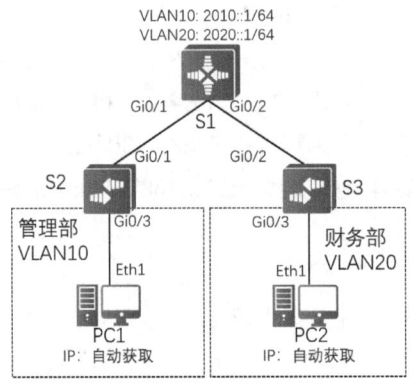

图3-12　项目拓扑

◎ 项目规划

根据项目拓扑进行业务规划，VLAN 规划表、端口互联规划表、IP 规划表分别如表 3-1 ~ 表 3-3 所示。

表3-1　VLAN规划表

VLAN	IP地址段	用途
VLAN10	2010::/64	管理部
VLAN20	2020::/64	财务部

表3-2　端口互联规划表

本端设备	本端接口	端口类型	对端设备	对端接口
PC1	Eth1	N/A	S2	Gi0/3
PC2	Eth1	N/A	S3	Gi0/3
S1	Gi0/1	TRUNK	S2	Gi0/1
	Gi0/2	TRUNK	S3	Gi0/2
S2	Gi0/3	ACCESS	PC1	Eth1
	Gi0/1	TRUNK	S1	Gi0/1
S3	Gi0/3	ACCESS	PC2	Gi0/3
	Gi0/2	TRUNK	S1	Gi0/2

表3-3 IP规划表

设备命名	接口	IP地址	用途
PC1	Eth1	DHCP	PC1主机地址
PC2	Eth1	DHCP	PC2主机地址
S1	VLAN10	2010::1/64	VLAN10网关地址
	VLAN20	2020::1/64	VLAN20网关地址

项目实施

任务 3-1 配置部门 VLAN

任务规划

根据端口互联规划表（如表3-2所示）要求，为两台交换机创建部门VLAN，然后将对应端口划分到部门VLAN中。

任务实施

1.在交换机上创建VLAN

（1）为S1创建部门VLAN。

Ruijie>enable	进入特权模式
Ruijie#configure terminal	进入全局配置模式
Ruijie(config)#hostname S1	修改设备名称
S1(config)#vlan 10	创建VLAN10
S1(config-vlan)#exit	退出
S1(config)#vlan 20	创建VLAN20
S1(config-vlan)#exit	退出

（2）为S2创建部门VLAN。

Ruijie>enable	进入特权模式
Ruijie#configure terminal	进入全局配置模式
Ruijie(config)#hostname S2	修改设备名称
S2(config)#vlan 10	创建VLAN10
S2(config-vlan)#exit	退出

（3）为S3创建部门VLAN。

Ruijie>enable	进入特权模式
Ruijie#configure terminal	进入全局配置模式
Ruijie(config)#hostname S3	修改设备名称
S3(config)#vlan 20	创建VLAN20
S3(config-vlan)#exit	退出

2.将交换机端口添加到对应 VLAN 中

（1）在 S2 上将对应端口添加到 VLAN 中。

S2(config)#interface gigabitEthernet 0/3	进入 Gi0/3 端口
S2(config−if−GigabitEthernet 0/3)#switchport mode access	配置链路类型为 ACCESS
S2(config−if−GigabitEthernet 0/3)#switchport access vlan 10	划分端口到 VLAN10 中
S2(config−if−GigabitEthernet 0/3)#eixt	退出

（2）在 S3 上将对应端口添加到 VLAN 中。

S3(config)#interface gigabitEthernet 0/3	进入 Gi0/3 端口
S3(config−if−GigabitEthernet 0/3)#switchport mode access	配置链路类型为 ACCESS
S3(config−if−GigabitEthernet 0/3)#switchport access vlan 20	划分端口到 VLAN20 中
S3(config−if−GigabitEthernet 0/3)#eixt	退出

任务验证

（1）在 S1 上使用【show vlan】命令验证 VLAN 创建情况，如图 3-13 所示，可以看到 VLAN10 与 VLAN20 已成功创建。

```
S1#show vlan
VLAN Name                        Status      Ports
-------- ----------------------  ----------  --------------------------------
   1 VLAN0001                    STATIC      Gi0/1, Gi0/2, Gi0/3, Gi0/4
                                             Gi0/5, Gi0/6, Gi0/7, Gi0/8
                                             Gi0/9, Gi0/10, Gi0/11, Gi0/12
                                             Gi0/13, Gi0/14, Gi0/15, Gi0/16
                                             Gi0/17, Gi0/18, Gi0/19, Gi0/20
                                             Gi0/21, Gi0/22, Gi0/23, Gi0/24
                                             Gi0/25, Gi0/26, Gi0/27, Gi0/28
                                             Te0/29, Te0/30, Te0/31, Te0/32
  10 VLAN0010                    STATIC
  20 VLAN0020                    STATIC
-----------------------------------------------------------------------------
```

图 3-13 验证 S1 的 VLAN 创建情况

（2）在 S2 上使用【show vlan】命令验证 VLAN 创建情况，如图 3-14 所示，可以看到 VLAN10 已经成功创建。

```
S2#show vlan
VLAN Name                        Status      Ports
-------- ----------------------  ----------  --------------------------------
   1 VLAN0001                    STATIC      Gi0/1, Gi0/2, Gi0/4, Gi0/5
                                             Gi0/6, Gi0/7, Gi0/8, Gi0/9
                                             Gi0/10, Gi0/11, Gi0/12, Gi0/13
                                             Gi0/14, Gi0/15, Gi0/16, Gi0/17
                                             Gi0/18, Gi0/19, Gi0/20, Gi0/21
                                             Gi0/22, Gi0/23, Gi0/24, Gi0/25
                                             Gi0/26, Gi0/27, Gi0/28, Te0/29
                                             Te0/30, Te0/31, Te0/32
  20 VLAN0010                    STATIC      Gi0/3
```

图 3-14 验证 S2 的 VLAN 创建情况

（3）在 S3 上使用【show vlan】命令验证 VLAN 创建情况，如图 3-15 所示，可以看到 VLAN20 已经成功创建。

```
S3#show vlan
VLAN Name              Status   Ports
--------  -----------------------   ----------   ----------------------------------
   1 VLAN0001          STATIC   Gi0/1, Gi0/2, Gi0/4, Gi0/5
                                Gi0/6, Gi0/7, Gi0/8, Gi0/9
                                Gi0/10, Gi0/11, Gi0/12, Gi0/13
                                Gi0/14, Gi0/15, Gi0/16, Gi0/17
                                Gi0/18, Gi0/19, Gi0/20, Gi0/21
                                Gi0/22, Gi0/23, Gi0/24, Gi0/25
                                Gi0/26, Gi0/27, Gi0/28, Te0/29
                                Te0/30, Te0/31, Te0/32
  20 VLAN0020          STATIC   Gi0/3
```

图3-15　验证S3的VLAN创建情况

（4）在S2上使用【show interface switchport】命令验证链路配置情况，如图3-16所示。

```
S2#show interface switchport
Interface            Switchport Mode    Access Native Protected VLAN lists
-----------------    ----------  --------  ---------  ---------  ---------  ----------------
GigabitEthernet 0/1   enabled    ACCESS 1       1     Disabled ALL
GigabitEthernet 0/2   enabled    ACCESS 1       1     Disabled ALL
GigabitEthernet 0/3   enabled    ACCESS 10      1     Disabled ALL
```

图3-16　验证S2链路状态

（5）在S3上使用【show interface switchport】命令验证链路配置情况，如图3-17所示。

```
S3#show interface switchport
Interface            Switchport Mode    Access Native Protected VLAN lists
-----------------    ----------  --------  ---------  ---------  ---------  ----------------
GigabitEthernet 0/1   enabled    ACCESS 1       1     Disabled ALL
GigabitEthernet 0/2   enabled    ACCESS 1       1     Disabled ALL
GigabitEthernet 0/3   enabled    ACCESS 20      1     Disabled ALL
```

图3-17　验证S3链路状态

任务 3-2　配置交换机互联端口

任务规划

根据项目拓扑规划，S1与S2互联链路需要转发VLAN10的流量，S2与S3互联链路需要转发VLAN20的流量，因此需要将这些链路设置为TRUNK链路，并配置TRUNK链路的VLAN允许列表。

任务实施

1. 在S1上配置互联端口

在S1上配置交换机互联链路为TRUNK链路，并为相关VLAN配置允许列表。

S1(config)#interface gigabitEthernet 0/1	进入Gi0/1端口
S1(config–if–GigabitEthernet 0/1)#switchport mode trunk	配置链路类型为TRUNK
S1(config–if–GigabitEthernet 0/1)# switchport trunk allowed vlan only 10	TRUNK口VLAN裁剪
S1(config–if–GigabitEthernet 0/1)#exit	退出
S1(config)#interface gigabitEthernet 0/2	进入Gi0/2端口
S1(config–if–GigabitEthernet 0/2)#switchport mode trunk	配置链路类型为TRUNK

S1(config–if–GigabitEthernet 0/2)# switchport trunk allowed vlan only 20	TRUNK口VLAN裁剪
S1(config–if–GigabitEthernet 0/2)#exit	退出

2．在S2上配置互联端口

在S2上配置交换机互联链路为TRUNK链路，并为相关VLAN配置允许列表。

S2(config)#interface gigabitEthernet 0/1	进入Gi0/1端口
S2(config–if–GigabitEthernet 0/1)#switchport mode trunk	配置链路类型为TRUNK
S2(config–if–GigabitEthernet 0/1)# switchport trunk allowed vlan only 10	TRUNK口VLAN裁剪
S2(config–if–GigabitEthernet 0/1)#exit	退出

3．在S3上配置互联端口

在S3上配置交换机互联链路为TRUNK链路，并为相关VLAN配置允许列表。

S3(config)#interface gigabitEthernet 0/2	进入Gi0/2口端口
S3(config–if–GigabitEthernet 0/2)#switchport mode trunk	配置链路类型为TRUNK
S3(config–if–GigabitEthernet 0/2)# switchport trunk allowed vlan only 20	TRUNK口VLAN裁剪
S3(config–if–GigabitEthernet 0/2)#exit	退出

任务验证

（1）在S1上使用【show interface trunk】命令验证链路配置情况，如图3–18所示。

```
S1#show interface trunk
Interface          Native VLAN  VLAN lists
-------------------------------- ------------------ -----------------------
GigabitEthernet 0/1       1            10
GigabitEthernet 0/2       1            20
```

图3–18　验证S1链路状态

（2）在S2上使用【show interface trunk】命令验证链路配置情况，如图3–19所示。

```
S2#show interface trunk
Interface          Native VLAN  VLAN lists
-------------------------------- ------------------ -----------------------
GigabitEthernet 0/1       1            10
```

图3–19　验证S2链路状态

（3）在S3上使用【show interface trunk】命令验证链路配置情况，如图3–20所示。

```
S3#show interface trunk
Interface          Native VLAN  VLAN lists
-------------------------------- ------------------ -----------------------
GigabitEthernet 0/2       1            20
```

图3–20　验证S3链路状态

任务 3–3　配置交换机及 PC 的 IPv6 地址

任务规划

为各部门PC配置IPv6地址，配置汇聚层交换机IPv6地址并开启无状态地址自动配置功能。

任务实施

1.为各部门PC配置自动获取IPv6地址

PC1的IPv6地址配置结果如图3-21所示,同理完成PC2的IPv6地址配置。

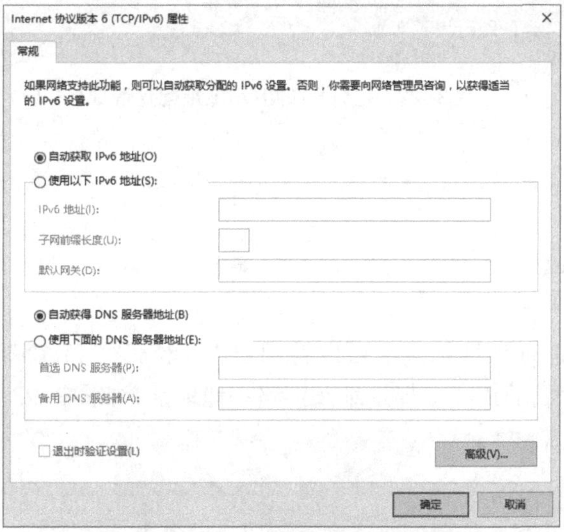

图3-21　PC1的IPv6地址配置结果

2.配置S1的VLAN接口地址

在交换机S1上为两个部门的VLAN创建VLAN接口并配置IP地址,作为两个部门的网关。

S1(config)#interface vlan 10	进入VLAN10接口
S1(config-if-VLAN 10)#ipv6 enable	开启接口IPv6功能
S1(config-if-VLAN 10)#ipv6 address 2010::1/64	配置IPv6地址
S1(config-if-VLAN 10)#exit	退出
S1(config)#interface vlan 20	进入VLAN20接口
S1(config-if-VLAN 20)#ipv6 enable	开启接口IPv6功能
S1(config-if-VLAN 20)#ipv6 address 2020::1/64	配置IPv6地址
S1(config-if-VLAN 20)#exit	退出

3.配置S1的无状态地址自动配置功能

在各部门VLAN接口下开启RA报文的通告功能。

S1(config)#interface vlan 10	进入VLAN10接口
S1(config-if-VLAN 10)#no ipv6 nd suppress-ra	关闭接口抑制路由器通告功能
S1(config-if-VLAN 10)#exit	退出
S1(config)#interface vlan 20	进入VLAN20接口
S1(config-if-VLAN 20)#no ipv6 nd suppress-ra	关闭接口抑制路由器通告功能
S1(config-if-VLAN 20)#exit	退出

任务验证

在S1上使用【show ipv6 interface brief】命令验证S1的IP地址配置情况,如图3-22所示。

```
S1#show ipv6 interface brief
VLAN 10                    [up/up]
       FE80::274:9CFF:FECD:6922
       2010::1
VLAN 20                    [up/up]
       FE80::274:9CFF:FECD:6922
       2010::1
```

图3-22 验证S1的IPv6地址配置情况

项目验证

（1）查看PC1的地址获取情况。可以看到PC1已经获得VLAN10的子网前缀信息，并且通过EUI-64规范生成了IPv6单播地址及链路本地地址，如图3-23所示。

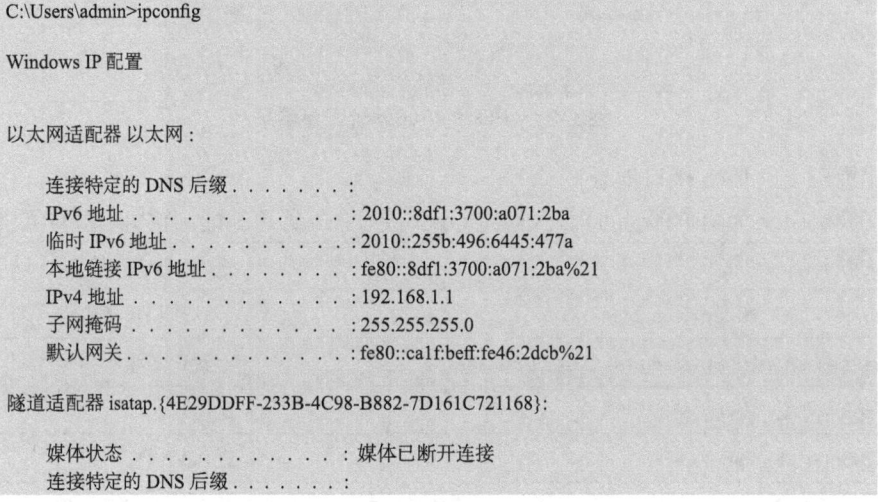

```
C:\Users\admin>ipconfig

Windows IP 配置

以太网适配器 以太网：

   连接特定的 DNS 后缀 . . . . . . . :
   IPv6 地址 . . . . . . . . . . . . : 2010::8df1:3700:a071:2ba
   临时 IPv6 地址 . . . . . . . . . . : 2010::255b:496:6445:477a
   本地链接 IPv6 地址 . . . . . . . . : fe80::8df1:3700:a071:2ba%21
   IPv4 地址 . . . . . . . . . . . . : 192.168.1.1
   子网掩码 . . . . . . . . . . . . . : 255.255.255.0
   默认网关 . . . . . . . . . . . . . : fe80::ca1f:beff:fe46:2dcb%21

隧道适配器 isatap.{4E29DDFF-233B-4C98-B882-7D161C721168}：

   媒体状态 . . . . . . . . . . . . . : 媒体已断开连接
   连接特定的 DNS 后缀 . . . . . . . :
```

图3-23 PC1无状态地址配置情况

（2）查看PC2的地址获取情况。可以看到PC2已经获得VLAN20的子网前缀信息，并且通过EUI-64规范生成了IPv6单播地址及链路本地地址，如图3-24所示。

```
C:\Users\admin>ipconfig

Windows IP 配置

以太网适配器 以太网：

   连接特定的 DNS 后缀 . . . . . . . :
   IPv6 地址 . . . . . . . . . . . . : 2020::493a:e06c:3e77:faa9
   临时 IPv6 地址 . . . . . . . . . . : 2020::f9c7:9812:88b1:ad6a
   本地链接 IPv6 地址 . . . . . . . . : fe80::493a:e06c:3e77:faa9%21
   IPv4 地址 . . . . . . . . . . . . : 192.168.1.2
   子网掩码 . . . . . . . . . . . . . : 255.255.255.0
   默认网关 . . . . . . . . . . . . . : fe80::ca1f:beff:fe46:2dc6%21
```

图3-24 PC2无状态地址配置情况

隧道适配器 isatap.{1DEA4805-EE99-40B5-9D43-E2126BF0EA86}:

　　媒体状态 . . . . : 媒体已断开连接
　　连接特定的 DNS 后缀 . . . . :

图3-24　PC2无状态地址配置情况（续）

练习与思考

◎ 理论题

1.以下哪一项是 ICMPv6 的 RA 报文的作用？（　　）

　　A.通告子网前缀　　B.请求子网前缀　　C.重复地址检查　　D.路由重定向

2.当PC获得IPv6地址 2001::1234:5678/64，此时PC需要进行重复地址检查，需要向被请求节点组播地址（　　）发送NS报文。

　　A. FF02:: 34:5678/104　　　　　　　　B. FE80::1:FF34:5678/10

　　C. FF02::1:FF34:5678/104　　　　　　 D. FF02::2:FF34:5678/104

3.以下哪些报文是NDP报文？（　　）（多选）

　　A. RA 报文　　　　B. NS 报文　　　　C. Hello 报文　　　D. Open 报文

4.NDP进行重复地址检查时，需要交互哪些报文？（　　）（多选）

　　A. RA 报文　　　　B. NS 报文　　　　C. RS 报文　　　　D. NA 报文

5.使用EUI-64规范可以生成哪些地址？（　　）（多选）

　　A.单播地址　　　　　　　　　　B.链路本地地址

　　C.被请求节点组播组地址　　　　D. ISATAP 地址

6.无状态地址自动配置可为主机分配DNS参数。（　　）（判断）

7.RA报文的发送形式可以是组播也可以是单播。（　　）（判断）

◎ 项目实训题

1.项目背景与要求

Jan161公司网络中的部门和PC数量较多，为PC手动配置IPv6地址工作量大且容易出错。因此公司希望PC通过无状态地址自动配置获取IPv6地址，实训拓扑如图3-25所示。具体要求如下：

（1）配置各部门PC通过DHCP获取IPv6地址。

（2）为各部门创建部门VLAN及在交换机上划分VLAN。

（3）配置交换机互联链路为TRUNK链路并配置允许列表。

（4）S1作为各部门网关，为各部门配置网关IPv6地址，管理部网关为 2010:x:y::1/64，财务部网关为 2020:x:y::1/64（x 为班级，y 为短学号）。

（5）配置S1开启RA报文通告功能。

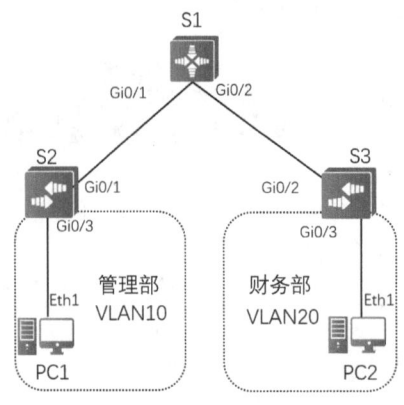

图3-25 实训拓扑

2.实训业务规划

根据以上实训拓扑和需求，参考本项目的项目规划完成表3-4 ~ 表3-6。

表3-4 VLAN规划表

VLAN	IP地址段	用途

表3-5 端口互联规划表

本端设备	本端接口	端口类型	对端设备	对端接口

表3-6 IP规划表

设备命名	接口	IP地址	用途

3.实训要求

完成实训后，请截取以下实训验证截图：

（1）在PC1的CMD命令行下使用【ipconfig】命令，查看IPv6地址获取情况。

（2）在PC2的CMD命令行下使用【ipconfig】命令，查看IPv6地址获取情况。

（3）在S1上使用【show vlan】命令，查看VLAN创建情况。

（4）在S2上使用【show vlan】命令，查看VLAN创建情况。

（5）在S3上使用【show vlan】命令，查看VLAN创建情况。

（6）在S1上使用【show interface trunk】命令，查看交换机链路配置情况。

（7）在S2上使用【show interface trunk】命令，查看交换机链路配置情况。

（8）在S3上使用【show interface trunk】命令，查看交换机链路配置情况。

（9）管理部PC1 ping财务部PC2，查看部门之间的网络连通性。

项目 4

基于 DHCPv6 的 PC 自动获取地址

扫一扫，
看微课

项目描述

　　Jan16公司已经对网络进行了升级，完成了所有部门计算机IPv6地址的自动配置，实现了互相通信。但网络开通后，由于计算机的网络配置中缺少DNS地址参数，导致无法基于域名访问公司业务系统。

　　因此，公司应按网络基础服务部署惯例，在核心交换机上部署DHCPv6服务，为所有计算机分配基于IPv6的DNS地址。公司网络拓扑如图4-1所示，具体要求如下：

　　（1）公司使用三层交换机S1、S2进行组网，S2连接销售部和人事部的PC。

　　（2）各部门PC通过DHCPv6动态获取IPv6地址及DNS服务器地址，方便计算机基于域名访问公司业务系统。

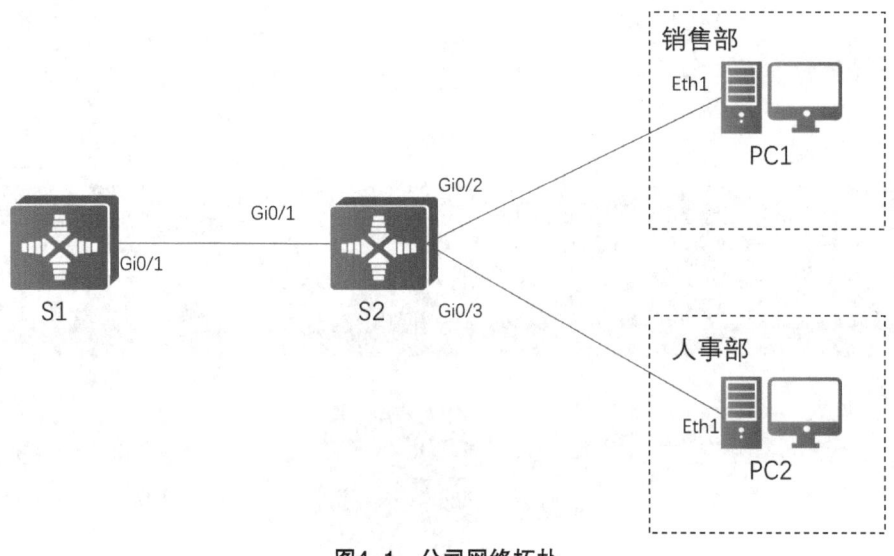

图4-1　公司网络拓扑

项目需求分析

　　根据项目背景，需要在公司核心交换机S1上部署DHCPv6服务，实现公司各部门PC自动配置IPv6和DNS地址。

　　因此，本项目可以分解为以下工作任务来完成：

　　（1）创建部门VLAN，实现各部门网络划分。

　　（2）配置交换机互联端口，实现PC与网关交换机之间的通信。

　　（3）配置交换机的IPv6地址并开启DHCPv6功能，实现为PC分配IPv6及DNS地址。

项目相关知识

4.1　有状态地址自动配置概述

通过项目3的学习我们了解到，无状态地址自动配置就是节点根据路由器向节点通告的前缀信息并按EUI-64规范生成IPv6单播地址。无状态地址自动配置仅能向节点通告前缀信息，无法向节点通告DNS、域名等参数，无法为特定设备指定IPv6地址。

在生产环境中，基于DNS访问业务系统是非常重要的，因此IPv6网络同样需要部署DHCPv6基础信息服务，为客户端提供基于IPv6的IP地址自动配置服务。

DHCPv6技术分为有状态DHCPv6和无状态DHCPv6。

（1）有状态DHCPv6：与DHCPv4类似，由服务器统一分配并且管理客户端使用的IP地址、DNS地址等。

（2）无状态DHCPv6：是结合无状态地址自动配置技术实现的，客户端通过无状态地址自动配置方式获取IPv6单播地址，然后通过DHCPv6获取除网关地址以外的其他参数。

4.2　有状态DHCPv6概述

1.标识DHCPv6设备

DHCPv6唯一标识符（DHCPv6 Unique Identifier，DUID），用于标识和验证DHCPv6服务器、DHCPv6客户端的身份。

DUID主要通过基于链路层地址（Link-Layer Address，LL）和基于链路层地址与时间（Link-Layer Address Plus Time，LLT）两种方式生成。DUID-LL结合设备的MAC地址来生成DUID标识，DUID-LLT结合设备的MAC地址和设备上的时间来生成DUID标识。

2. DHCPv6协议报文类型

DHCPv6服务器与客户端之间使用UDP来交互DHCPv6报文，客户端使用的UDP端口号是546，服务器使用的UDP端口号是547。DHCPv6报文类型如表4-1所示。

表4-1　DHCPv6报文类型

报文类型	DHCPv6报文	说　　明
1	请求（Solicit）	DHCPv6客户端使用Solicit报文来确定DHCPv6服务器的位置
2	通告（Advertise）	DHCPv6服务器发送Advertise报文来对Solicit报文进行回应，宣告自己能够提供DHCPv6服务
3	请求（Request）	DHCPv6客户端发送Request报文来向DHCPv6服务器请求IPv6地址和其他配置信息
4	确认（Confirm）	DHCPv6客户端向任意可达的DHCPv6服务器发送Confirm报文，以检查自己目前获得的IPv6地址是否适用于它所连接的链路

续表

报文类型	DHCPv6报文	说　明
5	更新（Renew）	DHCPv6客户端向给其提供IPv6地址和其他配置信息的DHCPv6服务器发送Renew报文，来延长IPv6地址的生存期并更新配置信息
6	重新绑定（Rebind）	如果Renew报文没有得到应答，DHCPv6客户端向任意可达的DHCPv6服务器发送Rebind报文来延长IPv6地址的生存期并更新配置信息
7	回复（Reply）	DHCPv6服务器用来响应Request、Confirm、Renew、Rebind、Release和Decline的报文
8	释放（Release）	DHCPv6客户端向为其分配IPv6地址的DHCPv6服务器发送Release报文，表明自己不再使用一个或多个租用的IPv6地址
9	拒绝（Decline）	DHCPv6客户端向DHCPv6服务器发送Decline报文，声明DHCPv6服务器分配的一个或多个IPv6地址在DHCPv6客户端所在链路上已经被使用
10	重新配置（Reconfigure）	DHCPv6服务器向DHCPv6客户端发送Reconfigure报文，用于提示DHCPv6客户端，在DHCPv6服务器上存在新的网络配置信息
11	请求配置（Information-Request）	DHCPv6客户端向DHCPv6服务器发送Information-Request报文来请求除IPv6地址以外的其他网络配置信息
12	中继转发（Relay-Forward）	中继代理通过Relay-Forward报文向DHCPv6服务器转发DHCPv6客户端请求报文
13	中继回复（Relay-Reply）	DHCPv6服务器向中继代理发送Relay-Reply报文，其中携带了转发给DHCPv6客户端的报文

3.有状态DHCPv6工作过程

有状态DHCPv6的工作过程主要分为四个步骤，如图4-2所示。

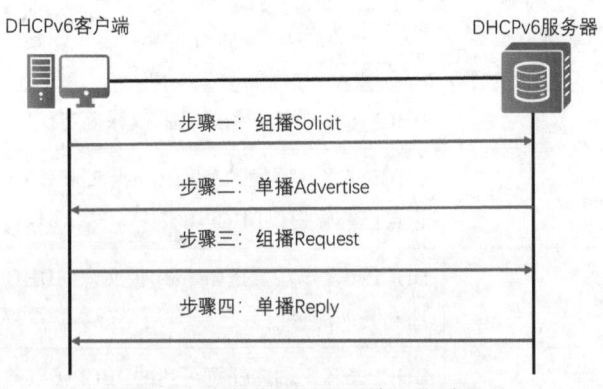

图4-2　有状态DHCPv6的工作过程

（1）DHCPv6客户端向组播地址FF02::1:2发送请求报文Solicit，用于发现DHCPv6服务器。Solicit报文中可以选择携带Rapid Commit参数，该参数用于实现DHCPv6客户端快速获取 IPv6 地址。FF02::1:2 地址为链路本地多播地址，所有配置为 DHCPv6 服务器或者代理服务器的设备均属于该组播组成员。

（2）DHCPv6 服务器收到 Solicit 报文之后，若 Solicit 报文中携带了 Rapid Commit 参数，则将携带 IPv6 地址及其他网络参数的 Advertise 报文单播发送给 DHCPv6 客户端，至此 DHCPv6 客户端的 IPv6 地址分配完成，不需要继续交互 DHCPv6 报文。若 DHCPv6 服务器不支持 Rapid Commit 功能，或者 Solicit 报文中未携带 Rapid Commit 参数，则单播回复 Advertise 报文，通知 DHCPv6 客户端，DHCPv6 服务器可以为其提供 IPv6 地址和其他网络参数。

（3）DHCPv6 客户端收到 DHCPv6 服务器回复的 Advertise 报文后，将向 DHCPv6 服务器发送目的地址为 FF02::1:2 的 Request 组播报文，该报文中携带了 DHCPv6 服务器的 DUID。

若 DHCPv6 客户端接收到多个 DHCPv6 服务器回复的 Advertise 报文，则根据 Advertise 报文中的服务器优先级等参数，选择优先级最高的一台 DHCPv6 服务器，并向所有的 DHCPv6 服务器发送目的地址为 FF02::1:2 的 Request 组播报文，该报文中携带已选择的 DHCPv6 服务器的 DUID。

（4）DHCPv6 服务器单播回复 Reply 报文，确认将 IPv6 地址和网络配置参数分配给 DHCPv6 客户端。

4.3 无状态 DHCPv6 概述

无状态 DHCPv6，是指除 IP 地址以外的其他参数信息由 DHCPv6 服务器来分配。其配置要点主要有以下几点：

（1）需要允许网关路由器发送 RA 通告，并设置 RA 报文的 M 位为 0，O 位为 1，以通知节点通过无状态地址自动配置生成 IPv6 单播地址，并通过 DHCPv6 来获取除网关地址以外的其他参数信息。

（2）网关路由器通告的 RA 报文中，路由器生存期不能为 0，保证节点能通过 RA 报文完成网关自动发现，生成网关地址。

（3）DHCPv6 地址池不配置前缀信息，只配置 DNS 等其他参数。

（4）网关路由器接口下需指定 DHCPv6 地址池。

4.4 有状态 DHCPv6 的网关分配

与 DHCPv4 不同，DHCPv6 只能为节点分配子网前缀，无法为节点分配网关地址。用户的网关地址是通过路由器发送的 RA 报文来获取的。

项目规划设计

◎ 项目拓扑

本项目使用 2 台 PC 和 2 台交换机来搭建项目拓扑，如图 4-3 所示。其中 PC1 是销售部员工的计算机，PC2 是人事部员工的计算机，S1、S2 是核心层交换机，S1 作为各部门网关及 DHCPv6 服务器。

项目要求通过配置DHCPv6，实现公司所有计算机均能通过自动获取IPv6单播地址实现部门之间的相互通信。

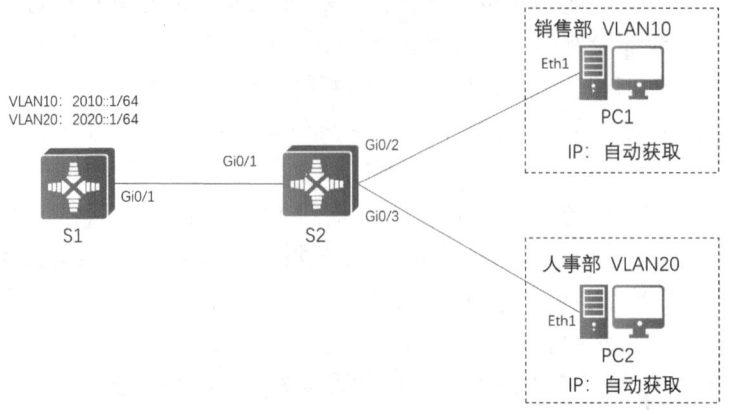

图4-3 项目拓扑

◎ 项目规划

根据项目拓扑进行业务规划，VLAN规划表、端口互联规划表、IP规划表、DHCPv6地址池规划表分别如表4-2~表4-5所示。

表4-2 VLAN规划表

VLAN	IP地址段	用途
VLAN10	2010::/64	销售部
VLAN20	2020::/64	人事部

表4-3 端口互联规划表

本端设备	本端接口	端口类型	对端设备	对端接口
PC1	Eth1	N/A	S2	Gi0/2
PC2	Eth1	N/A	S2	Gi0/3
S1	Gi0/1	TRUNK	S2	Gi0/1
S2	Gi0/2	ACCESS	PC1	Eth1
	Gi0/3	ACCESS	PC2	Eth1
	Gi0/1	TRUNK	S1	Gi0/1

表4-4 IP规划表

设备名称	接口	IP地址	用途
PC1	Eth1	DHCPv6	PC1地址
PC2	Eth1	DHCPv6	PC2地址
S1	VLAN10	2010::1/64	VLAN10网关地址
	VLAN20	2020::1/64	VLAN20网关地址

表4-5　DHCPv6地址池规划表

名称	VLAN	前缀	DNS地址
SALE	10	2010::/64	2400:3200::1（阿里巴巴IPv6 DNS）
HR	20	2020::/64	2400:da00::6666（百度IPv6 DNS）

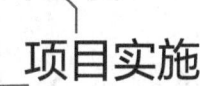

项目实施

任务 4-1　创建部门 VLAN

任务规划

根据端口互联规划表（如表4-3所示）要求，为两台交换机创建部门VLAN，然后将对应端口划分到部门VLAN中。

任务实施

1.在交换机上创建VLAN

（1）为S1创建部门VLAN10、VLAN20。

Ruijie>enable	进入特权模式
Ruijie#configure terminal	进入全局配置模式
Ruijie(config)#hostname S1	修改设备名称
S1(config)#vlan 10	创建VLAN10
S1(config-vlan)#exit	退出
S1(config)#vlan 20	创建VLAN20
S1(config-vlan)#exit	退出

（2）为S2创建部门VLAN10、VLAN20。

Ruijie>enable	进入特权模式
Ruijie#configure terminal	进入全局配置模式
Ruijie(config)#hostname S2	修改设备名称
S2(config)#vlan 10	创建VLAN10
S2(config-vlan)#exit	退出
S2(config)#vlan 20	创建VLAN20
S2(config-vlan)#exit	退出

2.交换机划分端口到VLAN

为S2划分VLAN，并将对应端口添加到部门VLAN中。

S2(config)#interface gigabitEthernet 0/2	进入Gi0/2端口
S2(config-if-GigabitEthernet 0/2)#switchport mode access	配置链路类型为ACCESS
S2(config-if-GigabitEthernet 0/2)#switchport access vlan 10	划分端口到VLAN10中

续表

S2(config-if-GigabitEthernet 0/2)#exit	退出
S2(config)#interface gigabitEthernet 0/3	进入Gi0/3端口
S2(config-if-GigabitEthernet 0/3)#switchport mode access	配置链路类型为ACCESS
S2(config-if-GigabitEthernet 0/3)#switchport access vlan 20	划分端口到VLAN20中
S2(config-if-GigabitEthernet 0/3)#exit	退出

任务验证

（1）在S1上使用【show vlan】命令验证VLAN创建情况，结果如图4-4所示，VLAN10与VLAN20已经创建成功。

```
S1#show vlan
VLAN Name                    Status     Ports
------- ---------------------- ---------- ------------------------------
    1 VLAN0001               STATIC   Gi0/1, Gi0/2, Gi0/3, Gi0/4
                                      Gi0/5, Gi0/6, Gi0/7, Gi0/8
                                      Gi0/9, Gi0/10, Gi0/11, Gi0/12
                                      Gi0/13, Gi0/14, Gi0/15, Gi0/16
                                      Gi0/17, Gi0/18, Gi0/19, Gi0/20
                                      Gi0/21, Gi0/22, Gi0/23, Gi0/24
                                      Gi0/25, Gi0/26, Gi0/27, Gi0/28
                                      Te0/29, Te0/30, Te0/31, Te0/32
   10 VLAN0010               STATIC
   20 VLAN0020               STATIC
```

图4-4　验证S1的VLAN创建情况

（2）在S2上使用【show vlan】命令验证VLAN创建情况，结果如图4-5所示，VLAN10及VLAN20已经创建成功。

```
S2#show vlan
VLAN Name                    Status     Ports
------- ---------------------- ---------- ------------------------------
    1 VLAN0001               STATIC   Gi0/1, Gi0/4, Gi0/5, Gi0/6
                                      Gi0/7, Gi0/8, Gi0/9, Gi0/10
                                      Gi0/11, Gi0/12, Gi0/13, Gi0/14
                                      Gi0/15, Gi0/16, Gi0/17, Gi0/18
                                      Gi0/19, Gi0/20, Gi0/21, Gi0/22
                                      Gi0/23, Gi0/24, Gi0/25, Gi0/26
                                      Gi0/27, Gi0/28, Te0/29, Te0/30
                                      Te0/31, Te0/32
   10 VLAN0010               STATIC   Gi0/2
   20 VLAN0020               STATIC   Gi0/3
```

图4-5　验证S2的VLAN创建情况

（3）在S2上使用【show interface switchport】命令验证链路配置情况，结果如图4-6所示。

```
S2#show interface switchport
Interface           Switchport Mode     Access Native Protected VLAN lists
------------------- ---------- -------- ------ ------ --------- ----------
GigabitEthernet 0/1  enabled   ACCESS 1       1      Disabled  ALL
GigabitEthernet 0/2  enabled   ACCESS 10      1      Disabled  ALL
GigabitEthernet 0/3  enabled   ACCESS 20      1      Disabled  ALL
```

图4-6　验证S2的链路配置情况

任务 4-2　配置交换机互联端口

任务规划

根据项目拓扑规划，S1 与 S2 互联链路需要转发 VLAN10、VLAN20 的流量，因此需要将该链路设置为 TRUNK 链路，并配置 TRUNK 链路的 VLAN 允许列表。

任务实施

1.在 S1 上配置互联端口

在 S1 上配置交换机互联链路为 TRUNK 链路，并为相关 VLAN 配置允许列表。

S1(config)#interface gigabitEthernet 0/1	进入 Gi0/1 端口
S1(config-if-GigabitEthernet 0/1)#switchport mode trunk	配置链路类型为 TRUNK
S1(config-if-GigabitEthernet 0/1)# switchport trunk allowed vlan only 10,20	TRUNK 口 VLAN 裁剪
S1(config-if-GigabitEthernet 0/1)#exit	退出

2.在 S2 上配置互联端口

在 S2 上配置交换机互联链路为 TRUNK 链路，并为相关 VLAN 配置允许列表。

S2(config)#interface gigabitEthernet 0/1	进入 Gi0/1 端口
S2(config-if-GigabitEthernet 0/1)#switchport mode trunk	配置链路类型为 TRUNK
S2(config-if-GigabitEthernet 0/1)# switchport trunk allowed vlan only 10,20	TRUNK 口 VLAN 裁剪
S2(config-if-GigabitEthernet 0/1)#exit	退出

任务验证

（1）在 S1 上使用【show interface trunk】命令验证链路配置情况，结果如图 4-7 所示。

```
S1#show interface trunk
Interface          Native VLAN  VLAN lists
------------------ ------------ ----------------------
GigabitEthernet 0/1    1             10,20
```

图4-7　验证S1的链路状态

（2）在 S2 上使用【show interface trunk】命令验证链路配置情况，结果如图 4-8 所示。

```
S2#show interface trunk
Interface          Native VLAN  VLAN lists
------------------ ------------ ----------------------
GigabitEthernet 0/1    1             10,20
```

图4-8　验证S2的链路状态

任务 4-3　配置交换机的 IPv6 地址并开启 DHCPv6 功能

任务规划

配置核心层交换机 S1 的 IPv6 地址和 DHCPv6 功能，并配置各部门 PC 的 IPv6 地址为 DHCPv6 自动获取。

任务实施

1.配置 S1 的 VLAN 接口 IPv6 地址

在交换机 S1 上为两个 VLAN 接口配置 IPv6 地址，作为两个部门的网关。

S1(config)#interface vlan 10	进入VLAN10接口
S1(config-if-VLAN 10)#ipv6 enable	开启接口IPv6功能
S1(config-if-VLAN 10)#ipv6 address 2010::1/64	配置IPv6地址
S1(config-if-VLAN 10)#exit	退出
S1(config)#interface vlan 20	进入VLAN20接口
S1(config-if-VLAN 20)#ipv6 enable	开启接口IPv6功能
S1(config-if-VLAN 20)#ipv6 address 2020::1/64	配置IPv6地址
S1(config-if-VLAN 20)#exit	退出

2. 配置S1的DHCPv6功能

在交换机S1上创建DHCPv6地址池并配置DNS等相关参数。

S1(config)#ipv6 dhcp pool SALE	为销售部创建地址池，名称为SALE
S1(dhcp-config)#prefix-delegation pool 2010::/64	为销售部分配指定的前缀信息池
S1(dhcp-config)#dns-server 2400:3200::1	配置销售部DNS服务器地址
S1(dhcp-config)#exit	退出
S1(config)#ipv6 dhcp pool HR	为人事部创建地址池，名称为HR
S1(dhcp-config)#prefix-delegation pool 2020::/64	为人事部分配指定的前缀信息池
S1(dhcp-config)#dns-server 2400:da00::6666	配置人事部DNS服务器地址
S1(dhcp-config)#exit	退出

3. 应用DHCPv6地址池

在交换机S1的VLAN接口上应用DHCPv6地址池。

S1(config)# interface vlan 10	进入VLAN10接口
S1(config-if-VLAN 10)#ipv6 dhcp server SALE	应用地址池SALE
S1(config-if-VLAN 10)#exit	退出
S1(config-if-VLAN 10)# interface vlan 20	进入VLAN20接口
S1(config-if-VLAN 20)#ipv6 dhcp server HR	应用地址池HR
S1(config-if-VLAN 20)#exit	退出

4. 开启RA报文通告及有状态自动配置地址标志位

在交换机S1的VLAN10和VLAN20接口上开启RA报文通告功能，启用有状态自动配置地址标志位。

S1(config)# interface vlan 10	进入VLAN10接口
S1(config-if-VLAN 10)#no ipv6 nd suppress-ra	开启RA报文通告功能
S1(config-if-VLAN 10)#ipv6 nd managed-config-flag	开启有状态自动配置地址标志位
S1(config-if-VLAN 10)#exit	退出
S1(config)# interface vlan 20	进入VLAN20接口

续表

S1(config–if–VLAN 20)#no ipv6 nd suppress–ra	开启RA报文通告功能
S1(config–if–VLAN 20)#ipv6 nd managed–config–flag	开启有状态自动配置地址标志位
S1(config–if–VLAN 20)#exit	退出

5.为各部门PC配置自动获取IPv6地址

PC1的IPv6地址配置结果如图4-9所示，同理完成PC2的IP地址配置。

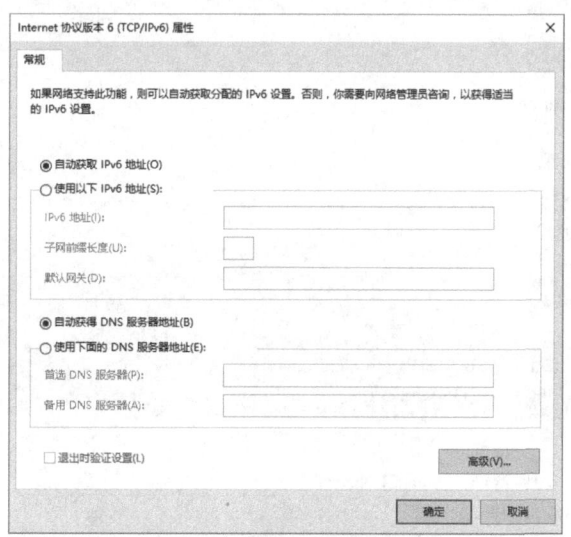

图4-9　PC1的IPv6地址配置结果

任务验证

（1）在S1上使用【show ipv6 interface brief】命令验证IPv6地址配置情况，结果如图4-10所示。

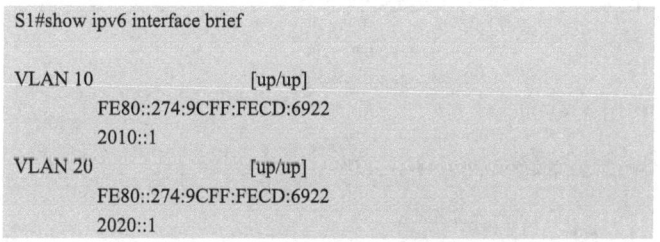

图4-10　验证S1的IPv6地址配置情况

（2）在S1上使用【show ipv6 dhcp pool】命令验证DHCPv6地址池配置情况，结果如图4-11所示。

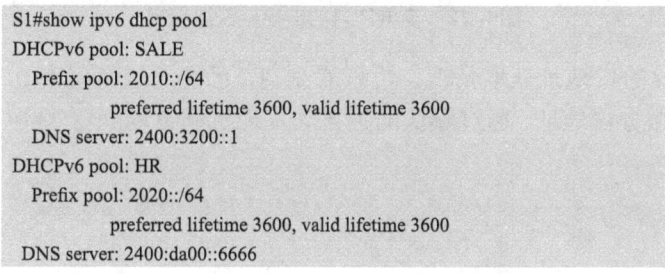

图4-11　验证S1的DHCPv6地址池配置情况

项目验证

（1）查看PC1的IP地址获取情况。可以看到PC1已经通过有状态DHCPv6获取到IPv6单播地址及DNS服务器地址，通过默认网关自动发现机制自动配置了网关地址，结果如图4-12所示。

```
C:\Users\admin>ipconfig /all

Windows IP 配置

        主机名 . . . . . . . . . . . . . : admin-PC
        主 DNS 后缀 . . . . . . . . . . . :
        节点类型 . . . . . . . . . . . :混合
        IP 路由已启用 . . . . . . . . . . :否
        WINS 代理已启用 . . . . . . . . . :否

以太网适配器 以太网:

        连接特定的 DNS 后缀 . . . . . . . :
        描述 . . . . . . . . . . . . . . : Realtek USB GbE Family Controller
        物理地址 . . . . . . . . . . . . : 00-E0-4C-36-69-8E
        DHCP 已启用 . . . . . . . . . . . :否
        自动配置已启用 . . . . . . . . . . :是
        IPv6 地址 . . . . . . . . . . . : 2010::8df1:3700:a071:2ba( 首选 )
        临时 IPv6 地址 . . . . . . . . . : 2010::50e5:1d97:77d6:67ce( 首选 )
        本地链接 IPv6 地址 . . . . . . . : fe80::8df1:3700:a071:2ba%21( 首选 )
        IPv4 地址 . . . . . . . . . . . : 192.168.1.1( 首选 )
        子网掩码 . . . . . . . . . . . . : 255.255.255.0
        默认网关 . . . . . . . . . . . . : fe80::ca1f:beff:fe46:2dcb%21
        DHCPv6 IAID . . . . . . . . . . : 352378956
        DHCPv6 客户端 DUID . . . . . . . : 00-01-00-01-26-C2-BB-BF-00-0C-29-90-54-C3
        DNS 服务器 . . . . . . . . . . : fec0:0:0:ffff::1%1
                                        fec0:0:0:ffff::2%1
                                        fec0:0:0:ffff::3%1
    TCPIP 上的 NetBIOS . . . . . . . :已启用

隧道适配器 isatap.{4E29DDFF-233B-4C98-B882-7D161C721168}:

        媒体状态 . . . . . . . . . . . . :媒体已断开连接
        连接特定的 DNS 后缀 . . . . . . . :
        描述 . . . . . . . . . . . . . . : Microsoft ISATAP Adapter
        物理地址 . . . . . . . . . . . . : 00-00-00-00-00-00-00-E0
        DHCP 已启用 . . . . . . . . . . :否
            自动配置已启用 . . . . . . . . . :是
```

图4-12　查看PC1的IP地址获取情况

（2）查看PC2的IP地址获取情况。可以看到PC2已经通过有状态DHCPv6获取到IPv6单播地址及DNS服务器地址，通过默认网关自动发现机制自动配置了网关地址，结果如图4-13所示。

```
C:\Users\admin>ipconfig /all

Windows IP 配置
```

图 4-13　查看 PC2 的 IP 地址获取情况

```
主机名. . . . . . . . . . . : admin-PC
主 DNS 后缀. . . . . . . . . :
节点类型. . . . . . . . . . : 混合
IP 路由已启用. . . . . . . . : 否
WINS 代理已启用. . . . . . . : 否
以太网适配器 以太网:

连接特定的 DNS 后缀. . . . . :
描述. . . . . . . . . . . . : Realtek USB GbE Family Controller
物理地址. . . . . . . . . . : 00-E0-4C-36-69-BE
DHCP 已启用. . . . . . . . . : 否
自动配置已启用. . . . . . . : 是
IPv6 地址. . . . . . . . . . : 2020::2( 首选 )
获得租约的时间. . . . . . . : 2020 年 8 月 11 日 8:25:03
租约过期的时间. . . . . . . : 2020 年 8 月 13 日 8:25:03
IPv6 地址. . . . . . . . . . : 2020::493a:e06c:3e77:faa9( 首选 )
临时 IPv6 地址. . . . . . . . : 2020::e9c4:7b8a:95bb:7fee( 首选 )
本地链接 IPv6 地址. . . . . . : fe80::493a:e06c:3e77:faa9%21( 首选 )
IPv4 地址. . . . . . . . . . : 192.168.1.2( 首选 )
子网掩码. . . . . . . . . . : 255.255.255.0
默认网关. . . . . . . . . . : fe80::ca1f:beff:fe46:2dc6%21
DHCPv6 IAID . . . . . . . . : 352378956
DHCPv6 客户端 DUID . . . . . : 00-01-00-01-26-C2-BC-2F-00-0C-29-B9-2B-69
DNS 服务器 . . . . . . . . . : 2400:da00::6666
TCPIP 上的 NetBIOS . . . . . : 已启用
隧道适配器 isatap.{1DEA4805-EE99-40B5-9D43-E2126BF0EA86}:

媒体状态 . . . . . . . . . . : 媒体已断开连接
连接特定的 DNS 后缀. . . . . :
描述. . . . . . . . . . . . : Microsoft ISATAP Adapter
物理地址. . . . . . . . . . : 00-00-00-00-00-00-00-E0
DHCP 已启用 . . . . . . . . . : 否
自动配置已启用. . . . . . . : 是
```

图4-13 查看PC2的IP地址获取情况（续）

练习与思考

◎ 理论题

1.有状态DHCPv6不能为PC分配哪些地址参数？（   ）

　　A.单播地址　　　　B. DNS　　　　C.默认网关　　　D.域名

2.以下哪一种报文不属于ICMPv6报文？（   ）

　　A.Solicit　　　　　　　　　B.Advertise

　　C.Discover　　　　　　　　D.Renew

3.配置无状态DHCPv6需要配置RA报文中的M位、O位分别为（   ）。

　　A.M=0，O=0　　　B.M=0，O=1　　C.M=1，O=1　　D.M=1，O=0

4.DHCPv6的唯一标识符DUID的生成方式有哪些？（   ）（多选）

　　A.DUID-LL　　　　　　　B.DUID-LLT

　　C.DUID-LT　　　　　　　D.DUID-TL

5.有关有状态DHCPv6和无状态DHCPv6的描述正确的是（　　）。（多选）

  A.均能为PC下发DNS参数

  B.均不能为PC下发默认网关

  C.有状态DHCPv6仅能提供子网前缀信息

  D.无状态DHCPv6仅能提供子网前缀信息

6.IPv6路由器接口默认关闭RA报文通告功能。（　　）（判断）

7. PC通过DHCPv6获取IPv6地址需要进行重复地址检查，而手动配置的IPv6地址不需要进行重复地址检查。（　　）（判断）

◎ 项目实训题

1.项目背景与要求

Jan161公司网络中的部门和PC数量较多，为PC手动配置IPv6地址工作量大且容易出错。因此希望使PC通过DHCPv6自动配置获取IPv6地址，如图4-14所示。具体要求如下：

（1）配置各部门PC通过DHCPv6获取IPv6地址。

（2）为各部门创建部门VLAN并在交换机上划分VLAN。

（3）配置交换机互联链路为TRUNK链路并配置允许列表。

（4）S1作为各部门网关，为各部门配置网关IPv6地址，人事部网关为2030:x:y::1/64，财务部网关为2040:x:y::1/64（x为班级，y为短学号）。

（5）在S1配置DHCPv6。

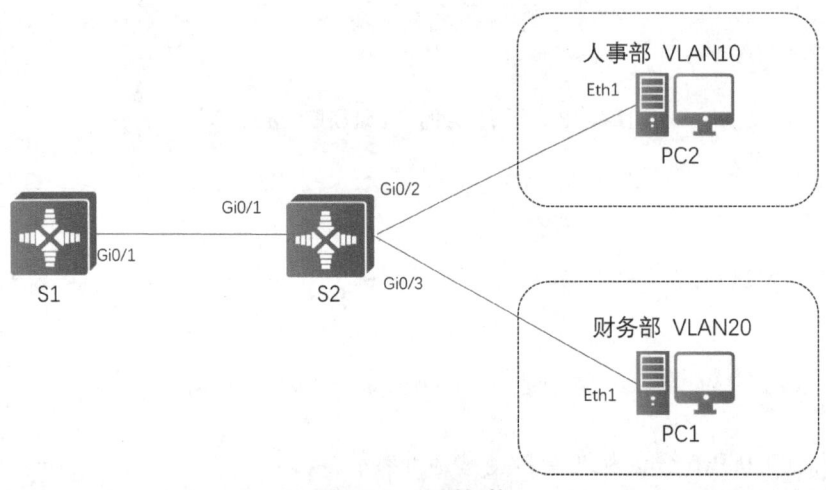

图4-14　实训拓扑

2.实训业务规划

根据以上实训拓扑和需求，参考本项目的项目规划完成表4-6～表4-9。

表4-6　VLAN规划表

VLAN	IP地址段	用途

表4-7　端口互联规划表

本端设备	本端接口	端口类型	对端设备	对端接口

表4-8　IP规划表

设备名称	接口	IP地址	用途

表4-9　DHCPv6地址池规划表

名称	VLAN	前缀	DNS地址

3.实训要求

完成实训后，请截取以下实训验证截图：

（1）在PC1的CMD命令行下使用【ipconfig】命令，查看IPv6地址获取情况。

（2）在PC2的CMD命令行下使用【ipconfig】命令，查看IPv6地址获取情况。

（3）在S1上使用【show vlan】命令，查看VLAN创建情况。

（4）在S2上使用【show vlan】命令，查看VLAN创建情况。

（5）在S1上使用【show interface trunk】命令，查看交换机链路配置情况。

（6）在S2上使用【show interface trunk】命令，查看交换机链路配置情况。

（7）财务部PC1 ping人事部PC2，查看部门之间的网络连通性。

项目 5

基于静态路由的总部与分部互联

扫一扫，
看微课

项目描述

Jan16公司总部办公室在创意园A座，因业务拓展需求，在创意园B座租赁了另一个场地作为Jan16公司的分部A，供设计部使用。园区网络拓扑如图5-1所示，项目具体要求如下：

（1）公司总部与分部局域网内各有1台三层交换机，分别连接总部及分部各部门的PC。

（2）两台交换机均接入创意园园区网路由器R1，现需要配置路由实现总部与分部互联互通。

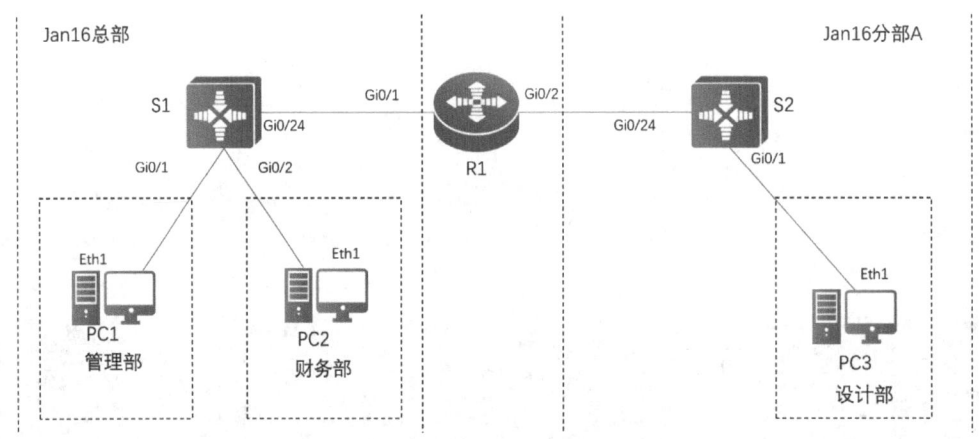

图5-1　园区网络拓扑

项目需求分析

Jan16公司现有管理部、财务部和设计部3个部门。管理部与财务部位于公司总部，设计部位于公司分部A，现需要将各部门PC划分至相应的VLAN，并在总部与分部之间配置IPv6静态路由，实现各部门之间的网络通信。

因此，本项目可以分解为以下工作任务来完成：

（1）创建部门VLAN，实现各部门网络划分。

（2）配置PC、交换机、路由器的IPv6地址。

（3）配置交换机、路由器的静态路由，实现公司总部与分部的互联互通。

项目相关知识

5.1 静态路由概述

静态路由（Static Route）是指通过手动方式为路由器配置路由信息，可以简单地让路由器获知到达目标网络的路由。

　　静态路由具有配置简单、路由器资源负载小、可控性强等优点。缺点是不能动态反映网络拓扑，当网络拓扑发生变化时，网络管理员必须手动配置改变路由表，因此静态路由不适用于大型网络。

　　静态路由中存在一种目的地址/掩码为 "::/0" 的路由，称为默认路由（Default Route）。计算机或路由器的IP路由表中可能存在默认路由，也可能不存在默认路由。如果网络设备的路由表中存在默认路由，那么当一个待发送或待转发的IP报文不能匹配IP路由表中的任何非默认路由时，就会根据默认路由来进行发送或转发；如果网络设备的IP路由表中不存在默认路由，那么当一个待发送或待转发的IP报文不能匹配IP路由表中的任何路由时，该IP报文就会被直接丢弃。

5.2 静态路由的配置

　　（1）在路由器上配置静态路由，需要指定目的地址的前缀及下一跳地址，配置完成后，即可成为路由表中的条目。

　　在图5-2所示的网络拓扑中，为R1配置访问前缀为6666::的静态路由。

　　在路由器R1上配置IPv6静态路由：

```
R1(config)#ipv6 route 6666::/64 2012::2
```

　　其中，6666::为目标网络，64为目标子网掩码，2012::2为下一跳地址。

图5-2　静态路由网络拓扑

　　（2）在R1上使用命令【show ipv6 route】查看配置静态路由之后的路由表，可以看到路由表中生成了关于前缀6666::的静态路由条目，结果如图5-3所示。

```
R1(config)#show ipv6 route
IPv6 routing table name is - Default - 7 entries
Codes: C - Connected, L - Local, S - Static, R - RIP, B - BGP
       I1 - ISIS L1, I2 - ISIS L2, IA - ISIS interarea, IS - ISIS summary
       O - OSPF intra area, OI - OSPF inter area, OE1 - OSPF external type 1, OE2 - OSPF external type 2
       ON1 - OSPF NSSA external type 1, ON2 - OSPF NSSA external type 2
L    ::1/128 via Loopback, local host
C    2012::/64 via GigabitEthernet 0/0, directly connected
L    2012::1/128 via GigabitEthernet 0/0, local host
S    6666::/64 [1/0] via 2012::2 (recursive via 2012::2, GigabitEthernet 0/0)
L    FE80::/10 via ::1, Null0
C    FE80::/64 via GigabitEthernet 0/0, directly connected
L    FE80::8205:88FF:FED0:DC4D/128 via GigabitEthernet 0/0, local host
```

图5-3　验证R1的静态路由配置情况

5.3 静态路由的负载分担配置

　　（1）当网络中存在多条通往同一前缀的静态路由时，可以形成路由负载分担的情况。

　　在如图5-4所示的网络拓扑中，为R1配置两条前往6666::的路由。

　　在路由器R1上配置两条IPv6静态路由：

```
R1(config)#ipv6 route 6666::/64 2012::2
R1(config)#ipv6 route 6666::/64 2013::2
```

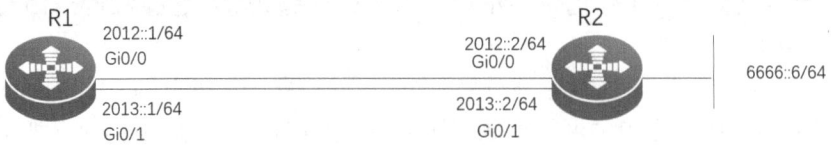

图5-4　配置负载分担

（2）在R1上使用命令【show ipv6 route】查看路由表，可以看到路由表中生成了两条关于前缀6666::的静态路由条目，如图5-5所示。

```
R1(config)#show ipv6 route
IPv6 routing table name is - Default - 12 entries
Codes: C - Connected, L - Local, S - Static, R - RIP, B - BGP
       I1 - ISIS L1, I2 - ISIS L2, IA - ISIS interarea, IS - ISIS summary
       O - OSPF intra area, OI - OSPF inter area,  OE1 - OSPF external type 1, OE2 - OSPF external type 2
       ON1 - OSPF NSSA external type 1, ON2 - OSPF NSSA external type 2
L      ::1/128 via Loopback, local host
C      2012::/64 via GigabitEthernet 0/0, directly connected
L      2012::1/128 via GigabitEthernet 0/0, local host
C      2013::/64 via GigabitEthernet 0/1, directly connected
L      2013::1/128 via GigabitEthernet 0/1, local host
S      6666::/64 [1/0] via 2012::2 (recursive via 2012::2, GigabitEthernet 0/0)
                  [1/0] via 2013::2 (recursive via 2013::2, GigabitEthernet 0/1)
L      FE80::/10 via ::1, Null0
C      FE80::/64 via GigabitEthernet 0/1, directly connected
L      FE80::8205:88FF:FED0:DC4C/128 via GigabitEthernet 0/1, local host
C      FE80::/64 via GigabitEthernet 0/0, directly connected
L      FE80::8205:88FF:FED0:DC4D/128 via GigabitEthernet 0/0, local host
```

图5-5　验证R1的静态路由负载分担配置情况

5.4　静态路由的备份配置

（1）当网络中存在多条通往同一前缀的静态路由时，可以调整路由的优先级，将优先级高的路由作为主路由，负责用户数据转发；将优先级低的路由作为备份路由（静态路由默认为60，数值越小优先级越高）。

在图5-6所示的网络拓扑中，为R1配置两条前往6666::的路由。

在路由器R1上配置两条IPv6静态路由，并调整优先级：

```
R1(config)#ipv6 route 6666::/64 2012::2
R1(config)#ipv6 route 6666::/64 2014::2 100
```

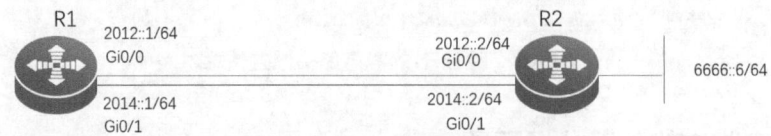

图5-6　在R1上配置静态路由备份

（2）在R1上使用命令【show ipv6 route】查看路由表，可以看到路由表中仅有一条去往前缀6666::的静态路由条目，且下一跳为2012::2，如图5-7所示。

```
R1(config)#show ipv6 route
IPv6 routing table name is - Default - 11 entries
Codes: C - Connected, L - Local, S - Static, R - RIP, B - BGP
       I1 - ISIS L1, I2 - ISIS L2, IA - ISIS interarea, IS - ISIS summary
       O - OSPF intra area, OI - OSPF inter area,  OE1 - OSPF external type 1, OE2 - OSPF external type 2
       ON1 - OSPF NSSA external type 1, ON2 - OSPF NSSA external type 2
L    ::1/128 via Loopback, local host
C    2012::/64 via GigabitEthernet 0/0, directly connected
L    2012::1/128 via GigabitEthernet 0/0, local host
C    2013::/64 via GigabitEthernet 0/1, directly connected
L    2013::1/128 via GigabitEthernet 0/1, local host
S    6666::/64 [1/0] via 2012::2 (recursive via 2012::2, GigabitEthernet 0/0)
L    FE80::/10 via ::1, Null0
C    FE80::/64 via GigabitEthernet 0/1, directly connected
L    FE80::8205:88FF:FED0:DC4C/128 via GigabitEthernet 0/1, local host
C    FE80::/64 via GigabitEthernet 0/0, directly connected
L    FE80::8205:88FF:FED0:DC4D/128 via GigabitEthernet 0/0, local host
```

图5-7　验证R1的静态路由备份配置情况

（3）通过断开Gi0/0接口线缆，模拟链路G0/0/0故障，在R1上使用命令【show ipv6 route】查看路由表，可以看到路由表中去往前缀6666::的静态路由条目的下一跳为2014::2，作为备份路由，在主路由发生故障时，该路由承担起业务流量转发的任务，如图5-8所示。

```
R1(config)#show ipv6 route
IPv6 routing table name is - Default - 7 entries
Codes: C - Connected, L - Local, S - Static, R - RIP, B - BGP
       I1 - ISIS L1, I2 - ISIS L2, IA - ISIS interarea, IS - ISIS summary
       O - OSPF intra area, OI - OSPF inter area,  OE1 - OSPF external type 1, OE2 - OSPF external type 2
       ON1 - OSPF NSSA external type 1, ON2 - OSPF NSSA external type 2
L    ::1/128 via Loopback, local host
C    2013::/64 via GigabitEthernet 0/1, directly connected
L    2013::1/128 via GigabitEthernet 0/1, local host
S    6666::/64 [100/0] via 2014::2 (recursive via 2014::2, GigabitEthernet 0/1)
L    FE80::/10 via ::1, Null0
C    FE80::/64 via GigabitEthernet 0/1, directly connected
L    FE80::8205:88FF:FED0:DC4C/128 via GigabitEthernet 0/1, local host
```

图5-8　验证R1的静态路由备份路径切换情况

5.5　默认路由的配置

（1）一般情况下，默认路由多应用在末梢网络，当需要访问的目标网络前缀较多时，可以通过配置默认路由简化配置，当设备找不到相关前缀的明细静态路由时，会根据默认路由条目，实现数据转发。默认路由也可以由动态路由协议自动生成。IPv6前缀"::"表示所有IPv6网络。

在图5-9所示的网络拓扑中，为R1配置两条前往6666::的路由。

在路由器R1上配置IPv6默认路由：

```
R1(config)#ipv6 route ::/0 2012::2
```

图5-9　在R1上配置默认路由

（2）在R1上使用命令【show ipv6 route】查看路由表，可以看到路由表已生成默认路由，且下一跳为2012::2，如图5-10所示。

```
R1(config)#show ipv6 route
IPv6 routing table name is - Default - 8 entries
Codes: C - Connected, L - Local, S - Static, R - RIP, B - BGP
       I1 - ISIS L1, I2 - ISIS L2, IA - ISIS interarea, IS - ISIS summary
       O - OSPF intra area, OI - OSPF inter area,  OE1 - OSPF external type 1, OE2 - OSPF external type 2
       ON1 - OSPF NSSA external type 1, ON2 - OSPF NSSA external type 2
S      ::/0 [1/0] via 2012::2 (recursive via 2012::2, GigabitEthernet 0/0)
L      ::1/128 via Loopback, local host
C      2012::/64 via GigabitEthernet 0/0, directly connected
L      2012::1/128 via GigabitEthernet 0/0, local host
S      6666::/64 [1/0] via 2012::2 (recursive via 2012::2, GigabitEthernet 0/0)
L      FE80::/10 via ::1, Null0
C      FE80::/64 via GigabitEthernet 0/0, directly connected
L      FE80::8205:88FF:FED0:DC4D/128 via GigabitEthernet 0/0, local host
```

图5-10　验证R1的默认路由配置情况

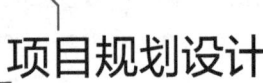

项目规划设计

◎ 项目拓扑

本项目中，使用3台PC、2台交换机和1台路由器搭建项目拓扑，如图5-11所示。其中PC1是管理部员工的PC，PC2是财务部员工的PC，PC3是设计部员工的PC，S1连接管理部、财务部PC，作为两个部门PC的网关，S2连接设计部PC，作为设计部PC的网关。

分别为总部交换机S1、分部交换机S2和园区网路由器R1配置路由，实现各部门PC之间的互通。

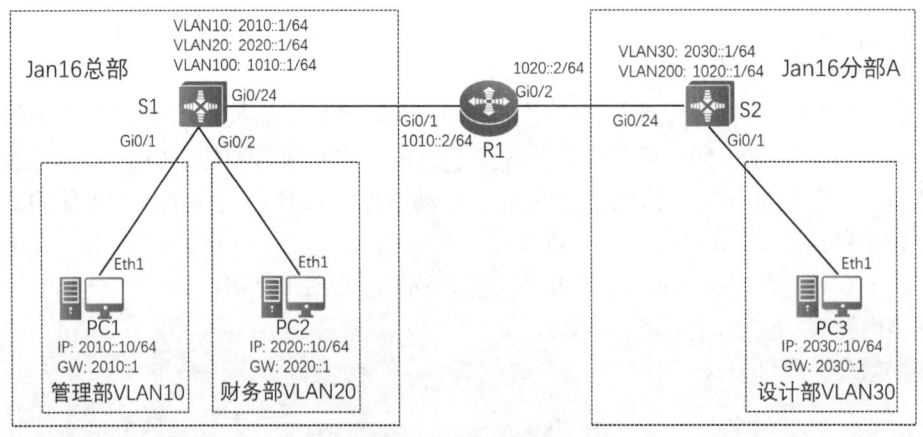

图5-11　项目拓扑

◎ 项目规划

根据项目拓扑进行业务规划，VLAN规划表、端口互联规划表、IP规划表分别如表

5-1 ~ 表5-3所示。

表5-1　VLAN规划表

VLAN	IP地址段	用途
VLAN10	2010::/64	管理部
VLAN20	2020::/64	财务部
VLAN30	2030::/64	设计部
VLAN100	1010::/64	S1与R1互联网段
VLAN200	1020::/64	S2与R1互联网段

表5-2　端口互联规划表

本端设备	本端接口	端口类型	对端设备	对端接口
PC1	Eth1	N/A	S1	Gi0/1
PC2	Eth1	N/A	S1	Gi0/2
S1	Gi0/1	ACCESS	PC1	Eth1
	Gi0/2	ACCESS	PC2	Eth1
	Gi0/24	ACCESS	R1	Gi0/1
S2	Gi0/1	ACCESS	PC3	Eth1
	Gi0/24	ACCESS	R1	Gi0/2
R1	Gi0/1	N/A	S1	Gi0/24
	Gi0/2	N/A	S2	Gi0/24

表5-3　IP规划表

设备名称	接口	IP地址	用途
PC1	Eth1	2010::10/64	PC1地址
PC2	Eth1	2020::10/64	PC2地址
PC3	Eth1	2030::10/64	PC3地址
S1	VLAN10	2010::1/64	VLAN10网关地址
	VLAN20	2020::1/64	VLAN20网关地址
	VLAN100	1010::1/64	与R1互联地址
S2	VLAN30	2030::1/64	VLAN30网关地址
	VLAN200	1020::1/64	与R1互联地址
R1	Gi0/1	1010::2/64	与S1互联地址
	Gi0/2	1020::2/64	与S2互联地址

项目实施

任务 5-1　创建部门 VLAN

任务规划

根据端口互联规划表（如表 5-2 所示）要求，为两台交换机创建部门 VLAN，然后将对应端口划分到对应 VLAN 中。

任务实施

1. 在交换机上创建 VLAN

（1）为 S1 创建部门 VLAN10、VLAN20 及互联 VLAN100。

Ruijie>enable	进入特权模式
Ruijie#configure terminal	进入全局配置模式
Ruijie(config)#hostname S1	修改设备名称
S1(config)#vlan 10	创建 VLAN10
S1(config-vlan)#vlan 20	创建 VLAN20
S1(config-vlan)#vlan 100	创建 VLAN100
S1(config-vlan)#exit	退出

（2）为 S2 创建部门 VLAN30 及互联 VLAN200。

Ruijie>enable	进入特权模式
Ruijie#configure terminal	进入全局配置模式
Ruijie(config)#hostname S2	修改设备名称
S2(config)#vlan 30	创建 VLAN30
S2(config-vlan)#vlan 200	创建 VLAN200
S2(config-vlan)#exit	退出

2. 将交换机端口添加到对应 VLAN 中

（1）为 S1 划分 VLAN，并将对应端口添加到部门 VLAN 中。

S1(config)#interface gigabitEthernet 0/1	进入 Gi0/1 端口
S1(config-if-GigabitEthernet 0/1)#switchport mode access	配置链路类型为 ACCESS
S1(config-if-GigabitEthernet 0/1)#switchport access vlan 10	划分端口到 VLAN10 中
S1(config-if-GigabitEthernet 0/1)#exit	退出
S1(config)#interface gigabitEthernet 0/2	进入 Gi0/2 端口
S1(config-if-GigabitEthernet 0/2)#switchport mode access	配置链路类型为 ACCESS
S1(config-if-GigabitEthernet 0/1)#switchport access vlan 20	划分端口到 VLAN20 中
S1(config-if-GigabitEthernet 0/1)#exit	退出
S1(config)#interface gigabitEthernet 0/24	进入 Gi0/24 端口
S1(config-if-GigabitEthernet 0/24)#switchport mode access	配置链路类型为 ACCESS

续表

S1(config-if-GigabitEthernet 0/24)#switchport access vlan 100	划分端口到VLAN100中
S1(config-if-GigabitEthernet 0/24)#exit	退出

（2）为S2划分VLAN，并将对应端口划分到部门VLAN中。

S2(config)#interface gigabitEthernet 0/1	进入Gi0/1端口
S2(config-if-GigabitEthernet 0/1)#switchport mode access	配置链路类型为ACCESS
S2(config-if-GigabitEthernet 0/1)#switchport access vlan 30	划分端口到VLAN30中
S2(config-if-GigabitEthernet 0/1)#exit	退出
S2(config)#interface gigabitEthernet 0/24	进入Gi0/24端口
S2(config-if-GigabitEthernet 0/24)#switchport mode access	配置链路类型为ACCESS
S2(config-if-GigabitEthernet 0/24)#switchport access vlan 200	划分端口到VLAN200中
S2(config-if-GigabitEthernet 0/24)#exit	退出

任务验证

（1）在S1上使用【show vlan】命令验证VLAN的创建情况，如图5-12所示，可以看到VLAN10、VLAN20、VLAN100已经创建成功。

```
S1(config)#show vlan
VLAN Name                        Status      Ports
-------- ------------------------- ----------- -------------------------------
    1 VLAN0001                    STATIC  Gi0/3, Gi0/4, Gi0/5, Gi0/6
                                          Gi0/7, Gi0/8, Gi0/9, Gi0/10
                                          Gi0/11, Gi0/12, Gi0/13, Gi0/14
                                          Gi0/15, Gi0/16, Gi0/17, Gi0/18
                                          Gi0/19, Gi0/20, Gi0/21, Gi0/22
                                          Gi0/23, Gi0/25, Gi0/26, Gi0/27
                                          Gi0/28, Te0/29, Te0/30, Te0/31
                                          Te0/32
   10 VLAN0010                    STATIC  Gi0/1
   20 VLAN0020                    STATIC  Gi0/2
  100 VLAN0100                    STATIC  Gi0/24
```

图5-12　验证S1的VLAN创建情况

（2）在S2上使用【show vlan】命令验证VLAN的创建情况，如图5-13所示，可以看到VLAN30及VLAN200已经创建成功。

```
S2(config)#show vlan
VLAN Name                        Status      Ports
-------- ------------------------- ----------- -------------------------------
    1 VLAN0001                    STATIC  Gi0/2, Gi0/3, Gi0/4, Gi0/5
                                          Gi0/6, Gi0/7, Gi0/8, Gi0/9
                                          Gi0/10, Gi0/11, Gi0/12, Gi0/13
                                          Gi0/14, Gi0/15, Gi0/16, Gi0/17
                                          Gi0/18, Gi0/19, Gi0/20, Gi0/21
                                          Gi0/22, Gi0/23, Gi0/25, Gi0/26
                                          Gi0/27, Gi0/28, Te0/29, Te0/30
                                          Te0/31, Te0/32
   30 VLAN0030                    STATIC  Gi0/1
  200 VLAN0200                    STATIC  Gi0/24
```

图5-13　验证S2的VLAN创建情况

（3）在S1上使用【show interface switchport】命令验证链路配置情况，如图5-14所示。

```
S1(config)#show interface switchport
Interface              Switchport Mode    Access Native Protected VLAN lists
-------------------    ---------- ------- ------ ------ --------- ----------------

GigabitEthernet 0/1    enabled    ACCESS  10     1      Disabled  ALL
GigabitEthernet 0/2    enabled    ACCESS  20     1      Disabled  ALL
… … … … … … …
GigabitEthernet 0/24   enabled    ACCESS  100    1      Disabled  ALL
… … …
```

图5-14　在S1上验证链路状态

（4）在S2上使用【show interface switchport】命令验证链路配置情况，如图5-15所示。

```
S2(config)#show interface switchport
Interface              Switchport Mode    Access Native Protected VLAN lists
-------------------    ---------- ------- ------ ------ --------- ----------------

GigabitEthernet 0/1    enabled    ACCESS  30     1      Disabled  ALL
… … …
GigabitEthernet 0/24   enabled    ACCESS  200    1      Disabled  ALL
… … …
```

图5-15　在S2上验证链路状态

任务 5-2　配置 PC、交换机、路由器的 IPv6 地址

任务规划

根据IP规划表，为路由器、交换机、PC配置IPv6地址。

任务实施

1.根据表5-4为各部门PC配置IPv6地址及网关。

表5-4　各部门PC的IPv6地址及网关

设备命名	IPv6地址	网关
PC1	2010::10/64	2010::1
PC2	2020::10/64	2020::1
PC3	2030::10/64	2030::1

PC1的IPv6地址配置结果如图5-16所示，同理完成PC2、PC3的IPv6地址配置。

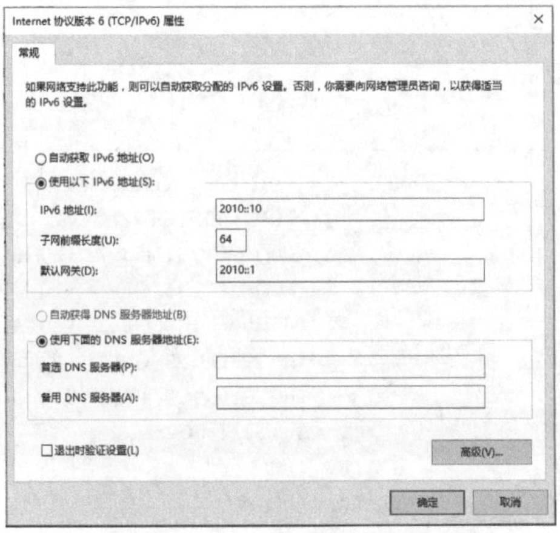

图5-16　PC1的IPv6地址配置结果

2. 配置 S1 的 VLAN 接口 IP 地址

在交换机 S1 上为两个部门 VLAN 创建 VLAN 接口并配置 IPv6 地址,作为两个部门的网关;为互联 VLAN 创建 VLAN 接口并配置 IPv6 地址,作为与 R1 互联的地址。

S1(config)# interface vlan 10	进入VLAN10接口
S1(config-if-VLAN 10)#ipv6 enable	开启IPv6功能
S1(config-if-VLAN 10)#ipv6 address 2010::1/64	配置IPv6地址
S1(config-if-VLAN 10)#exit	退出
S1(config)# interface vlan 20	进入VLAN20接口
S1(config-if-VLAN 20)#ipv6 enable	开启IPv6功能
S1(config-if-VLAN 20)#ipv6 address 2020::1/64	配置IPv6地址
S1(config-if-VLAN 20)#exit	退出
S1(config)# interface vlan 100	进入VLAN100接口
S1(config-if-VLAN 100)#ipv6 enable	开启IPv6功能
S1(config-if-VLAN 100)#ipv6 address 1010::1/64	配置IPv6地址
S1(config-if-VLAN 100)#exit	退出

3. 配置 S2 的 VLAN 接口 IP 地址

在交换机 S2 上为部门 VLAN 创建 VLAN 接口并配置 IPv6 地址,作为部门的网关;为互联 VLAN 创建 VLAN 接口并配置 IPv6 地址,作为与 R1 互联的地址。

S2(config)# interface vlan 30	进入VLAN30接口
S2(config-if-VLAN 30)#ipv6 enable	开启IPv6功能
S2(config-if-VLAN 30)#ipv6 address 2030::1/64	配置IPv6地址
S2(config-if-VLAN 30)#exit	退出
S2(config)#interface vlan 200	进入VLAN200接口
S2(config-if-VLAN 200)#ipv6 enable	开启IPv6功能
S2(config-if-VLAN 200)#ipv6 address 1020::1/64	配置IPv6地址
S2(config-if-VLAN 200)#exit	退出

4. 配置 R1 的接口 IP 地址

在 R1 上为两个接口配置 IPv6 地址,作为与交换机 S1、S2 互联的地址。

Ruijie>enable	进入特权模式
Ruijie#configure terminal	进入全局配置模式
Ruijie(config)#hostname R1	修改设备名称
R1(config)#interface gigabitEthernet 0/1	进入接口视图
R1(config-if-GigabitEthernet 0/1)#ipv6 enable	开启IPv6功能
R1(config-if-GigabitEthernet 0/1)#ipv6 address 1010::2/64	配置IPv6地址
R1(config-if-GigabitEthernet 0/1)#exit	退出

续表

R1(config)#interface gigabitEthernet 0/2	进入接口视图
R1(config-if-GigabitEthernet 0/2)#ipv6 enable	开启IPv6功能
R1(config-if-GigabitEthernet 0/2)#ipv6 address 1020::2/64	配置IPv6地址
R1(config-if-GigabitEthernet 0/2)#exit	退出

任务验证

（1）在S1上使用【show ipv6 interface brief】命令验证IPv6地址配置情况，如图5-17所示。

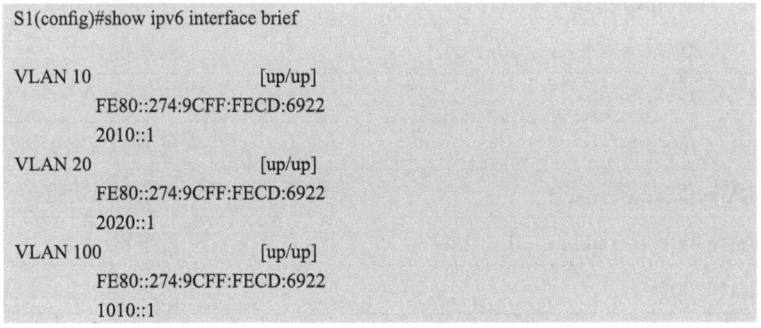

图5-17　验证S1的IPv6地址配置情况

（2）在S2上使用【show ipv6 interface brief】命令验证IPv6地址配置情况，如图5-18所示。

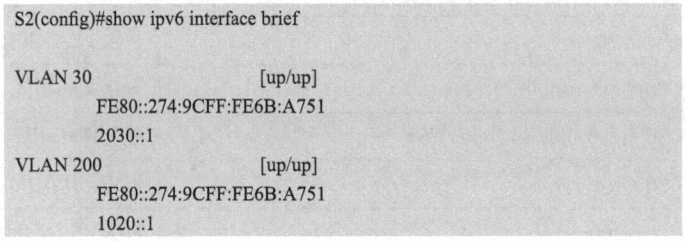

图5-18　验证S2的IPv6地址配置情况

（3）在R1上使用【show ipv6 interface brief】命令验证IPv6地址配置情况，如图5-19所示。

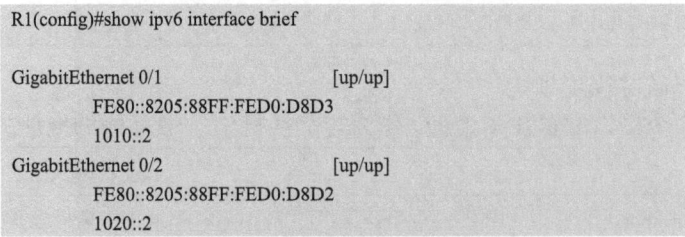

图5-19　验证R1的IPv6地址配置情况

任务 5-3　配置交换机和路由器的静态路由

任务规划

在总部交换机S1上配置通往园区及分部A的默认路由。在分部A交换机S2上配置通往园区及总部的默认路由。在园区网路由器上配置到达Jan16公司的明细静态路由。

任务实施

1. 配置S1默认路由

为总部交换机S1配置默认路由，目标前缀为"::0"，下一跳为园区网路由器"1010::2"。

S1(config)#ipv6 route ::/0 1010::2	配置默认路由

2. 配置S2默认路由

为分部A交换机S2配置默认路由，目标前缀为"::0"，下一跳为园区网路由器"1020::2"。

S2(config)#ipv6 route ::/0 1020::2	配置默认路由

3. 配置R1静态路由

（1）为园区网R1配置静态路由，目标前缀为Jan16公司管理部网段"2010::64"，下一跳为园区网路由器"1010::1"。

R1(config)#ipv6 route 2010::/64 1010::1	配置静态路由

（2）为园区网R1配置静态路由，目标前缀为Jan16公司财务部网段"2020::64"，下一跳为园区网路由器"1010::1"。

R1(config)#ipv6 route 2020::/64 1010::1	配置静态路由

（3）为园区网R1配置静态路由，目标前缀为Jan16公司设计部网段"2030::64"，下一跳为园区网路由器"1020::1"。

R1(config)#ipv6 route 2030::/64 1020::1	配置静态路由

任务验证

（1）在S1上使用【show ipv6 route】命令验证默认路由配置情况，如图5-20所示。

```
S1#show ipv6 route

IPv6 routing table name - Default - 12 entries
Codes: C - Connected, L - Local, S - Static
       R - RIP, O - OSPF, B - BGP, I - IS-IS, V - Overflow route
       N1 - OSPF NSSA external type 1, N2 - OSPF NSSA external type 2
       E1 - OSPF external type 1, E2 - OSPF external type 2
       SU - IS-IS summary, L1 - IS-IS level-1, L2 - IS-IS level-2
       IA - Inter area

S      ::/0 [1/0] via 1010::2
              (recursive via 1010::2, VLAN 100)
C      1010::/64 via VLAN 100, directly connected
L      1010::1/128 via VLAN 100, local host
C      2010::/64 via VLAN 10, directly connected
L      2010::1/128 via VLAN 10, local host
C      FE80::/10 via ::1, Null0
C      FE80::/64 via VLAN 10, directly connected
L      FE80::274:9CFF:FECD:6922/128 via VLAN 10, local host
C      FE80::/64 via VLAN 20, directly connected
L      FE80::274:9CFF:FECD:6922/128 via VLAN 20, local host
C      FE80::/64 via VLAN 100, directly connected
L      FE80::274:9CFF:FECD:6922/128 via VLAN 100, local host
```

图5-20　验证S1的默认路由配置情况

（2）在S2上使用【show ipv6 route】命令验证默认路由配置情况，如图5-21所示。

```
S2#show ipv6 route

IPv6 routing table name - Default - 6 entries
Codes: C - Connected, L - Local, S - Static
       R - RIP, O - OSPF, B - BGP, I - IS-IS, V - Overflow route
       N1 - OSPF NSSA external type 1, N2 - OSPF NSSA external type 2
       E1 - OSPF external type 1, E2 - OSPF external type 2
       SU - IS-IS summary, L1 - IS-IS level-1, L2 - IS-IS level-2
       IA - Inter area

S     ::/0 [1/0] via 1020::2 (recursive via 1020::2, VLAN 200)
C     1020::/64 via VLAN 200, directly connected
L     1020::1/128 via VLAN 200, local host
C     FE80::/10 via ::1, Null0
C     FE80::/64 via VLAN 200, directly connected
L     FE80::274:9CFF:FE6B:A751/128 via VLAN 200, local host
```

图5-21　验证S2的默认路由配置情况

（3）在R1上使用【show ipv6 route】命令验证静态路由配置情况，如图5-22所示。

```
R1#show ipv6 route
IPv6 routing table name is - Default - 13 entries
Codes: C - Connected, L - Local, S - Static, R - RIP, B - BGP
       I1 - ISIS L1, I2 - ISIS L2, IA - ISIS interarea, IS - ISIS summary
       O - OSPF intra area, OI - OSPF inter area,  OE1 - OSPF external type 1, OE2 - OSPF external type 2
       ON1 - OSPF NSSA external type 1, ON2 - OSPF NSSA external type 2
L     ::1/128 via Loopback, local host
C     1010::/64 via GigabitEthernet 0/1, directly connected
L     1010::2/128 via GigabitEthernet 0/1, local host
C     1020::/64 via GigabitEthernet 0/2, directly connected
L     1020::2/128 via GigabitEthernet 0/2, local host
S     2010::/64 [1/0] via 1010::1 (recursive via 1010::1, GigabitEthernet 0/1)
S     2020::/64 [1/0] via 1010::1 (recursive via 1010::1, GigabitEthernet 0/1)
S     2030::/64 [1/0] via 1020::1 (recursive via 1020::1, GigabitEthernet 0/2)
L     FE80::/10 via ::1, Null0
C     FE80::/64 via GigabitEthernet 0/2, directly connected
L     FE80::8205:88FF:FED0:DC4B/128 via GigabitEthernet 0/2, local host
C     FE80::/64 via GigabitEthernet 0/1, directly connected
L     FE80::8205:88FF:FED0:DC4C/128 via GigabitEthernet 0/1, local host
```

图5-22　验证R1的静态路由配置情况

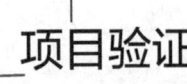

项目验证

（1）使用管理部PC1 ping财务部PC2，发现可以ping通，如图5-23所示。

```
C:\Users\admin>ping 2020::10

正在 ping 2020::10 具有 32 字节的数据：
来自 2020::10 的回复：时间 <1ms
来自 2020::10 的回复：时间 =2ms
来自 2020::10 的回复：时间 =1ms
来自 2020::10 的回复：时间 =1ms

2020::10 的 ping 统计信息：
```

图5-23　管理部与财务部网络连通性测试

```
数据包：已发送 = 4，已接收 = 4，丢失 = 0 (0% 丢失 )，
往返行程的估计时间 ( 以毫秒为单位 )：
   最短 = 0ms，最长 = 2ms，平均 = 1ms
```

图5-23　管理部与财务部网络连通性测试（续）

（2）使用管理部 PC1 ping 设计部 PC3，发现可以 ping 通，如图 5-24 所示。

```
C:\Users\admin>ping 2030::10

正在 ping 2030::10 具有 32 字节的数据 :
来自 2030::10 的回复 : 时间 =5ms
来自 2030::10 的回复 : 时间 =1ms
来自 2030::10 的回复 : 时间 =1ms
来自 2030::10 的回复 : 时间 =1ms

2030::10 的 ping 统计信息 :
   数据包 : 已发送 = 4，已接收 = 4，丢失 = 0 (0% 丢失 )，
往返行程的估计时间 ( 以毫秒为单位 )：
   最短 = 1ms，最长 = 5ms，平均 = 2ms
```

图5-24　管理部与设计部网络连通性测试

练习与思考

◎ 理论题

1.以下哪一项是配置静态路由时非必须配置的参数？（　　）

　　A.目标地址　　　　B.前缀　　　　　　C.下一跳　　　　D.优先级

2.关于静态路由命令【ipv6 route-static 2010:: 64 2020::1】的描述错误的是（　　）。

　　A.2010:: 是目标网段的前缀

　　B.2020::1 是目标 IPv6 地址

　　C.目标网络的前缀长度为 64

　　D.配置该静态路由，可提供对目标地址 2010::1 的访问

3.以下哪些选项是静态路由支持的功能？（　　）（多选）

　　A.负载分担　　　　B.路由策略　　　　C.路由备份　　　　D.策略路由

4.以下对静态路由的描述，正确的是（　　）。（多选）

　　A.一旦网络发生变化，静态路由表不会更新

　　B.静态路由需由网络管理员手动配置

　　C.静态路由出厂时已经配置好

　　D.静态路由可根据链路带宽计算开销值

5.静态路由的路由备份功能是通过调整路由优先级来实现的。（　　）（判断）

◎ 项目实训题

1.项目背景与要求

Jan161公司网络由 Jan161 总部和分部 A 组成，现需要配置静态路由使总部与分部 A 之

间能够互相通信，如图5-25所示。具体要求如下：

（1）为总部与分部A的交换机创建部门VLAN和通信VLAN，并在交换机上划分VLAN。

（2）根据实训拓扑，为网络设备配置IPv6地址（x为班级，y为短学号）。

（3）在S1上配置指向设计部的明细静态路由，下一跳为R1。

（4）在S2上配置默认静态路由，下一跳为R1。

（5）在R1上配置通往总部与分部A的明细路由。

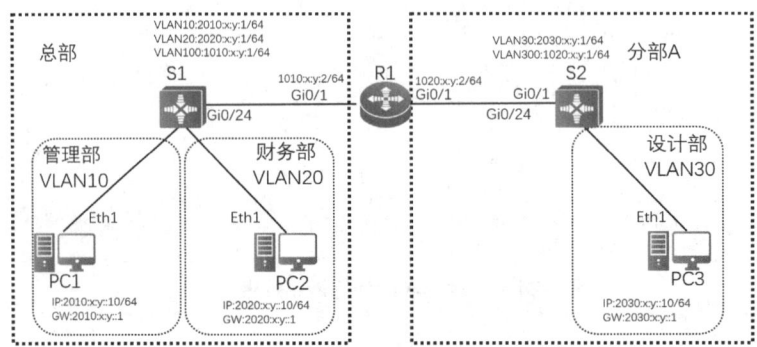

图5-25　实训拓扑

2. 实训业务规划

根据以上实训拓扑和需求，参考本项目的项目规划完成表5-5～表5-7。

表5-5　VLAN规划表

VLAN	IP地址段	用途

表5-6　端口互联规划表

本端设备	本端接口	端口类型	对端设备	对端接口

表5-7　IP规划表

设备名称	接口	IP地址	用途

3. 实训要求

完成实训后，请截取以下实训验证截图：

（1）在S1上使用【show ipv6 route】命令，查看路由表。

（2）在S2上使用【show ipv6 route】命令，查看路由表。

（3）在R1上使用【show ipv6 route】命令，查看路由表。

（4）用管理部PC1 ping财务部PC2，查看部门间网络的连通性。

（5）用管理部PC1 ping设计部PC3，查看部门间网络的连通性。

项目 6

基于 RIPng 的 Jan16 园区网络互联

扫一扫，
看微课

项目描述

Jan16公司计划对公司网络进行升级，部署RIPng动态路由协议实现公司网络的互联互通，公司网络拓扑如图6-1所示，具体要求如下：

（1）公司网络中有2台二层交换机、2台三层交换机和1台核心路由器，S3、S4为接入交换机，用于连接各部门PC，S1、S2为汇聚交换机，分别作为管理部、财务部的网关，核心路由器R1作为公司网络的核心，FTP服务器直接连接在核心路由器上。

（2）部署RIPng动态路由协议实现全网互联互通。

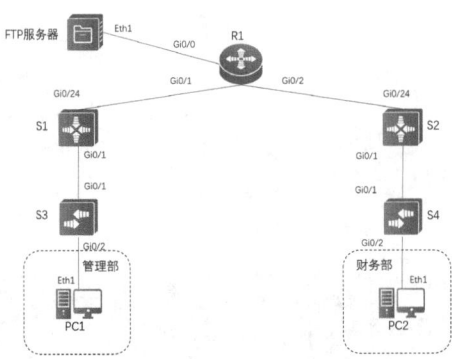

图6-1　公司网络拓扑

项目需求分析

Jan16公司现有管理部、财务部两个部门。需要将各部门划分至相应的VLAN中，并在公司的汇聚层交换机与核心路由器上配置动态路由协议RIPng，实现各部门之间的互联互通，并实现到公司FTP服务器的正常访问。

因此，本项目可以分解为以下工作任务来完成：

（1）创建部门VLAN，实现各部门网络划分。

（2）配置交换机互联端口，实现PC与网关交换机之间的通信。

（3）配置PC、FTP服务器、交换机、路由器的IPv6地址。

（4）配置动态路由协议RIPng，实现全网互联互通。

项目相关知识

6.1 RIPng概述

静态路由虽然配置简单，可以解决网络通信过程中的路由问题，但是不运行任何算法、不交互协议报文,当网络拓扑发生变更的时候,静态路由无法自动感知路由的变化来更新路由表,需要网络管理员手动进行修改。尤其是当网络中存在较多路由条目的时候,使用静态路由会使网络的配置与管理工作难度更大。

RIPng是为IPv6网络设计的下一代距离矢量路由协议,是一种动态路由协议,其工作机制与IPv4的RIPv2基本一致。

6.2 RIPng的工作机制

RIPng是一种距离矢量路由协议,使用跳数作为路由的开销计算方式,如图6-2所示,路由在传递过程中,每经过一台路由器,路由的开销值便会加1,最大跳数为15。

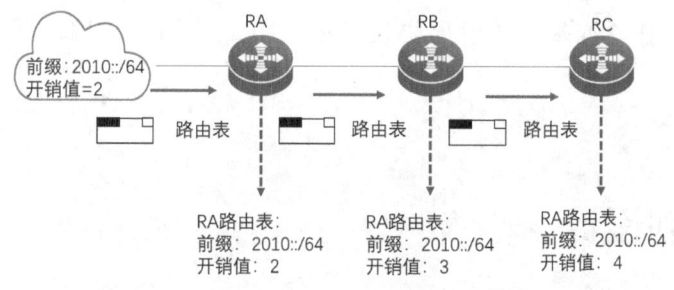

图6-2　RIPng的工作机制

(1)RIPng路由器加入网络之后,首先向网络中发送路由更新请求,收到路由更新请求的路由器会发送自己的路由表作为响应。

(2)RIPng稳定之后,路由器会周期性地发送路由更新请求,默认更新时间为30秒。

6.3 RIPng与RIP的最主要区别

(1)如图6-3所示,RIPng使用了IPv6组播地址FF02::9作为目的地址来发送路由更新报文,而RIPv2使用的是组播地址224.0.0.9。

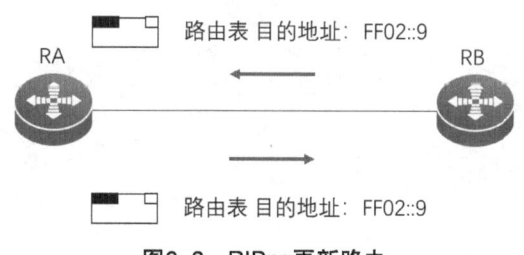

图6-3　RIPng更新路由

(2)IPv4路由协议一般采用公网或私网单播地址作为路由条目的下一跳地址,而IPv6路由协议通常采用链路本地地址作为路由条目的下一跳地址(假设与IPv4相同,使用单播地址作为下一跳地址。因为IPv6路由协议允许同一接口下配置多个IPv6地址,那么就可能出现同一链路上,一个IPv6前缀对应多个下一跳地址的问题,使用链路本地地址作为下一跳地址可以避免这一问题)。如图6-4所示,RB从RA学习到关于前缀2020::/64的路由,当RB ping目的地址2020::100时,查找路由表,下一跳地址为RA接口的本地链路地址fe80::fe03:e24f。

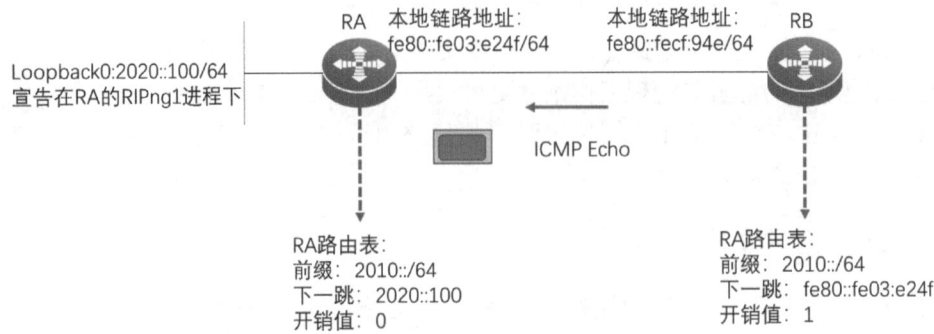

图6-4　RIPng路由的下一跳地址

（3）RIPng与RIPv2均基于传输层协议UDP，RIPng使用UDP端口号521，RIPv2使用UDP端口号520。

项目规划设计

◎ 项目拓扑

本项目使用2台PC、1台FTP服务器、2台二层交换机、2台三层交换机及1台路由器搭建项目拓扑，如图6-5所示。其中PC1是管理部员工PC，PC2是财务部员工PC；FTP服务器为公司员工提供共享资料；S3、S4作为部门接入交换机分别连接各部门PC；S1、S2是汇聚层交换机，作为各部门的网关；R1作为核心层路由器，连接FTP服务器。

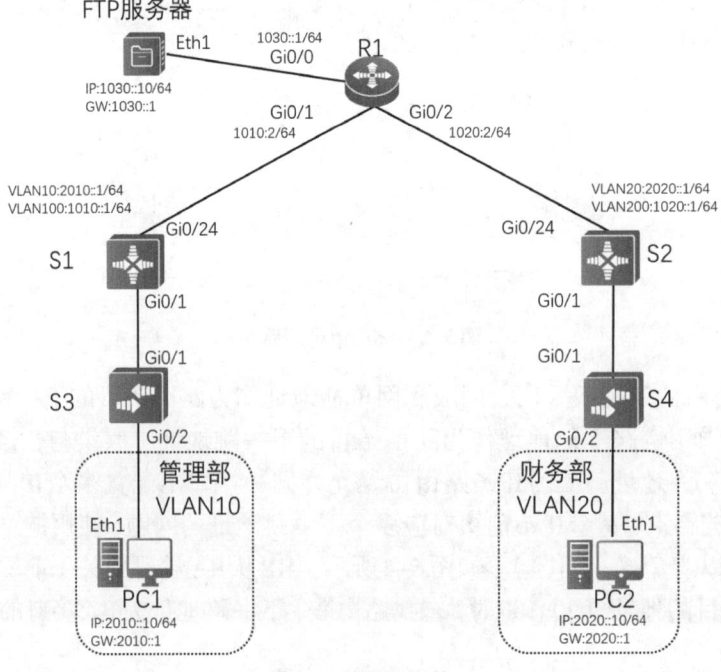

图6-5　项目拓扑

◎ 项目规划

根据项目拓扑进行业务规划，VLAN规划表、端口互联规划表、IP规划表分别如表 6–1 ~ 表6–3所示。

表6–1　VLAN规划表

VLAN	IP地址段	用途
VLAN10	2010::/64	管理部
VLAN20	2020::/64	财务部
VLAN100	1010::/64	S1与R1互联网段
VLAN200	1020::/64	S2与R1互联网段

表6–2　端口互联规划表

本端设备	本端接口	端口类型	对端设备	对端接口
PC1	Eth1	N/A	S3	Gi0/2
PC2	Eth1	N/A	S4	Gi0/2
FTP服务器	Eth1	N/A	R1	Gi0/0
S1	Gi0/1	TRUNK	S3	Gi0/1
	Gi0/24	ACCESS	R1	Gi0/1
S2	Gi0/1	TRUNK	S4	Gi0/1
	Gi0/24	ACCESS	R1	Gi0/2
S3	Gi0/1	TRUNK	S1	Gi0/1
	Gi0/2	ACCESS	PC1	Eth1
S4	Gi0/1	TRUNK	S2	Gi0/1
	Gi0/2	ACCESS	PC2	Eth1
R1	Gi0/0	N/A	FTP服务器	Eth1
	Gi0/1	N/A	S1	Gi0/24
	Gi0/2	N/A	S2	Gi0/24

表6–3　IP规划表

设备名称	接口	IP地址	用途
PC1	Eth1	2010::10/64	PC1地址
PC2	Eth1	2020::10/64	PC2地址
FTP服务器	Eth1	1030::10/64	FTP服务器地址
S1	VLAN10	2010::1/64	VLAN10网关地址
	VLAN100	1010::1/64	与R1互联地址
S2	VLAN20	2020::1/64	VLAN20网关地址
	VLAN200	1020::1/64	与R1互联地址

续表

设备名称	接口	IP地址	用途
R1	Gi0/0	1030::1/64	FTP服务器网关
	Gi0/1	1010::2/64	与S1互联地址
	Gi0/2	1020::2/64	与S2互联地址

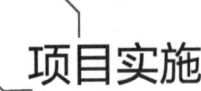 项目实施

任务 6-1　创建部门 VLAN

任务规划

根据端口互联规划表（如表6-2所示）要求，为4台交换机创建部门VLAN，然后将对应端口划分到VLAN中。

任务实施

1.在交换机上创建VLAN

（1）为S1创建部门VLAN10及互联VLAN100。

Ruijie>enable	进入特权模式
Ruijie#configure terminal	进入全局配置模式
Ruijie(config)#hostname S1	修改设备名称
S1(config)#vlan 10	创建VLAN10
S1(config-vlan)#vlan 100	创建VLAN100
S1(config-vlan)#exit	退出

（2）为S2创建部门VLAN20及互联VLAN200。

Ruijie>enable	进入特权模式
Ruijie#configure terminal	进入全局配置模式
Ruijie(config)#hostname S2	修改设备名称
S2(config)#vlan 20	创建VLAN20
S2(config-vlan)#vlan 200	创建VLAN200
S2(config-vlan)#exit	退出

（3）为S3创建部门VLAN10。

Ruijie>enable	进入特权模式
Ruijie#configure terminal	进入全局配置模式
Ruijie(config)#hostname S3	修改设备名称
S3(config)#vlan 10	创建VLAN10
S3(config-vlan)#exit	退出

（4）为S4创建部门VLAN20。

Ruijie>enable	进入特权模式
Ruijie#configure terminal	进入全局配置模式
Ruijie(config)#hostname S4	修改设备名称
S4(config)#vlan 20	创建VLAN20
S4(config–vlan)#exit	退出

2.将交换机端口添加到对应VLAN中

（1）为S1划分VLAN，并将对应端口添加到VLAN中。

S1(config)#interface gigabitEthernet 0/24	进入Gi0/24端口
S1(config–if–GigabitEthernet 0/24)#switchport mode access	配置链路类型为ACCESS
S1(config–if–GigabitEthernet 0/24)#switchport access vlan 100	划分端口到VLAN100中
S1(config–if–GigabitEthernet 0/24)#exit	退出

（2）为S2划分VLAN，并将对应端口添加到VLAN中。

S2(config)#interface gigabitEthernet 0/24	进入Gi0/24端口
S2(config–if–GigabitEthernet 0/24)#switchport mode access	配置链路类型为ACCESS
S2(config–if–GigabitEthernet 0/24)#switchport access vlan 200	划分端口到VLAN200中
S2(config–if–GigabitEthernet 0/24)#exit	退出

（3）为S3划分VLAN，并将对应端口添加到VLAN中。

S3(config)#interface gigabitEthernet 0/2	进入Gi0/2端口
S3(config–if–GigabitEthernet 0/2)#switchport mode access	配置链路类型为ACCESS
S3(config–if–GigabitEthernet 0/2)#switchport access vlan 10	划分端口到VLAN10中
S3(config–if–GigabitEthernet 0/2)#exit	退出

（4）为S4划分VLAN，并将对应端口添加到VLAN中。

S4(config)#interface gigabitEthernet 0/2	进入Gi0/2端口
S4(config–if–GigabitEthernet 0/2)#switchport mode access	配置链路类型为ACCESS
S4(config–if–GigabitEthernet 0/2)#switchport access vlan 20	划分端口到VLAN20中
S4(config–if–GigabitEthernet 0/2)#exit	退出

任务验证

（1）在S1上使用【show vlan】命令验证VLAN创建情况，如图6-6所示，可以看到VLAN10、VLAN100已经创建成功。

```
S1(config)#show vlan
VLAN Name                        Status   Ports
-------- ------------------------------ ------------ ------------------------------------
   1 VLAN0001                  STATIC  Gi0/1, Gi0/2, Gi0/3, Gi0/4
                                        Gi0/5, Gi0/6, Gi0/7, Gi0/8
```

图6-6　验证S1的VLAN创建情况

```
                              Gi0/9, Gi0/10, Gi0/11, Gi0/12
                              Gi0/13, Gi0/14, Gi0/15, Gi0/16
                              Gi0/17, Gi0/18, Gi0/19, Gi0/20
                              Gi0/21, Gi0/22, Gi0/23, Gi0/25
                              Gi0/26, Gi0/27, Gi0/28, Te0/29
                              Te0/30, Te0/31, Te0/32
   10 VLAN0010        STATIC
  100 VLAN0100        STATIC  Gi0/24
```

图6-6   验证S1的VLAN创建情况（续）

（2）在S2上使用【show vlan】命令验证VLAN创建情况，如图6-7所示，可以看到VLAN20、VLAN200已经创建成功。

```
S2(config)#show vlan
VLAN Name                    Status    Ports
-------- -------------------- ---------- ------------------------------
    1 VLAN0001              STATIC  Gi0/1, Gi0/2, Gi0/3, Gi0/4
                              Gi0/5, Gi0/6, Gi0/7, Gi0/8
                              Gi0/9, Gi0/10, Gi0/11, Gi0/12
                              Gi0/13, Gi0/14, Gi0/15, Gi0/16
                              Gi0/17, Gi0/18, Gi0/19, Gi0/20
                              Gi0/21, Gi0/22, Gi0/23, Gi0/25
                              Gi0/26, Gi0/27, Gi0/28, Te0/29
                              Te0/30, Te0/31, Te0/32
   20 VLAN0020              STATIC
  200 VLAN0200              STATIC  Gi0/24
```

图6-7   验证S2的VLAN创建情况

（3）在S3上使用【show vlan】命令验证VLAN创建情况，如图6-8所示，可以看到VLAN10已经创建成功。

```
S3(config)#show vlan
VLAN Name                    Status    Ports
-------- -------------------- ---------- ------------------------------
    1 VLAN0001              STATIC  Gi0/1, Gi0/3, Gi0/4, Gi0/5
                              Gi0/6, Gi0/7, Gi0/8, Gi0/9
                              Gi0/10, Gi0/11, Gi0/12, Gi0/13
                              Gi0/14, Gi0/15, Gi0/16, Gi0/17
                              Gi0/18, Gi0/19, Gi0/20, Gi0/21
                              Gi0/22, Gi0/23, Gi0/24, Gi0/25
                              Gi0/26, Gi0/27, Gi0/28, Te0/29
                              Te0/30, Te0/31, Te0/32
   10 VLAN0010              STATIC  Gi0/2
-------- -------------------- ---------- ------------------------------
```

图6-8   验证S3的VLAN创建情况

（4）在S4上使用【show vlan】命令验证VLAN创建情况，如图6-9所示，可以看到VLAN20已经创建成功。

```
S4(config)#show vlan
VLAN Name                    Status    Ports
-------- -------------------- ---------- ------------------------------
    1 VLAN0001              STATIC  Gi0/1, Gi0/3, Gi0/4, Gi0/5
                              Gi0/6, Gi0/7, Gi0/8, Gi0/9
                              Gi0/10, Gi0/11, Gi0/12, Gi0/13
```

图6-9   验证S4的VLAN创建情况

	Gi0/14, Gi0/15, Gi0/16, Gi0/17	
	Gi0/18, Gi0/19, Gi0/20, Gi0/21	
	Gi0/22, Gi0/23, Gi0/24, Gi0/25	
	Gi0/26, Gi0/27, Gi0/28, Te0/29	
	Te0/30, Te0/31, Te0/32	
20 VLAN0020	STATIC	Gi0/2

图6-9　验证S4的VLAN创建情况（续）

（5）在S1上使用【show interface switchport】命令验证S1的链路状态，如图6-10所示。

```
S1(config)#show interface switchport
Interface          Switchport Mode    Access Native Protected VLAN lists
-------------------------------------------------------------------------
GigabitEthernet 0/24  enabled  ACCESS 100   1     Disabled ALL
```

图6-10　在S1上验证链路状态

（6）在S2上使用【show interface switchport】命令验证S2的链路状态，如图6-11所示。

```
S2(config)#show interface switchport
Interface          Switchport Mode    Access Native Protected VLAN lists
-------------------------------------------------------------------------
GigabitEthernet 0/24  enabled  ACCESS 200   1     Disabled ALL
```

图6-11　在S2上验证链路状态

（7）在S3上使用【show interface switchport】命令验证S3的链路状态，如图6-12所示。

```
S3(config)#show interface switchport
Interface          Switchport Mode    Access Native Protected VLAN lists
-------------------------------------------------------------------------
GigabitEthernet 0/1   enabled  ACCESS 1     1     Disabled ALL
GigabitEthernet 0/2   enabled  ACCESS 10    1     Disabled ALL
```

图6-12　在S3上验证链路状态

（8）在S4上使用【show interface switchport】命令验证S4的链路状态，如图6-13所示。

```
S4(config)#show interface switchport
Interface          Switchport Mode    Access Native Protected VLAN lists
-------------------------------------------------------------------------
GigabitEthernet 0/1   enabled  ACCESS 1     1     Disabled ALL
GigabitEthernet 0/2   enabled  ACCESS 20    1     Disabled ALL
```

图6-13　在S4上验证链路状态

任务 6-2　配置交换机互联端口

任务规划

根据项目拓扑规划，S1与S3之间的互联链路需要转发VLAN10的流量，S2与S4之间的互联链路需要转发VLAN20的流量，因此需要将这些链路配置为TRUNK链路，并配置TRUNK链路的VLAN裁剪。

任务实施

1.在交换机S1上配置TRUNK链路

在S1上配置交换机互联链路为TRUNK链路，并为相关VLAN配置允许列表。

S1(config)#interface gigabitEthernet 0/1	进入Gi0/1端口
S1(config–if–GigabitEthernet 0/1)#switchport mode trunk	修改链路类型为TRUNK
S1(config–if–GigabitEthernet 0/1)#switchport trunk allowed vlan only 10	TRUNK口VLAN裁剪
S1(config–if–GigabitEthernet 0/1)#exit	退出

2. 在交换机S2上配置TRUNK链路

在S2上配置交换机互联链路为TRUNK链路，并为相关VLAN配置允许列表。

S2(config)#interface gigabitEthernet 0/1	进入Gi0/1端口
S2(config–if–GigabitEthernet 0/1)#switchport mode trunk	修改链路类型为TRUNK
S2(config–if–GigabitEthernet 0/1)# switchport trunk allowed vlan only 20	TRUNK口VLAN裁剪
S2(config–if–GigabitEthernet 0/1)#exit	退出

3. 在交换机S3上配置TRUNK链路

在S3上配置交换机互联链路为TRUNK链路，并为相关VLAN配置允许列表。

S3(config)#interface gigabitEthernet 0/1	进入Gi0/1端口
S3(config–if–GigabitEthernet 0/1)#switchport mode trunk	修改链路类型为TRUNK
S3(config–if–GigabitEthernet 0/1)# switchport trunk allowed vlan only 10	TRUNK口VLAN裁剪
S3(config–if–GigabitEthernet 0/1)#exit	退出

4. 在交换机S4上配置TRUNK链路

在S4上配置交换机互联链路为TRUNK链路，并为相关VLAN配置允许列表。

S4(config)#interface gigabitEthernet 0/1	进入Gi0/1口
S4(config–if–GigabitEthernet 0/1)#switchport mode trunk	修改链路类型为TRUNK
S4(config–if–GigabitEthernet 0/1)# switchport trunk allowed vlan only 20	TRUNK口VLAN裁剪
S4(config–if–GigabitEthernet 0/1)#exit	退出

任务验证

（1）在S1上使用【show interface switchport】命令验证链路配置情况，如图6–14所示。

```
S1(config)#show interface switchport
Interface          Switchport Mode    Access Native Protected VLAN lists
------------------ ---------- ------   ------ ------ --------- -----------------
GigabitEthernet 0/1  enabled   TRUNK    1      1      Disabled 10
```

图6–14　在S1上验证链路状态

（2）在S2上使用【show interface switchport】命令验证链路配置情况，如图6–15所示。

```
S2(config)#show interface switchport
Interface          Switchport Mode    Access Native Protected VLAN lists
------------------ ---------- ------   ------ ------ --------- -----------------
GigabitEthernet 0/1  enabled   TRUNK    1      1      Disabled 20
```

图6–15　在S2上验证链路状态

（3）在S3上使用【show interface switchport】命令验证链路配置情况，如图6-16所示。

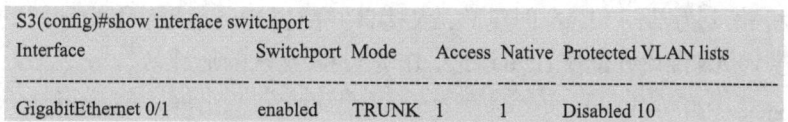

```
S3(config)#show interface switchport
Interface           Switchport Mode    Access Native Protected VLAN lists
------------------------------------------------------------------------
GigabitEthernet 0/1 enabled    TRUNK   1      1      Disabled 10
```

图6-16　在S3上验证链路状态

（4）在S4上使用【show interface switchport】命令验证链路配置情况，如图6-17所示。

```
S4(config)#show interface switchport
Interface           Switchport Mode    Access Native Protected VLAN lists
------------------------------------------------------------------------
GigabitEthernet 0/1 enabled    TRUNK   1      1      Disabled 20
```

图6-17　在S4上验证链路状态

任务 6-3　配置 IPv6 地址

任务规划

根据IP规划表，为路由器、交换机、PC、FTP服务器配置IPv6地址。

任务实施

1.根据表6-4为各部门PC配置IPv6地址及网关

表6-4　各部门PC的IPv6地址及网关

设备命名	IP地址	网关
PC1	2010::10/64	2010::1
PC2	2020::10/64	2020::1
FTP服务器	1030::10/64	1030::1

PC1的IPv6地址配置结果如图6-18所示，同理完成PC2与FTP服务器的IPv6地址配置。

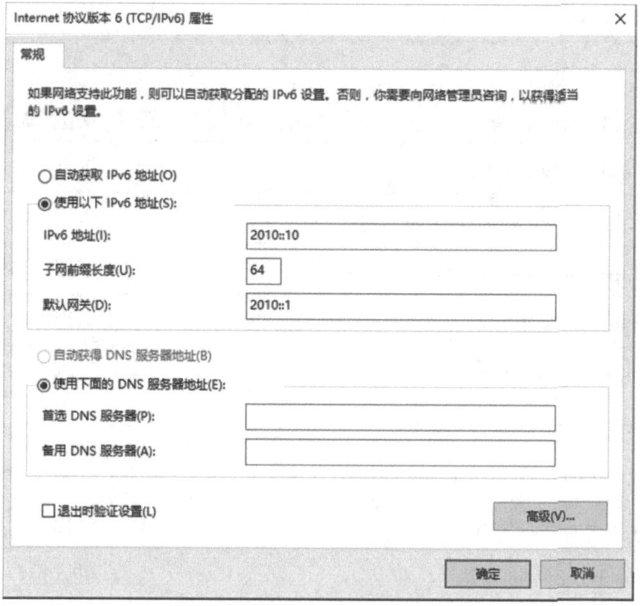

图6-18　PC1的IPv6地址配置结果

2.配置 S1 的 VLAN 接口 IP 地址

在交换机 S1 上为部门 VLAN 创建 VLAN 接口并配置 IPv6 地址，作为部门的网关；为互联 VLAN 创建 VLAN 接口并配置 IPv6 地址，作为与 R1 互联的地址。

S1(config)#interface vlan 10	进入 VLAN10 接口
S1(config-if-VLAN 10)#ipv6 enable	开启 IPv6 功能
S1(config-if-VLAN 10)#ipv6 address 2010::1/64	配置 IPv6 地址
S1(config-if-VLAN 10)#exit	退出
S1(config)#interface vlan 100	进入 VLAN100 接口
S1(config-if-VLAN 100)#ipv6 enable	开启 IPv6 功能
S1(config-if-VLAN 100)#ipv6 address 1010::1/64	配置 IPv6 地址
S1(config-if-VLAN 100)#exit	退出

3.配置 S2 的 VLAN 接口 IP 地址

在交换机 S2 上为部门 VLAN 创建 VLAN 接口并配置 IPv6 地址，作为部门的网关；为互联 VLAN 创建 VLAN 接口并配置 IPv6 地址，作为与 R1 互联的地址。

S2(config)#interface vlan 20	进入 VLAN20 接口
S2(config-if-VLAN 20)#ipv6 enable	开启 IPv6 功能
S2(config-if-VLAN 20)#ipv6 address 2020::1/64	配置 IPv6 地址
S2(config-if-VLAN 20)#exit	退出
S2(config)#interface vlan 200	进入 VLAN200 接口
S2(config-if-VLAN 200)#ipv6 enable	开启 IPv6 功能
S2(config-if-VLAN 200)#ipv6 address 1020::1/64	配置 IPv6 地址
S2(config-if-VLAN 200)#exit	退出

4.配置 R1 的接口 IP 地址

在 R1 上为两个接口配置 IPv6 地址，作为与交换机 S1、S2 互联的地址。

R1(config)#interface gigabitEthernet 0/0	进入接口视图
R1(config-if-GigabitEthernet 0/0)#ipv6 enable	开启 IPv6 功能
R1(config-if-GigabitEthernet 0/0)# ipv6 address 1030::1/64	配置 IPv6 地址
R1(config-if-GigabitEthernet 0/0)#exit	退出
R1(config)#interface gigabitEthernet 0/1	进入接口视图
R1(config-if-GigabitEthernet 0/1)#ipv6 enable	开启 IPv6 功能
R1(config-if-GigabitEthernet 0/1)#ipv6 address 1010::2/64	配置 IPv6 地址
R1(config-if-GigabitEthernet 0/1)#exit	退出
R1(config)#interface gigabitEthernet 0/2	进入接口视图
R1(config-if-GigabitEthernet 0/2)#ipv6 enable	接口下开启 IPv6 功能

续表

R1(config–if–GigabitEthernet 0/2)#ipv6 address 1020::2/64	配置IPv6地址
R1(config–if–GigabitEthernet 0/2)#exit	退出

任务验证

（1）在S1上使用【show ipv6 interface brief】命令验证S1的IPv6地址配置情况，如图6-19所示。

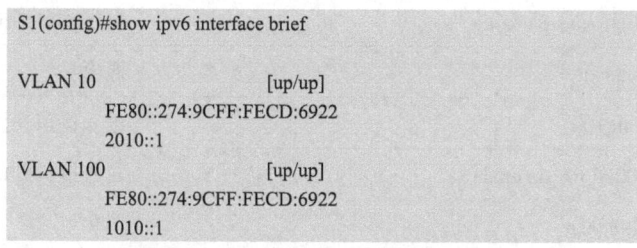

图6-19　验证S1的IPv6地址配置情况

（2）在S2上使用【show ipv6 interface brief】命令验证S2的IPv6地址配置情况，如图6-20所示。

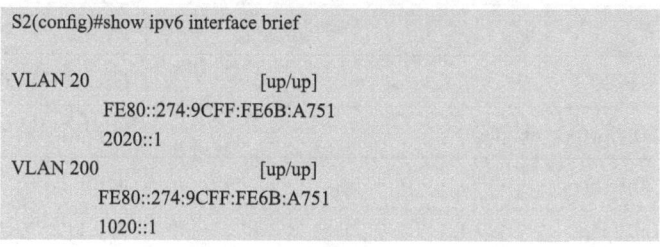

图6-20　验证S2的IPv6地址配置情况

（3）在R1上使用【show ipv6 interface brief】命令验证R1的IPv6地址配置情况，如图6-21所示。

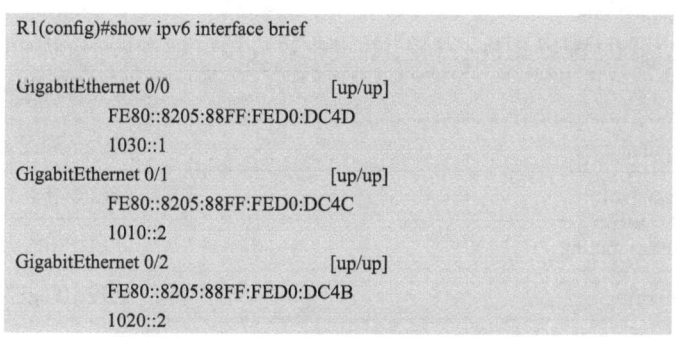

图6-21　验证R1的IPv6地址配置情况

任务 6-4　配置动态路由协议 RIPng

任务规划

在R1、S1、S2上配置动态路由协议RIPng，使全网路由互联互通、全网终端设备互联互通。

任务实施

1. 在S1上配置RIPng

为汇聚层交换机S1创建RIPng进程，并宣告对应接口到RIPng进程中。

S1(config)#ipv6 router rip	创建RIPng进程1
S1(config−router)#exit	退出
S1(config)#interface vlan 10	进入接口视图
S1(config−if−VLAN 10)#ipv6 rip enable	宣告接口到RIPng进程1中
S1(config−if−VLAN 10)#exit	退出
S1(config)#interface vlan 100	进入接口视图
S1(config−if−VLAN 100)#ipv6 rip enable	宣告接口到RIPng进程1中
S1(config−if−VLAN 100)#exit	退出

2. 在S2上配置RIPng

为汇聚层交换机S2创建RIPng进程，并宣告对应接口到RIPng进程中。

S2(config)#ipv6 router rip	创建RIPng进程1
S2(config−router)#exit	退出
S2(config)#interface vlan 20	进入接口模式
S2(config−if−VLAN 20)#ipv6 rip enable	宣告接口到RIPng进程1中
S2(config−if−VLAN 20)#exit	退出
S2(config)#interface vlan 200	进入接口模式
S2(config−if−VLAN 200)#ipv6 rip enable	宣告接口到RIPng进程1中
S2(config−if−VLAN 200)#exit	退出

3. 在R1上配置RIPng

为核心层路由器R1配置RIPng进程，并宣告对应接口到RIPng进程中。

Ruijie>enable	进入特权模式
Ruijie#configure terminal	进入全局配置模式
Ruijie(config)#hostname R1	修改设备名称
R1(config)#ipv6 unicast−routing	开启IPv6的流量转发功能
R1(config)#ipv6 router rip	创建RIPng进程1
R1(config−router)#exit	退出
R1(config)#interface gigabitEthernet 0/0	进入接口视图
R1(config−if−GigabitEthernet 0/0)#ipv6 rip enable	宣告接口到RIPng进程1中
R1(config−if−GigabitEthernet 0/0)#exit	退出
R1(config)#interface gigabitEthernet 0/1	进入接口视图
R1(config−if−GigabitEthernet 0/1)#ipv6 rip enable	宣告接口到RIPng进程1中

R1(config–if–GigabitEthernet 0/1)#exit	退出
R1(config)#interface gigabitEthernet 0/2	进入接口视图
R1(config–if–GigabitEthernet 0/2)#ipv6 rip enable	宣告接口到RIPng进程1中
R1(config–if–GigabitEthernet 0/2)#exit	退出

任务验证

（1）在R1上使用【show ipv6 route】命令验证RIPng路由学习情况，如图6-22所示，可以观察到R1已经通过RIPng学习到管理部及财务部的路由信息。

```
R1(config)#show ipv6 route
IPv6 routing table name is - Default - 16 entries
Codes: C - Connected, L - Local, S - Static, R - RIP, B - BGP
       I1 - ISIS L1, I2 - ISIS L2, IA - ISIS interarea, IS - ISIS summary
       O - OSPF intra area, OI - OSPF inter area,  OE1 - OSPF external type 1, OE2 - OSPF external type 2
       ON1 - OSPF NSSA external type 1, ON2 - OSPF NSSA external type 2
L    ::1/128 via Loopback, local host
C    1010::/64 via GigabitEthernet 0/1, directly connected
L    1010::2/128 via GigabitEthernet 0/1, local host
C    1020::/64 via GigabitEthernet 0/2, directly connected
L    1020::2/128 via GigabitEthernet 0/2, local host
C    1030::/64 via GigabitEthernet 0/0, directly connected
L    1030::1/128 via GigabitEthernet 0/0, local host
R    2010::/64 [120/2] via FE80::274:9CFF:FECD:6922, GigabitEthernet 0/2
R    2020::/64 [120/2] via FE80::274:9CFF:FE6B:A751, GigabitEthernet 0/1
L    FE80::/10 via ::1, Null0
C    FE80::/64 via GigabitEthernet 0/2, directly connected
L    FE80::8205:88FF:FED0:DC4B/128 via GigabitEthernet 0/2, local host
C    FE80::/64 via GigabitEthernet 0/1, directly connected
L    FE80::8205:88FF:FED0:DC4C/128 via GigabitEthernet 0/1, local host
C    FE80::/64 via GigabitEthernet 0/0, directly connected
L    FE80::8205:88FF:FED0:DC4D/128 via GigabitEthernet 0/0, local host
```

图6-22 验证R1的RIPng路由学习情况

（2）在S1上使用【show ipv6 route】命令验证RIPng路由学习情况，如图6-23所示，S1已经通过RIPng学习到FTP服务器及财务部相关路由信息。

```
S1(config)#show ipv6 route

IPv6 routing table name - Default - 12 entries
Codes: C - Connected, L - Local, S - Static
       R - RIP, O - OSPF, B - BGP, I - IS-IS, V - Overflow route
       N1 - OSPF NSSA external type 1, N2 - OSPF NSSA external type 2
       E1 - OSPF external type 1, E2 - OSPF external type 2
       SU - IS-IS summary, L1 - IS-IS level-1, L2 - IS-IS level-2
       IA - Inter area

C    1010::/64 via VLAN 100, directly connected
L    1010::1/128 via VLAN 100, local host
R    1020::/64 [120/2] via FE80::8205:88FF:FED0:DC4B, VLAN 100
R    1030::/64 [120/2] via FE80::8205:88FF:FED0:DC4B, VLAN 100
C    2010::/64 via VLAN 10, directly connected
L    2010::1/128 via VLAN 10, local host
```

图6-23 验证S1的RIPng路由学习情况

```
R      2020::/64 [120/3] via FE80::8205:88FF:FED0:DC4B, VLAN 100
C      FE80::/10 via ::1, Null0
C      FE80::/64 via VLAN 10, directly connected
L      FE80::274:9CFF:FECD:6922/128 via VLAN10, local host
C      FE80::/64 via VLAN 100, directly connected
L      FE80::274:9CFF:FECD:6922/128 via VLAN 100, local host
```

图6-23　验证S1的RIPng路由学习情况（续）

（3）在S2上使用【show ipv6 route】命令验证RIPng路由学习情况，如图6-24所示，S2已经通过RIPng学习到FTP服务器及管理部相关路由信息。

```
S2(config)#show ipv6 route

IPv6 routing table name - Default - 12 entries
Codes: C - Connected, L - Local, S - Static
       R - RIP, O - OSPF, B - BGP, I - IS-IS, V - Overflow route
       N1 - OSPF NSSA external type 1, N2 - OSPF NSSA external type 2
       E1 - OSPF external type 1, E2 - OSPF external type 2
       SU - IS-IS summary, L1 - IS-IS level-1, L2 - IS-IS level-2
       IA - Inter area

R      1010::/64 [120/2] via FE80::8205:88FF:FED0:DC4C, VLAN 200
C      1020::/64 via VLAN 200, directly connected
L      1020::1/128 via VLAN 200, local host
R      1030::/64 [120/2] via FE80::8205:88FF:FED0:DC4C, VLAN200
R      2010::/64 [120/3] via FE80::8205:88FF:FED0:DC4C, VLAN200
C      2020::/64 via VLAN 20, directly connected
L      2020::1/128 via VLAN 20, local host
C      FE80::/10 via ::1, Null0
C      FE80::/64 via VLAN 20, directly connected
L      FE80::274:9CFF:FE6B:A751/128 via VLAN 20, local host
C      FE80::/64 via VLAN 200, directly connected
L      FE80::274:9CFF:FE6B:A751/128 via VLAN 200, local host
```

图6-24　验证S2的RIPng路由学习情况

项目验证

（1）使用管理部PC1 ping财务部PC2，发现可以ping通，如图6-25所示。

```
C:\Users\admin>ping 2020::10

正在 ping 2020::10 具有 32 字节的数据：
来自 2020::10 的回复：时间 =1ms
来自 2020::10 的回复：时间 =1ms
来自 2020::10 的回复：时间 =1ms
来自 2020::10 的回复：时间 =1ms

2020::10 的 ping 统计信息：
    数据包：已发送 = 4，已接收 = 4，丢失 = 0 (0% 丢失)，
往返行程的估计时间 ( 以毫秒为单位 )：
    最短 = 1ms，最长 = 1ms，平均 = 1ms
```

图6-25　管理部与财务部网络连通性测试

（2）使用管理部 PC1 ping FTP 服务器，发现可以 ping 通，如图6-26所示。

```
C:\Users\admin>ping 1030::10

正在 ping 1030::10 具有 32 字节的数据：
来自 1030::10 的回复：时间 =1ms
来自 1030::10 的回复：时间 =2ms
来自 1030::10 的回复：时间 =1ms
来自 1030::10 的回复：时间 =1ms

1030::10 的 ping 统计信息：
    数据包：已发送 = 4，已接收 = 4，丢失 = 0 (0% 丢失),
往返行程的估计时间 (以毫秒为单位):
    最短 = 1ms，最长 = 2ms，平均 = 1ms
```

图6-26　管理部与FTP服务器网络连通性测试

（3）使用财务部 PC2 ping FTP 服务器，发现可以 ping 通，如图6-27所示。

```
C:\Users\admin>ping 1030::10

正在 ping 1030::10 具有 32 字节的数据：
来自 1030::10 的回复：时间 =1ms
来自 1030::10 的回复：时间 =1ms
来自 1030::10 的回复：时间 =1ms
来自 1030::10 的回复：时间 =1ms

1030::10 的 ping 统计信息：
    数据包：已发送 = 4，已接收 = 4，丢失 = 0 (0% 丢失),
往返行程的估计时间 (以毫秒为单位):
    最短 = 1ms，最长 = 1ms，平均 = 1ms
```

图6-27　财务部与FTP服务器网络连通性测试

练习与思考

◎ 理论题

1. RIPng 使用组播形式发送协议报文，目的组播地址为（　　）。

　　A.FE80::9　　　　　B.FF02::9　　　　　C.224.0.0.9　　　　　D.2002::9

2. RIPng 支持的最大有效路由跳数为（　　）。

　　A.1　　　　　　　B.16　　　　　　　C.15　　　　　　　D.14

3. 运行 RIPng 的路由器，会周期性更新路由表，默认更新时间为（　　）。

　　A.10秒　　　　　　B.15秒　　　　　　C.30秒　　　　　　D.32秒

4. RIPng 协议报文是 UDP 报文，交互报文时，RIPng 路由器监听的 UDP 端口号为（　　）。

　　A.89　　　　　　　B.79　　　　　　　C.520　　　　　　　D.521

5. 以下关于 RIPng 的描述中说法正确的是（　　）。（多选）

　　A.RIPng 学习的路由的下一跳地址是邻居的链路本地地址

　　B.RIPng 是基于链路带宽计算开销值的

　　C.RIPng 是基于路由跳数计算开销值的

　　D.RIPng 可应用于大型网络

6.配置RIPng路由器可根据网络变化更新路由表内容。（　　）（判断）

◎ 项目实训题

1.项目背景与要求

为方便Jan161公司网络管理及实现各部门之间、部门与FTP服务器之间的通信，需配置动态路由协议RIPng，如图6-28所示。具体要求如下：

（1）为交换机创建部门VLAN和通信VLAN，并在交换机上划分VLAN。

（2）根据实训拓扑，为网络设备配置IPv6地址（x为班级，y为短学号）。

（3）在R1、S1、S2上配置RIPng。

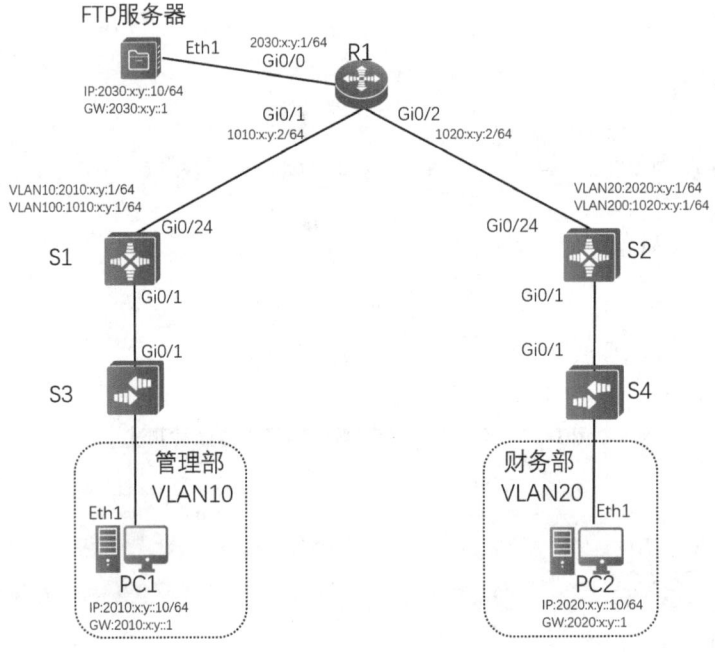

图6-28　实训拓扑

2.实训业务规划

根据以上实训拓扑和需求，参考本项目的项目规划完成表6-5 ～ 表6-7。

表6-5　VLAN规划表

VLAN	IP地址段	用途

表6-6　端口互联规划表

本端设备	本端接口	端口类型	对端设备	对端接口

表6-7 IP规划表

设备名称	接口	IP地址	用途

3.实训要求

完成实训后,请截取以下实训验证截图:

(1)在S1上使用【show interface trunk】命令,查看交换机的链路配置情况。

(2)在S2上使用【show interface trunk】命令,查看交换机的链路配置情况。

(3)在S3上使用【show interface trunk】命令,查看交换机的链路配置情况。

(4)在S4上使用【show interface trunk】命令,查看交换机的链路配置情况。

(5)在R1上使用【show ipv6 route】命令,查看路由表。

(6)在S1上使用【show ipv6 route】命令,查看路由表。

(7)在S2上使用【show ipv6 route】命令,查看路由表。

(8)用管理部PC1 ping财务部PC2,查看部门之间的网络连通性。

(9)用管理部PC1 ping FTP服务器,查看部门与服务器之间的网络连通性。

(10)用财务部PC2 ping FTP服务器,查看部门与服务器之间的网络连通性。

项目 7

基于 OSPFv3 的 Jan16 公司总部与多个分部互联

扫一扫，看微课

项目描述

Jan16公司因业务升级，已在多个区域建立分部，计划使用动态路由协议OSPFv3来维护公司网络路由，且要求各部门之间的通信线路存在备份通信链路。公司网络拓扑如图7-1所示，具体要求如下：

（1）Jan16公司网络现有总部主机PC1、分部A主机PC2、分部B主机PC3，均使用DHCPv6动态配置IPv6地址。

（2）各部门出口路由器R1、R2、R3采用环形拓扑结构互联，并运行动态路由协议，维护各部门路由，以保证各部门之间有备份通信链路。

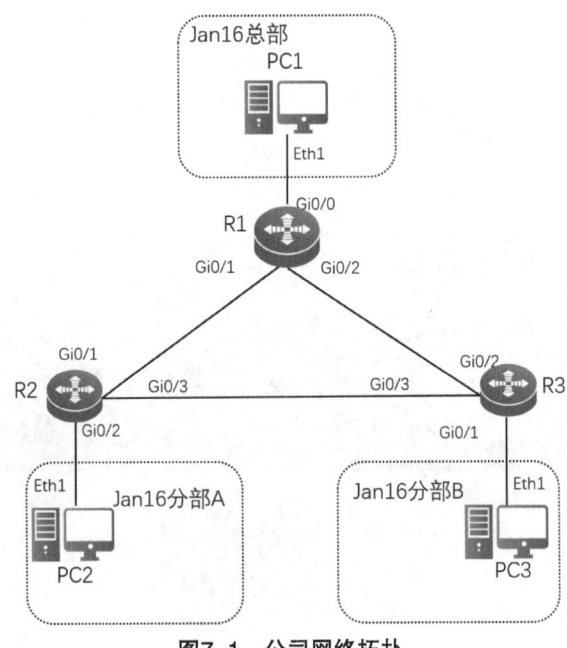

图7-1 公司网络拓扑

项目需求分析

Jan16公司由总部、分部A和分部B组成。现需要为网络中所有的PC配置DHCPv6自动获取IPv6地址，并在公司出口路由器之间运行动态路由协议OSPFv3来维护公司网络路由，实现全网网络互通。

因此，本项目可以分解为以下工作任务来完成：

（1）配置路由器及PC的IPv6地址。

（2）配置DHCPv6功能，实现各部门PC自动获取IP地址。

（3）配置OSPFv3路由协议，实现各部门网络互联互通。

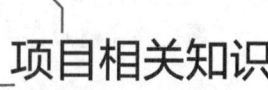

项目相关知识

7.1 OSPFv3 概述

OSPF 是一种典型的链路状态路由协议。OSPFv3 用于在 IPv6 网络中提供路由功能，也是 IPv6 组网中的主流路由协议之一。OSPFv3 与 OSPFv2 的工作机制基本相同，但 OSPFv3 与 OSPFv2 之间不能相互兼容，因为 OSPFv3 与 OSPFv2 分别是根据 IPv6 网络和 IPv4 网络开发出来的。

7.2 OSPFv3 的工作机制

OSPFv3 是运行在 IPv6 网络中的动态路由协议。运行 OSPFv3 的路由器使用物理接口链路本地地址为源地址发送 OSPFv3 报文。在同一条链路上，路由器会相互学习其他路由器的链路本地地址，并在进行报文转发的过程中将这些地址当成下一跳地址。

（1）如图 7-2 所示，OSPFv3 网络在初始化情况下，所有路由器都是组播组 FF02::5 的成员，路由器向 FF02::5 发送协议报文，用于建立 OSPFv3 邻居。

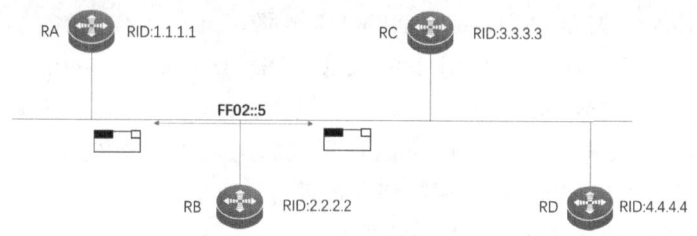

图7-2 OSPFv3报文的目的地址

（2）如图 7-3 所示，OSPFv3 邻居建立完成之后便开始进行指定路由器（Designated Router，DR）和备份指定路由器（Backup Designated Router，BDR）的选举。首先根据路由器接口优先级数值进行选举，默认数值为 1，取值范围为 0 ~ 255，数值越大优先级越高，当取值为 0 时，设备不参与选举。若优先级数值相同，则根据路由器的 Router ID 数值大小进行选举，数值大的优先，需要注意的是，OSPFv3 的 Router ID 格式与 OSPFv2 的相同，但是 OSPFv3 的 Router ID 必须手动设置。落选设备称为 DRother，DRother 会继续使用 FF02::5 发送 Hello 报文，其他需要通过组播形式发送的协议报文则使用组播地址 FF02::6 来发送。

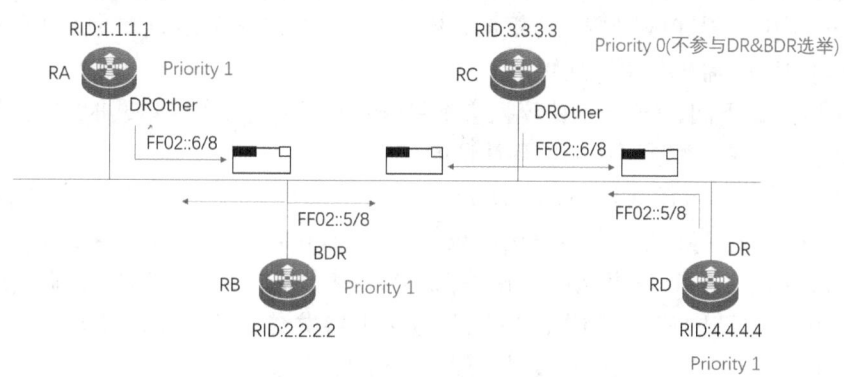

图7-3 DR/BDR选举

（3）当设备完成 DR 与 BDR 的选举之后，OSPFv3 路由器之间首先会进行链路状态数据库同步，之后运行最短路径优先算法（Shortest Path First，SPF）计算最短路径树及路由。

7.3 OSPFv3 与 OSPFv2 的比较

1.相同点

（1）路由器类型相同，包括内部路由器（Internal Router，IR）、骨干路由器（Backbone Router，BR）、区域边界路由器（Area Border Router，ABR）和自治系统边界路由器（Autonomous System Boundary Router，ASBR）。

（2）邻居发现和建立机制相同。

（3）链路状态通告信息（Link State Advertisement，LSA）的洪泛和老化机制相同。

（4）采用最短路径优先算法——SPF，作为路由计算算法。

（5）支持的区域类型相同，包括骨干区域、标准区域、末节区域（Stub）、NSSA（Not-So-Stubby Area）、完全末节区域（Totally Stub）和完全 NSSA 区域。

（6）DR 和 BDR 的选举过程相同。

（7）支持的接口类型相同，包括点到点（Point To Point，P2P）链路、点到多点（Point To Multiple-Point，P2MP）链路、广播（Broadcast Multiple Access，BMA）链路、非广播多路访问（Non-Broadcast Multiple Access，NBMA）链路。

（8）基本报文类型相同，都是用 Hello 报文、DD（Database Description，数据库描述）报文、LSR（Link State Request，链路状态请求）报文、LSU（Link State Update，链路状态更新）报文、LSAck（Link State Acknowledgment，链路状态确认）报文。

（9）度量值计算方法相同，都是用链路开销进行计算的。

（10）均使用组播的方式交互某些协议报文。

2.不同点

（1）在广播链路上，若使用 OSPFv2，则建立的 OSPF 邻居双方接口地址必须属于同一个网段，基于子网运行。若使用 OSPFv3，OSPFv3 是基于链路运行的，路由器之间使用链路本地地址作为协议通信地址，即两个节点与同一个链路相连，即使它们的 IPv6 前缀不同，也能够通过该链路进行通信，建立邻居（因基于链路运行，故 OSPFv3 路由器学习到的路由下一跳地址为邻居的链路本地地址）。

（2）OSPFv3 支持运行多个 OSPF 实例，可以实现同一链路配置两个实例，让一条链路运行在两个区域之内。

（3）Router ID 与 OSPFv2 的格式相同，格式均为 32 位 IPv4 地址。但 OSPFv3 不具备 Router ID 选举能力，需进行手动配置。

（4）认证方式不同，OSPFv2 协议报文本身携带认证信息，OSPFv3 协议报文不携带认证信息，而是通过 IPv6 扩展报头来实现认证的。

（5）协议报文的组播地址不同。OSPFv2 使用的组播地址为 224.0.0.5 和 224.0.0.6，其中 224.0.0.5 用于 DR 向其他路由器发送协议报文，224.0.0.6 用于非指定路由器（DRother）向 DR 发送协议报文（Hello 报文继续使用 224.0.0.5 来发送）。OSPFv3 使用的组播地址为 FF02::5 和 FF02::6，其中 FF02::5 用于 DR 向其他路由器发送协议报文，FF02::6 用于非指定路由器向 DR 发送协议报文（Hello 报文继续使用 FF02::5）。

项目规划设计

◎ 项目拓扑

本项目使用 3 台 PC、3 台路由器组建项目拓扑，如图 7-4 所示。其中 PC1 是 Jan16 总部员工 PC，PC2 是 Jan16 分部 A 员工 PC，PC3 是 Jan16 分部 B 员工 PC，R1、R2、R3 作为出口路由器，连接总部与分部网络。通过在 R1、R2、R3 上运行 OSPFv3，路由器之间互联链路在 OSPFv3 区域 0 中，Jan16 总部在 OSPFv3 区域 1 中，Jan16 分部 A 在 OSPFv3 区域 2 中，Jan16 分部 B 在 OSPFv3 区域 3 中，实现公司网络路由互通、全网 PC 互通。

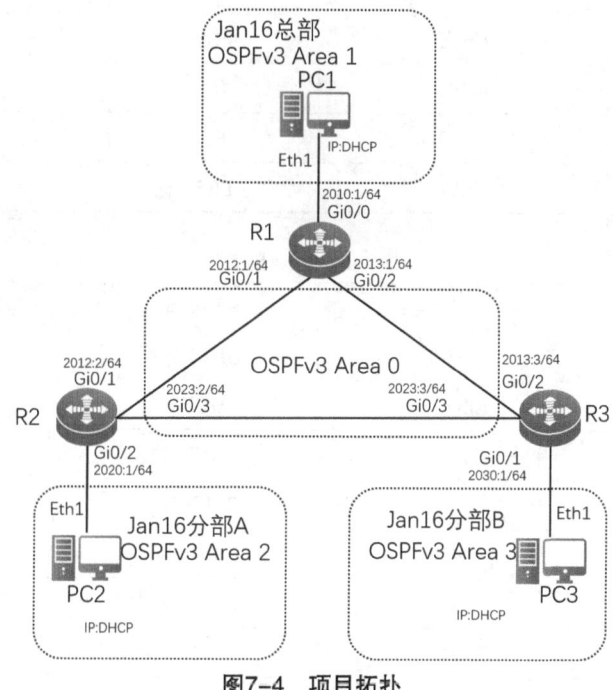

图7-4　项目拓扑

◎ 项目规划

根据项目拓扑进行业务规划，Router ID 规划表、接口互联规划表、IP 规划表、地址池规划表分别如表 7-1 ～ 表 7-4 所示。

表7-1　Router ID 规划表

设备名称	Router ID	用途
R1	1.1.1.1	R1 的 Router ID
R2	2.2.2.2	R2 的 Router ID
R3	3.3.3.3	R3 的 Router ID

表7-2 接口互联规划表

本端设备	本端接口	对端设备	对端接口
PC1	Eth1	R1	Gi0/0
PC2	Eth1	R2	Gi0/2
PC3	Eth1	R3	Gi0/1
R1	Gi0/1	R2	Gi0/1
	Gi0/2	R3	Gi0/2
	Gi0/0	PC1	Eth1
R2	Gi0/1	R1	Gi0/1
	Gi0/3	R3	Gi0/3
	Gi0/2	PC2	Eth1
R3	Gi0/2	R1	Gi0/2
	Gi0/3	R2	Gi0/3
	Gi0/1	PC3	Eth1

表7-3 IP规划表

设备名称	接口	IP地址	用途
PC1	Eth1	DHCP分配	PC1地址
PC2	Eth1	DHCP分配	PC2地址
PC3	Eth1	DHCP分配	PC3地址
R1	Gi0/1	2012::1/64	路由器接口地址
	Gi0/2	2013::1/64	路由器接口地址
	Gi0/0	2010::1/64	PC1网关
R2	Gi0/1	2012::2/64	路由器接口地址
	Gi0/3	2023::2/64	路由器接口地址
	Gi0/2	2020::1/64	PC2网关
R3	Gi0/2	2013::3/64	路由器接口地址
	Gi0/3	2023::3/64	路由器接口地址
	Gi0/1	2030::1/64	PC3网关

表7-4 地址池规划表

名称	前缀	DNS地址	用途
MAIN	2010::/64	2400:3200::1	总部地址池
PARTA	2020::/64	2400:3200::1	分部A地址池
PARTB	2030::/64	2400:3200::1	分部B地址池

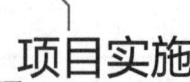

项目实施

任务 7-1　配置路由器及 PC 的 IP 地址

任务规划

配置 PC 的 IPv6 地址为 DHCPv6 自动获取，并根据 IP 规划表为路由器配置 IPv6 地址。

任务实施

1. 配置 IPv6 地址

PC1 的 IPv6 地址配置结果如图 7-5 所示，同理完成 PC2 ～ PC3 的 IP 地址配置。

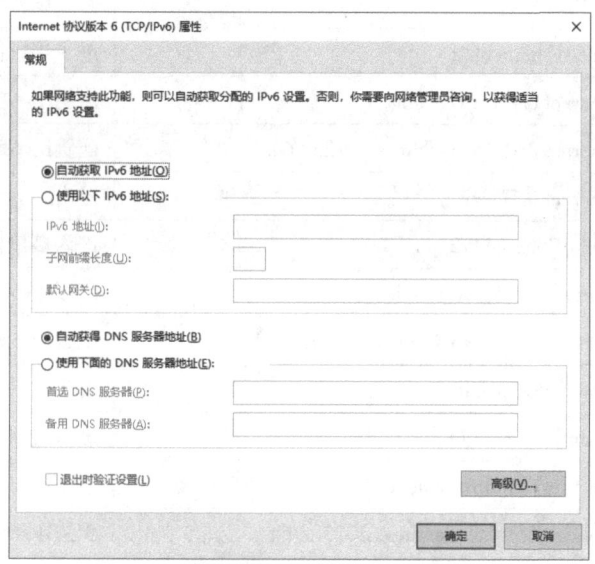

图7-5　PC1的IPv6地址配置结果

2. 配置路由器 R1 的接口 IP 地址

在 R1 上为接口配置 IP 地址，作为部门网关，以及与其他路由器互联的地址。

Ruijie>enable	进入特权模式
Ruijie#configure terminal	进入全局模式
Ruijie(config)#hostname R1	修改设备名称
R1(config)#interface gigabitEthernet 0/0	进入接口模式
R1(config-if-GigabitEthernet 0/0)#ipv6 enable	启用IPv6功能
R1(config-if-GigabitEthernet 0/0)# ipv6 address 2010::1/64	配置IPv6地址
R1(config-if-GigabitEthernet 0/0)#exit	退出
R1(config)#interface gigabitEthernet 0/1	进入接口模式
R1(config-if-GigabitEthernet 0/1)#ipv6 enable	启用IPv6功能
R1(config-if-GigabitEthernet 0/1)#ipv6 address 2012::1/64	配置IPv6地址
R1(config-if-GigabitEthernet 0/1)#exit	退出

R1(config)#interface gigabitEthernet 0/2	进入接口模式
R1(config–if–GigabitEthernet 0/2)#ipv6 enable	启用IPv6功能
R1(config–if–GigabitEthernet 0/2)#ipv6 address 2013::1/64	配置IPv6地址
R1(config–if–GigabitEthernet 0/2)#exit	退出

3.配置路由器R2的接口IP地址

在R2上为接口配置IP地址，作为部门网关，以及与其他路由器互联的地址。

Ruijie>enable	进入系统视图
Ruijie#configure terminal	进入全局模式
Ruijie(config)#hostname R2	修改设备名称
R2(config)#interface gigabitEthernet 0/1	进入接口模式
R2(config–if–GigabitEthernet 0/1)#ipv6 enable	启用IPv6功能
R2(config–if–GigabitEthernet 0/1)#ipv6 address 2012::2/64	配置IPv6地址
R2(config–if–GigabitEthernet 0/1)#exit	退出
R2(config)#interface gigabitEthernet 0/2	进入接口模式
R2(config–if–GigabitEthernet 0/2)#ipv6 enable	启用IPv6功能
R2(config–if–GigabitEthernet 0/2)#ipv6 address 2020::1/64	配置IPv6地址
R2(config–if–GigabitEthernet 0/3)#exit	退出
R2(config)#interface gigabitEthernet 0/3	进入接口模式
R2(config–if–GigabitEthernet 0/3)#ipv6 enable	启用IPv6功能
R2(config–if–GigabitEthernet 0/3)#ipv6 address 2023::2/64	配置IPv6地址
R2(config–if–GigabitEthernet 0/3)#exit	退出

4.配置路由器R3的接口IP地址

在R3上为接口配置IP地址，作为部门网关，以及与其他路由器互联的地址。

Ruijie>enable	进入特权模式
Ruijie#configure terminal	进入全局模式
Ruijie(config)#hostname R3	修改设备名称
R3(config)#interface gigabitEthernet 0/1	进入接口模式
R3(config–if–GigabitEthernet 0/1)#ipv6 enable	启用IPv6功能
R3(config–if–GigabitEthernet 0/1)#ipv6 address 2030::1/64	配置IPv6地址
R3(config–if–GigabitEthernet 0/1)#exit	退出
R3(config)#interface gigabitEthernet 0/2	进入接口模式
R3(config–if–GigabitEthernet 0/2)#ipv6 enable	接口下启用IPv6功能
R3(config–if–GigabitEthernet 0/2)#ipv6 address 2013::3/64	配置IPv6地址
R3(config–if–GigabitEthernet 0/2)#exit	退出

R3(config)#interface gigabitEthernet 0/3	进入接口模式
R3(config–if–GigabitEthernet 0/3)#ipv6 enable	启用IPv6功能
R3(config–if–GigabitEthernet 0/3)#ipv6 address 2023::3/64	配置IPv6地址
R3(config–if–GigabitEthernet 0/3)#exit	退出

任务验证

（1）在R1上使用【show ipv6 interface brief】命令验证IPv6地址配置情况，如图7-6所示。

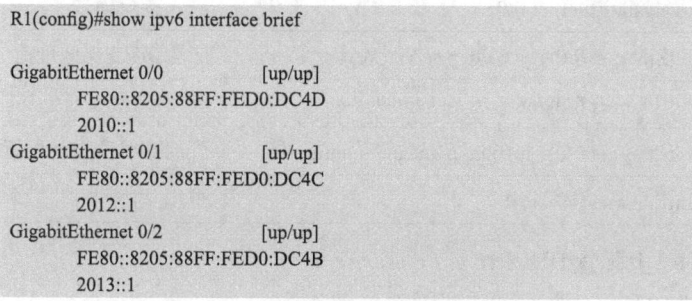

图7-6 验证R1的IPv6地址配置情况

（2）在R2上使用【show ipv6 interface brief】命令验证IPv6地址配置情况，如图7-7所示。

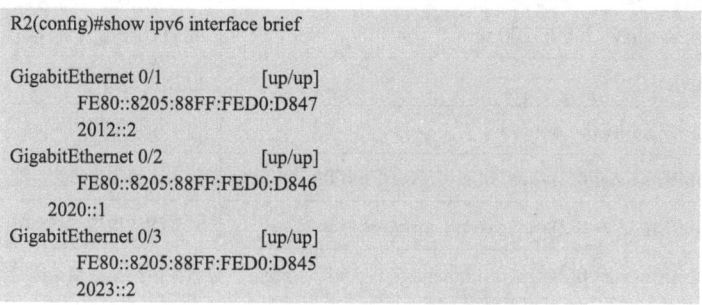

图7-7 验证R2的IPv6地址配置情况

（3）在R3上使用【show ipv6 interface brief】命令验证IPv6地址配置情况，如图7-8所示。

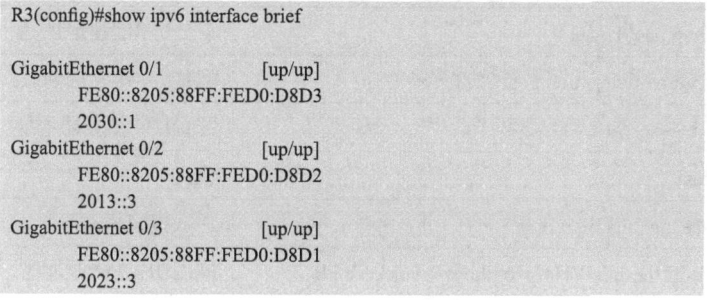

图7-8 验证R3的IPv6地址配置情况

任务 7-2 配置 DHCPv6 功能

任务规划

配置各路由器的DHCPv6功能，创建地址池并为各部门自动分配IP地址。

任务实施

1. 在路由器 R1 上配置 DHCPv6

在 R1 上创建 DHCPv6 地址池并配置地址池参数。

R1(config)#ipv6 dhcp pool MAIN	为总部创建地址池，名称为 MAIN
R1(dhcp-config)#prefix-delegation pool 2010::/64	配置总部子网前缀
R1(dhcp-config)#dns-server 2400:3200::1	配置 DNS 服务器地址
R1(dhcp-config)#exit	退出
R1(config)#interface gigabitEthernet 0/0	进入接口模式
R1(config-if-GigabitEthernet 0/0)#ipv6 dhcp server MAIN	应用 DHCPv6 地址池
R1(config-if-GigabitEthernet 0/0)#no ipv6 nd suppress-ra	开启 RA 报文通告功能
R1(config-if-GigabitEthernet 0/0)# ipv6 nd managed-config-flag	开启有状态自动配置地址标志位
R1(config-if-GigabitEthernet 0/0)#exit	退出

2. 在路由器 R2 上配置 DHCPv6

在 R2 上创建 DHCPv6 地址池并配置地址池参数。

R2(config)#ipv6 dhcp pool PARTA	为分部 A 创建地址池，名称为 PARTA
R2(dhcp-config)#prefix-delegation pool 2020::/64	配置分部 A 子网前缀
R2(dhcp-config)#dns-server 2400:3200::1	配置 DNS 服务器地址
R2(dhcp-config)#exit	退出
R2(config)#interface gigabitEthernet 0/2	进入接口模式
R2(config-if-GigabitEthernet 0/2)#ipv6 dhcp server PARTA	应用 DHCPv6 地址池
R2(config-if-GigabitEthernet 0/2)#no ipv6 nd suppress-ra	开启 RA 报文通告功能
R2(config-if-GigabitEthernet 0/2)# ipv6 nd managed-config-flag	开启有状态自动配置地址标志位
R2(config-if-GigabitEthernet 0/2)#exit	退出

3. 在路由器 R3 上配置 DHCPv6

在 R3 上创建 DHCPv6 地址池并配置地址池参数。

R3(config)#ipv6 dhcp pool PARTB	为分部 B 创建地址池，名称为 PARTB
R3(dhcp-config)#prefix-delegation pool 2030::/64	配置分部 B 子网前缀
R3(dhcp-config)#dns-server 2400:3200::1	配置 DNS 服务器地址
R3(dhcp-config)#exit	退出
R3(config)#interface gigabitEthernet 0/1	进入接口模式
R3(config-if-GigabitEthernet 0/1)#ipv6 dhcp server PARTB	应用 DHCPv6 地址池
R3(config-if-GigabitEthernet 0/1)#no ipv6 nd suppress-ra	开启 RA 报文通告功能
R3(config-if-GigabitEthernet 0/1)# ipv6 nd managed-config-flag	开启有状态自动配置地址标志位
R3(config-if-GigabitEthernet 0/1)#exit	退出

任务验证

（1）在R1上使用【show ipv6 dhcp pool】命令验证地址池配置情况，如图7-9所示。

```
R1(config)#show ipv6 dhcp pool
DHCPv6 pool: MAIN
    Prefix pool: 2010::/64
                        preferred lifetime 3600, valid lifetime 3600
    DNS server: 2400:3200::1
```

图7-9　验证R1上DHCPv6地址池配置情况

（2）在R2上使用【show ipv6 dhcp pool】命令验证地址池配置情况，如图7-10所示。

```
R2(config)#show ipv6 dhcp pool
DHCPv6 pool: PARTA
    Prefix pool: 2020::/64
                        preferred lifetime 3600, valid lifetime 3600
    DNS server: 2400:3200::1
```

图7-10　验证R2上DHCPv6地址池配置情况

（3）在R3上使用【show ipv6 dhcp pool】命令验证地址池配置情况，如图7-11所示。

```
R3(config)#show ipv6 dhcp pool
DHCPv6 pool: PARTB
    Prefix pool: 2030::/64
                        preferred lifetime 3600, valid lifetime 3600
    DNS server: 2400:3200::1
```

图7-11　验证R3上DHCPv6地址池配置情况

任务 7-3　配置 OSPFv3 路由协议

任务规划

根据项目拓扑及规划，在出口路由器R1、R2、R3上配置OSPFv3。

任务实施

1. 配置路由器R1的OSPFv3路由协议

在路由器R1上创建OSPFv3进程，并宣告接口到OSPFv3进程的对应区域中。

R1(config)#ipv6 router ospf 1	创建OSPFv3进程1
R1(config-router)#router-id 1.1.1.1	配置Router ID
R1(config-router)#exit	退出
R1(config)#interface gigabitEthernet 0/1	进入接口视图
R1(config-if-GigabitEthernet 0/1)#ipv6 ospf 1 area 0	宣告接口到OSPFv3进程1的区域0中
R1(config-if-GigabitEthernet 0/1)#exit	退出
R1(config)#interface gigabitEthernet 0/2	进入接口视图
R1(config-if-GigabitEthernet 0/2)#ipv6 ospf 1 area 0	宣告接口到OSPFv3进程1的区域0中
R1(config-if-GigabitEthernet 0/2)#exit	退出
R1(config)#interface gigabitEthernet 0/0	进入接口视图
R1(config-if-GigabitEthernet 0/0)#ipv6 ospf 1 area 1	宣告接口到OSPFv3进程1的区域1中
R1(config-if-GigabitEthernet 0/0)#exit	退出

2. 配置路由器 R2 的 OSPFv3 路由协议

在路由器 R2 上创建 OSPFv3 进程，并宣告接口到 OSPFv3 进程的对应区域中。

R2(config)#ipv6 router ospf 1	创建 OSPFv3 进程 1
R2(config-router)#router-id 2.2.2.2	配置 Router ID
R2(config-router)#exit	退出
R2(config)#interface gigabitEthernet 0/1	进入接口视图
R2(config-if-GigabitEthernet 0/1)#ipv6 ospf 1 area 0	宣告接口到 OSPFv3 进程 1 的区域 0 中
R2(config-if-GigabitEthernet 0/1)#exit	退出
R2(config)#interface gigabitEthernet 0/3	进入接口视图
R2(config-if-GigabitEthernet 0/3)#ipv6 ospf 1 area 0	宣告接口到 OSPFv3 进程 1 的区域 0 中
R2(config-if-GigabitEthernet 0/3)#exit	退出
R2(config)#interface gigabitEthernet 0/2	进入接口视图
R2(config-if-GigabitEthernet 0/2)#ipv6 ospf 1 area 2	宣告接口到 OSPFv3 进程 1 的区域 2 中
R2(config-if-GigabitEthernet 0/2)#exit	退出

3. 配置路由器 R3 的 OSPFv3 路由协议

在路由器 R3 上创建 OSPFv3 进程，并宣告接口到 OSPFv3 进程的对应区域中。

R3(config)#ipv6 router ospf 1	创建 OSPFv3 进程 1
R3(config-router)#router-id 3.3.3.3	配置 Router ID
R3(config-router)#exit	退出
R3(config)#interface gigabitEthernet 0/2	进入接口视图
R3(config-if-GigabitEthernet 0/2)#ipv6 ospf 1 area 0	宣告接口到 OSPFv3 进程 1 的区域 0 中
R3(config-if-GigabitEthernet 0/2)#exit	退出
R3(config)#interface gigabitEthernet 0/3	进入接口视图
R3(config-if-GigabitEthernet 0/3)#ipv6 ospf 1 area 0	宣告接口到 OSPFv3 进程 1 的区域 0 中
R3(config-if-GigabitEthernet 0/3)#exit	退出
R3(config)#interface gigabitEthernet 0/1	进入接口视图
R3(config-if-GigabitEthernet 0/1)#ipv6 ospf 1 area 3	宣告接口到 OSPFv3 进程 1 的区域 3 中
R3(config-if-GigabitEthernet 0/1)#exit	退出

任务验证

（1）在 R1 上使用【show ipv6 ospf neighbor】命令验证 OSPFv3 邻居建立情况，如图 7-12 所示，R1 已经和 R2、R3 建立了邻居关系。

```
R1(config)#show ipv6 ospf neighbor

OSPFv3 Process (1), 2 Neighbors, 2 is Full:
Neighbor ID    Pri    State        BFD State   Dead Time   Instance ID   Interface
3.3.3.3        1      Full/BDR     -           00:00:31    0             GigabitEthernet 0/2
2.2.2.2        1      Full/BDR     -           00:00:35    0             GigabitEthernet 0/1
```

图 7-12　验证 R1 的 OSPFv3 邻居建立情况

（2）在 R2 上使用【show ipv6 ospf neighbor】命令验证 OSPFv3 邻居建立情况，如图 7-13 所示，R2 已经和 R1、R3 建立了邻居关系。

```
R2(config)#show ipv6 ospf neighbor

OSPFv3 Process (1), 2 Neighbors, 2 is Full:
Neighbor ID    Pri   State      BFD State   Dead Time   Instance ID   Interface
3.3.3.3        1     Full/BDR   -           00:00:33    0             GigabitEthernet 0/3
1.1.1.1        1     Full/DR    -           00:00:35    0             GigabitEthernet 0/1
```

图7-13　验证R2的OSPFv3邻居建立情况

（3）在 R3 上使用【show ipv6 ospf neighbor】命令验证 OSPFv3 邻居建立情况，如图 7-14 所示，R3 已经和 R1、R2 建立了邻居关系。

```
R3(config)#show ipv6 ospf neighbor

OSPFv3 Process (1), 2 Neighbors, 2 is Full:
Neighbor ID    Pri   State      BFD State   Dead Time   Instance ID   Interface
2.2.2.2        1     Full/DR    -           00:00:30    0             GigabitEthernet 0/3
1.1.1.1        1     Full/DR    -           00:00:32    0             GigabitEthernet 0/2
```

图7-14　验证R3的OSPFv3邻居建立情况

（4）在 R1 上使用【show ipv6 route】命令验证 OSPFv3 路由学习情况，如图 7-15 所示，R1 已经学习到分部 A 和分部 B 的路由。

```
R1(config)#show ipv6 route
IPv6 routing table name is - Default - 18 entries
Codes: C - Connected, L - Local, S - Static, R - RIP, B - BGP
       I1 - ISIS L1, I2 - ISIS L2, IA - ISIS interarea, IS - ISIS summary
       O - OSPF intra area, OI - OSPF inter area, OE1 - OSPF external type 1, OE2 - OSPF external type 2
       ON1 - OSPF NSSA external type 1, ON2 - OSPF NSSA external type 2
L    ::1/128 via Loopback, local host
C    2010::/64 via GigabitEthernet 0/0, directly connected
L    2010::1/128 via GigabitEthernet 0/0, local host
C    2012::/64 via GigabitEthernet 0/1, directly connected
L    2012::1/128 via GigabitEthernet 0/1, local host
C    2013::/64 via GigabitEthernet 0/2, directly connected
L    2013::1/128 via GigabitEthernet 0/2, local host
OI   2020::/64 [110/2] via FE80::8205:88FF:FED0:D847, GigabitEthernet 0/1
O    2023::/64 [110/2] via FE80::8205:88FF:FED0:D8D2, GigabitEthernet 0/2
             [110/2] via FE80::8205:88FF:FED0:D847, GigabitEthernet 0/1
OI   2030::/64 [110/2] via FE80::8205:88FF:FED0:D8D2, GigabitEthernet 0/2
L    FE80::/10 via ::1, Null0
C    FE80::/64 via GigabitEthernet 0/2, directly connected
L    FE80::8205:88FF:FED0:DC4B/128 via GigabitEthernet 0/2, local host
C    FE80::/64 via GigabitEthernet 0/1, directly connected
L    FE80::8205:88FF:FED0:DC4C/128 via GigabitEthernet 0/1, local host
C    FE80::/64 via GigabitEthernet 0/0, directly connected
L    FE80::8205:88FF:FED0:DC4D/128 via GigabitEthernet 0/0, local host
```

图7-15　验证R1的OSPFv3路由学习情况

（5）在 R2 上使用【show ipv6 route】命令验证 OSPFv3 路由学习情况，如图 7-16 所示，R2 已经学习到总部和分部 B 的路由。

```
R2(config)#show ipv6 route
IPv6 routing table name is - Default - 18 entries
Codes: C - Connected, L - Local, S - Static, R - RIP, B - BGP
       I1 - ISIS L1, I2 - ISIS L2, IA - ISIS interarea, IS - ISIS summary
       O - OSPF intra area, OI - OSPF inter area,  OE1 - OSPF external type 1, OE2 - OSPF external type 2
       ON1 - OSPF NSSA external type 1, ON2 - OSPF NSSA external type 2
L    ::1/128 via Loopback, local host
OI   2010::/64 [110/2] via FE80::8205:88FF:FED0:DC4C, GigabitEthernet 0/1
C    2012::/64 via GigabitEthernet 0/1, directly connected
L    2012::2/128 via GigabitEthernet 0/1, local host
O    2013::/64 [110/2] via FE80::8205:88FF:FED0:DC4C, GigabitEthernet 0/1
                [110/2] via FE80::8205:88FF:FED0:D8D1, GigabitEthernet 0/3
C    2020::/64 via GigabitEthernet 0/2, directly connected
L    2020::1/128 via GigabitEthernet 0/2, local host
C    2023::/64 via GigabitEthernet 0/3, directly connected
L    2023::2/128 via GigabitEthernet 0/3, local host
OI   2030::/64 [110/2] via FE80::8205:88FF:FED0:D8D1, GigabitEthernet 0/3
L    FE80::/10 via ::1, Null0
C    FE80::/64 via GigabitEthernet 0/3, directly connected
L    FE80::8205:88FF:FED0:D845/128 via GigabitEthernet 0/3, local host
C    FE80::/64 via GigabitEthernet 0/2, directly connected
L    FE80::8205:88FF:FED0:D846/128 via GigabitEthernet 0/2, local host
C    FE80::/64 via GigabitEthernet 0/1, directly connected
L    FE80::8205:88FF:FED0:D847/128 via GigabitEthernet 0/1, local host
```

图7-16　验证R2的OSPFv3路由学习情况

（6）在 R3 上使用【show ipv6 route】命令验证 OSPFv3 路由学习情况，如图 7-17 所示，R3 已经学习到总部和分部 A 的路由。

```
R3(config)#show ipv6 route
IPv6 routing table name is - Default - 18 entries
Codes: C - Connected, L - Local, S - Static, R - RIP, B - BGP
       I1 - ISIS L1, I2 - ISIS L2, IA - ISIS interarea, IS - ISIS summary
       O - OSPF intra area, OI - OSPF inter area,  OE1 - OSPF external type 1, OE2 - OSPF external type 2
       ON1 - OSPF NSSA external type 1, ON2 - OSPF NSSA external type 2
L    ::1/128 via Loopback, local host
OI   2010::/64 [110/2] via FE80::8205:88FF:FED0:DC4B, GigabitEthernet 0/2
O    2012::/64 [110/2] via FE80::8205:88FF:FED0:DC4B, GigabitEthernet 0/2
                [110/2] via FE80::8205:88FF:FED0:D845, GigabitEthernet 0/3
C    2013::/64 via GigabitEthernet 0/2, directly connected
L    2013::3/128 via GigabitEthernet 0/2, local host
OI   2020::/64 [110/2] via FE80::8205:88FF:FED0:D845, GigabitEthernet 0/3
C    2023::/64 via GigabitEthernet 0/3, directly connected
L    2023::3/128 via GigabitEthernet 0/3, local host
C    2030::/64 via GigabitEthernet 0/1, directly connected
L    2030::1/128 via GigabitEthernet 0/1, local host
L    FE80::/10 via ::1, Null0
C    FE80::/64 via GigabitEthernet 0/3, directly connected
L    FE80::8205:88FF:FED0:D8D1/128 via GigabitEthernet 0/3, local host
C    FE80::/64 via GigabitEthernet 0/2, directly connected
L    FE80::8205:88FF:FED0:D8D2/128 via GigabitEthernet 0/2, local host
C    FE80::/64 via GigabitEthernet 0/1, directly connected
L    FE80::8205:88FF:FED0:D8D3/128 via GigabitEthernet 0/1, local host
```

图7-17　验证R3的OSPFv3路由学习情况

项目验证

（1）查看PC1、PC2、PC3的IP地址获取情况，如图7-18 ~ 图7-20所示。

```
C:\Users\admin>ipconfig

Windows IP 配置

以太网适配器 以太网:

    连接特定的 DNS 后缀 . . . . . . . :
    IPv6 地址 . . . . . . . . . . . . : 2010::8df1:3700:a071:2ba
    临时 IPv6 地址 . . . . . . . . . : 2010::a9d0:bfe8:419d:dd6d
    本地链接 IPv6 地址 . . . . . . . : fe80::8df1:3700:a071:2ba%21
    IPv4 地址 . . . . . . . . . . . . : 192.168.1.1
    子网掩码 . . . . . . . . . . . . : 255.255.255.0
    默认网关 . . . . . . . . . . . . : fe80::223d:b2ff:fe1c:3419%21

隧道适配器 isatap.{4E29DDFF-233B-4C98-B882-7D161C721168}:

    媒体状态 . . . . . . . . . . . . : 媒体已断开连接
    连接特定的 DNS 后缀 . . . . . . . :
```

图7-18 查看PC1的IP地址获取情况

```
C:\Users\admin>ipconfig

Windows IP 配置

以太网适配器 以太网:

    连接特定的 DNS 后缀 . . . . . . . :
    IPv6 地址 . . . . . . . . . . . . : 2020::493a:e06c:3e77:faa9
    临时 IPv6 地址 . . . . . . . . . : 2020::7c2e:8049:aa5:f8cb
    本地链接 IPv6 地址 . . . . . . . : fe80::493a:e06c:3e77:faa9%21
    IPv4 地址 . . . . . . . . . . . . : 192.168.1.2
    子网掩码 . . . . . . . . . . . . : 255.255.255.0
    默认网关 . . . . . . . . . . . . : fe80::223d:b2ff:fe1c:3427%21

隧道适配器 isatap.{1DEA4805-EE99-40B5-9D43-E2126BF0EA86}:

    媒体状态 . . . . . . . . . . . . : 媒体已断开连接
    连接特定的 DNS 后缀 . . . . . . . :
```

图7-19 查看PC2的IP地址获取情况

```
C:\Users\admin>ipconfig

Windows IP 配置

以太网适配器 以太网:

    连接特定的 DNS 后缀 . . . . . . . :
    IPv6 地址 . . . . . . . . . . . . : 2030::9c15:f275:d50d:bfa1
    临时 IPv6 地址 . . . . . . . . . : 2030::c920:17da:2309:ef3a
    本地链接 IPv6 地址 . . . . . . . : fe80::9c15:f275:d50d:bfa1%14
    IPv4 地址 . . . . . . . . . . . . : 192.168.3.1
```

图7-20 查看PC3的IP地址获取情况

```
子网掩码 . . . . . . . . . . . . : 255.255.255.0
默认网关 . . . . . . . . . . . . : fe80::223d:b2ff:fe1c:342c%14

隧道适配器 isatap.{BDE06858-04CD-4832-9903-1FBE73A17183}:

媒体状态 . . . . . . . . . . . . : 媒体已断开连接
连接特定的 DNS 后缀 . . . . . . . :
```

图7-20　查看PC3的IP地址获取情况（续）

（2）使用PC2 ping PC1（目的 IP 地址为 2010::8df1:3700:a071:2ba ），发现可以 ping 通，如图 7-21 所示。

```
C:\Users\admin>ping 2010::8df1:3700:a071:2ba

正在 ping 2010::8df1:3700:a071:2ba 具有 32 字节的数据：
来自 2010::8df1:3700:a071:2ba 的回复：时间 =1ms
来自 2010::8df1:3700:a071:2ba 的回复：时间 =1ms
来自 2010::8df1:3700:a071:2ba 的回复：时间 =2ms
来自 2010::8df1:3700:a071:2ba 的回复：时间 =1ms

2010::8df1:3700:a071:2ba 的 ping 统计信息：
　数据包：已发送 = 4，已接收 = 4，丢失 = 0 (0% 丢失 )，
往返行程的估计时间 ( 以毫秒为单位 )：
　最短 =1ms，最长 =2ms，平均 =1ms
```

图7-21　分部A与总部之间网络连通性测试

（3）使用PC3 ping PC1（目的 IP 地址为 2010::8df1:3700:a071:2ba ），发现可以 ping 通，如图 7-22 所示。

```
C:\Users\admin>ping 2010::8df1:3700:a071:2ba

正在 ping 2010::8df1:3700:a071:2ba 具有 32 字节的数据：
来自 2010::8df1:3700:a071:2ba 的回复：时间 =1ms
来自 2010::8df1:3700:a071:2ba 的回复：时间 =1ms
来自 2010::8df1:3700:a071:2ba 的回复：时间 =1ms
来自 2010::8df1:3700:a071:2ba 的回复：时间 =1ms

2010::8df1:3700:a071:2ba 的 ping 统计信息：
　　数据包：已发送 = 4，已接收 = 4，丢失 = 0 (0% 丢失 )，
往返行程的估计时间 ( 以毫秒为单位 )：
　最短 = 1ms，最长 = 1ms，平均 = 1ms
```

图7-22　分部B与总部之间网络连通性测试

（4）使用PC2 ping PC3（目的 IP 地址为 2030::9c15:f275:d50d:bfa1），发现可以 ping 通，如图 7-23 所示。

```
C:\Users\admin>ping 2030::9c15:f275:d50d:bfa1

正在 ping 2030::9c15:f275:d50d:bfa1 具有 32 字节的数据：
来自 2030::9c15:f275:d50d:bfa1 的回复：时间 =6ms
来自 2030::9c15:f275:d50d:bfa1 的回复：时间 =1ms
来自 2030::9c15:f275:d50d:bfa1 的回复：时间 =1ms
来自 2030::9c15:f275:d50d:bfa1 的回复：时间 =1ms

2030::9c15:f275:d50d:bfa1 的 ping 统计信息：
　　数据包：已发送 = 4，已接收 = 4，丢失 = 0 (0% 丢失 )，
往返行程的估计时间 ( 以毫秒为单位 )：
　最短 = 1ms，最长 = 6ms，平均 = 2ms
```

图7-23　分部A与分部B之间网络连通性测试

练习与思考

◎ 理论题

1.以下哪些报文不属于 OSPFv3 协议报文？（　　）

    A.Hello   B.DD   C.LSR   D.Open

2.以下关于 OSPFv3 的描述中说法错误的是（　　）。

    A.OSPFv3 是一个链路状态路由协议

    B.OSPFv3 路由器基于链路带宽计算开销值

    C.OSPFv3 不可应用于大型网络

    D.OSPFv3 采用的是 SPF 算法

3.以下关于 DR 的说法正确的是（　　）。

    A.P2P 网络必须选举 DR

    B.DR 是网络中的备份指定路由器

    C.OSPFv3 网络中，拥有最高优先级的路由器一定是 DR

    D.为了维持网络的稳定性，DR 不支持抢占

4.OSPFv3 使用组播形式发送协议报文，目的组播地址为（　　）。（多选）

    A.FF02::5   B.FF02::9   C.224.0.0.6   D.FF02::6

5.OSPFv3 支持的网络类型有哪些？（　　）（多选）

    A.BMA   B.P2P   C.P2MP   D.NBMA

6.运行 OSPFv3 的路由器，若双方接口前缀不同，则不能建立邻居关系。（　　）（判断）

7.当 OSPFv3 路由器的选举优先级为 0 时，不参与 DR/BDR 的选举。（　　）（判断）

◎ 项目实训题

1.项目背景与要求

Jan161 公司网络由总部和分部 A、分部 B 组成，现需要配置动态路由协议 OSPFv3 来维护公司的路由，如图 7-24 所示。具体要求如下：

（1）根据实训拓扑，为 PC 和网络设备配置 IPv6 地址（x 为班级，y 为短学号）。

（2）在 R1、R2、R3 上配置 OSPFv3。

2.实训业务规划

根据以上实训拓扑和需求，参考本项目的项目规划完成表 7-5 ~ 表 7-7。

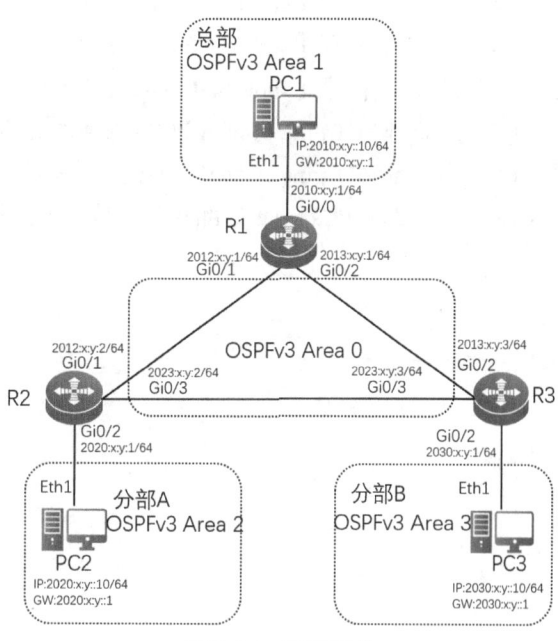

图7-24　实训拓扑

表7-5　Router ID规划表

设备名称	Router ID	用途

表7-6　接口互联规划表

本端设备	本端接口	对端设备	对端接口

表7-7　IP规划表

设备名称	接口	IP地址	用途

3.实训要求

完成实训后，请截取以下实训验证截图：

（1）在R1上使用【show ipv6 ospf neighbor】命令，查看OSPFv3邻居建立情况。

（2）在R2上使用【show ipv6 ospf neighbor】命令，查看OSPFv3邻居建立情况。

（3）在R3上使用【show ipv6 ospf neighbor】命令，查看OSPFv3邻居建立情况。

（4）在R1上使用【show ipv6 route】命令，查看路由表信息。

（5）在R2上使用【show ipv6 route】命令，查看路由表信息。

（6）在R3上使用【show ipv6 route】命令，查看路由表信息。

（7）用总部PC1 ping分部A PC2，查看总部与分部A之间的网络连通性。

（8）用总部PC1 ping分部B PC3，查看总部与分部B之间的网络连通性。

（9）用分部A PC2 ping分部B PC3，查看分部之间的网络连通性。

项目 8

Jan16 公司基于 IPv4 和 IPv6 的双栈网络搭建

扫一扫，
看微课

项目描述

Jan16公司为降低将网络升级到IPv6对原有网络产生的影响，采用了逐个部门进行IPv6网络升级的方法，公司网络拓扑如图8-1所示，具体要求如下：

（1）公司网络中现有项目部主机PC1、财务部主机PC2、人事部主机PC3，均连接到各部门的接入层交换机。核心交换机S-Core作为各部门互联网关。

（2）各部门原有网络均为IPv4网络。计划率先将项目部和财务部两个部门升级到IPv6网络，升级后的网络仍然可以相互通信。

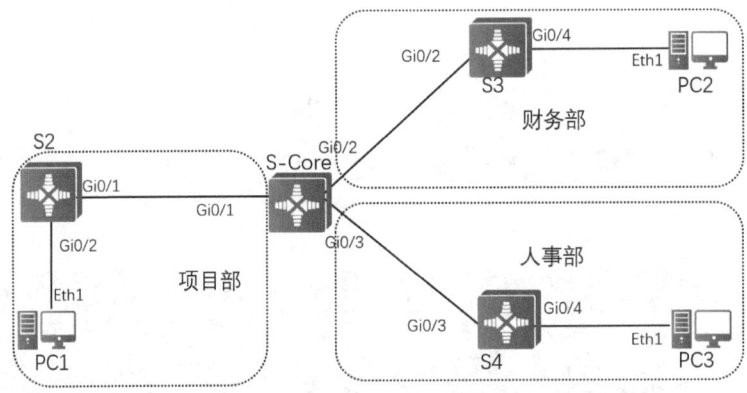

图8-1　公司网络拓扑

项目需求分析

公司将项目部和财务部升级到IPv6网络后，将导致公司网络处于IPv4和IPv6混用状态，如果要确保混用网络条件下设备间仍能相互通信，需要网络设备同时工作在IPv4和IPv6上。

因此，本项目可以分解为以下工作任务来完成：

（1）创建部门VLAN，实现各部门网络划分。

（2）配置交换机互联端口，实现PC可跨交换机通信。

（3）配置IPv4网络，实现全网基于IPv4的互联互通。

（4）配置IPv6网络，实现全网基于双栈的互联互通。

项目相关知识

8.1 双栈技术概述

双栈技术（Dual-Stack）是IPv4网络过渡到IPv6网络过程中使用最为广泛的一种技

术。双栈技术要求网络中所有的节点均同时支持IPv4和IPv6协议栈。

双栈节点和IPv6节点进行通信时，就像一个纯IPv6节点，而当它和IPv4节点进行通信的时候，又像一个纯IPv4节点。这类节点可通过一个配置开关来启用或禁用其中某个栈。因此这类节点将有3种操作模式：启用IPv4栈而禁用IPv6栈，节点就像一个纯IPv4节点；启用IPv6栈而禁用IPv4栈，节点就像一个纯IPv6节点；同时启用IPv4栈和IPv6栈的时候，该节点可以同时使用这两种协议版本。

在源节点向目标节点发送数据时，首先应确定使用的是网络层哪个版本的协议，即使用的是IPv4协议还是IPv6协议，源节点主机要向DNS进行查询，若DNS返回IPv4地址，则源节点主机发送IPv4协议的数据；若DNS返回IPv6地址，则源节点主机发送IPv6协议的数据。

双栈技术的优点是互通性好、易于理解；缺点是需要给每个允许IPv6协议的网络设备和终端分配IPv4地址，无法解决IPv4地址匮乏问题。在IPv6网络建设初期，由于IPv4地址尚未分配完，采用这种方案是可行的；而IPv6网络发展到目前阶段，为每个节点分配两个协议栈地址是很难实现的。

8.2 双栈节点工作过程

双栈节点工作过程描述如下：

（1）若应用程序使用的目的地址是IPv4地址，则使用IPv4协议栈。

（2）若应用程序使用的目的地址是IPv6地址，则使用IPv6协议栈。

（3）若应用程序使用的目的地址是兼容IPv4地址的IPv6地址，则仍然使用IPv4协议栈，需要将IPv6分组封装在IPv4分组中。

双栈网络构建了一个基础设施，这个框架中的路由器上已经启用了IPv4和IPv6转发。这种技术的缺点在于各节点需要同时支持IPv4和IPv6协议栈。这意味着双栈节点要同时存储两种协议的表（如路由表），还要为这两种协议配置路由协议。就网络管理而言，根据协议不同采用不同的命令。例如，在使用Windows操作系统的主机上，测试网络连通性，IPv4使用的是【ping】命令，而IPv6使用的是【ping-6】命令。

8.3 双栈技术的组网结构

IPv4网络和IPv6网络之间通过IPv4/IPv6协议转换路由器进行连接，IPv4/IPv6双栈节点与其他类型多栈节点的工作方式相同。拥有双协议栈的主机在工作的时候，首先将在物理层接收的数据交给数据链路层，在数据链路层对收到的数据进行分析。如果IPv4/IPv6协议首部中的第一个字段（IP首部中的版本号字段）是4，则该数据包为IPv4数据包；如果版本号字段是6，则该数据包为IPv6数据包。处理结束后继续向上层递交，根据底层接收的数据包是IPv4数据包还是IPv6数据包，在网络层做相应的处理，处理结束后继续传输给传输层，并由传输层进行相应的处理，直至上层用户的应用。双协议栈的网络拓扑结构如图8-2所示。

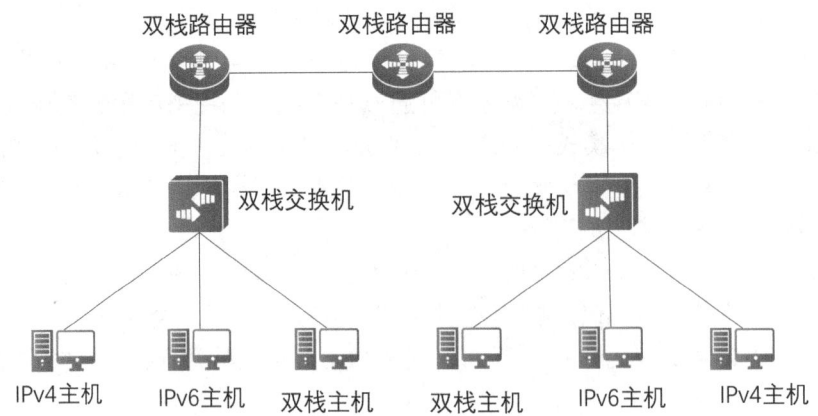

图8-2　双协议栈的网络拓扑结构

项目规划设计

◎ 项目拓扑

本项目使用3台PC、1台核心交换机及3台接入层交换机搭建项目拓扑，如图8-3所示。其中PC1是项目部员工主机，PC2是财务部员工主机，PC3是人事部员工主机，S-Core作为各部门的互联网关。将项目部和财务部升级至IPv6网络，相关网络接口需同时配置IPv4与IPv6地址，实现双栈网络的构建。

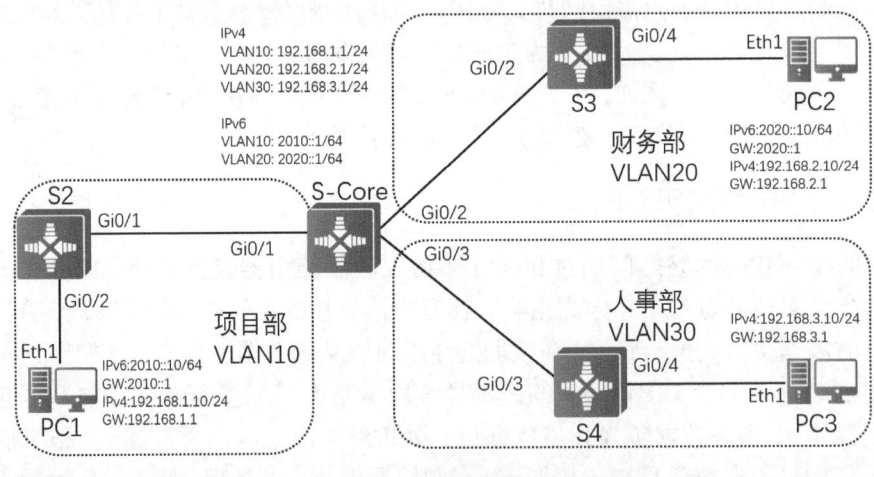

图8-3　项目拓扑

◎ 项目规划

根据项目拓扑进行业务规划，VLAN规划表、端口互联规划表、IPv4地址规划表、IPv6地址规划表分别如表8-1～表8-4所示。

表8-1 VLAN规划表

VLAN	IPv4地址段	IPv6地址段	用途
VLAN10	192.168.1.0/24	2010::/64	项目部
VLAN20	192.168.2.0/24	2020::/64	财务部
VLAN30	192.168.3.0/24	N/A	人事部

表8-2 端口互联规划表

本端设备	本端接口	端口类型	对端设备	对端接口
PC1	Eth1	N/A	S2	Gi0/2
PC2	Eth1	N/A	S3	Gi0/4
PC3	Eth1	N/A	S4	Gi0/4
S-Core	Gi0/1	TRUNK	S2	Gi0/1
	Gi0/2	TRUNK	S3	Gi0/2
	Gi0/3	TRUNK	S4	Gi0/3
S2	Gi0/2	ACCESS	PC1	Eth1
	Gi0/1	TRUNK	S-Core	Gi0/1
S3	Gi0/4	ACCESS	PC2	Eth1
	Gi0/2	TRUNK	S-Core	Gi0/2
S4	Gi0/4	ACCESS	PC3	Eth1
	Gi0/3	TRUNK	S-Core	Gi0/3

表8-3 IPv4地址规划表

设备名称	接口	IP地址	网关地址	用途
PC1	Eth1	192.168.1.10/24	192.168.1.1	PC1主机地址
PC2	Eth1	192.168.2.10/24	192.168.2.1	PC2主机地址
PC3	Eth1	192.168.3.10/24	192.168.3.1	PC3主机地址
S-Core	VLAN10	192.168.1.1/24	N/A	PC1网关地址
	VLAN20	192.168.2.1/24	N/A	PC2网关地址
	VLAN30	192.168.3.1/24	N/A	PC3网关地址

表8-4 IPv6地址规划表

设备名称	接口	IP地址	网关地址	用途
PC1	Eth1	2010::10/64	2010::1	PC1主机地址
PC2	Eth1	2020::10/64	2020::1	PC2主机地址
S-Core	VLAN10	2010::1/64	N/A	PC1网关地址
	VLAN20	2020::1/64	N/A	PC2网关地址

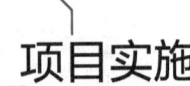 项目实施

任务 8-1　创建部门 VLAN

任务规划

根据端口互联规划表（如表8-2所示）要求，为交换机创建部门VLAN，然后将对应端口划分到部门VLAN中。

任务实施

1.在交换机上创建 VLAN

（1）为 S-Core 创建部门 VLAN。

Ruijie>enable	进入特权模式
Ruijie#configure terminal	进入全局配置模式
Ruijie(config)#hostname S-Core	修改设备名称
S-Core(config)#vlan 10	创建VLAN10
S-Core(config-vlan)#vlan 20	创建VLAN20
S-Core(config-vlan)#vlan 30	创建VLAN30
S-Core(config-vlan)#exit	退出

（2）为 S2 创建部门 VLAN。

Ruijie>enable	进入特权模式
Ruijie#configure terminal	进入全局配置模式
Ruijie(config)#hostname S2	修改设备名称
S2(config)#vlan 10	创建VLAN10

（3）为 S3 创建部门 VLAN。

Ruijie>enable	进入特权模式
Ruijie#configure terminal	进入全局配置模式
Ruijie(config)#hostname S3	修改设备名称
S3(config)#vlan 20	创建VLAN20

（4）为 S4 创建部门 VLAN。

Ruijie>enable	进入特权模式
Ruijie#configure terminal	进入全局配置模式
Ruijie(config)#hostname S4	修改设备名称
S4(config)#vlan 30	创建VLAN30

2.将交换机端口添加到对应 VLAN 中

（1）为 S2 划分 VLAN，并将对应端口添加到 VLAN 中。

S2(config)#interface gigabitEthernet 0/2	进入 Gi0/2 端口
S2(config–if–GigabitEthernet 0/2)#switchport mode access	配置链路类型为 ACCESS
S2(config–if–GigabitEthernet 0/2)#switchport access vlan 10	划分端口到 VLAN10 中
S2(config–if–GigabitEthernet 0/2)#exit	退出

（2）为 S3 划分 VLAN，并将对应端口添加到 VLAN 中。

S3(config)#interface gigabitEthernet 0/4	进入 Gi0/4 端口
S3(config–if–GigabitEthernet 0/4)#switchport mode access	配置链路类型为 ACCESS
S3(config–if–GigabitEthernet 0/4)#switchport access vlan 20	划分端口到 VLAN20 中
S3(config–if–GigabitEthernet 0/4)#exit	退出

（3）为 S4 划分 VLAN，并将对应端口添加到 VLAN 中。

S4(config)#interface gigabitEthernet 0/4	进入 Gi0/4 端口
S4(config–if–GigabitEthernet 0/4)#switchport mode access	配置链路类型为 ACCESS
S4(config–if–GigabitEthernet 0/4)#switchport access vlan 30	划分端口到 VLAN30 中
S4(config–if–GigabitEthernet 0/4)#exit	退出

任务验证

（1）在 S-Core 上使用【show vlan】命令验证 VLAN 的创建情况，从图 8-4 所示的结果中可以看到 VLAN10、VLAN20、VLAN30 均已创建完成。

```
S-Core(config)#show vlan
VLAN Name              Status    Ports
--------  -----------  --------  ----------
   1 VLAN0001          STATIC    Gi0/1, Gi0/2, Gi0/3, Gi0/4
                                 Gi0/5, Gi0/6, Gi0/7, Gi0/8
                                 Gi0/9, Gi0/10, Gi0/11, Gi0/12
                                 Gi0/13, Gi0/14, Gi0/15, Gi0/16
                                 Gi0/17, Gi0/18, Gi0/19, Gi0/20
                                 Gi0/21, Gi0/22, Gi0/23, Gi0/24
                                 Gi0/25, Gi0/26, Gi0/27, Gi0/28
                                 Te0/29, Te0/30, Te0/31, Te0/32
  10 VLAN0010          STATIC
  20 VLAN0020          STATIC
  30 VLAN0030          STATIC
```

图8-4　验证 S-Core 的 VLAN 创建情况

（2）在S2上使用【show vlan】命令验证VLAN的创建情况，从图8-5所示的结果中可以看到VLAN10已创建完成。

```
S2(config)#show vlan
VLAN Name                    Status    Ports
-------- -------------------- --------- ------------------------------
      1 VLAN0001             STATIC    Gi0/1, Gi0/3, Gi0/4, Gi0/5
                                       Gi0/6, Gi0/7, Gi0/8, Gi0/9
                                       Gi0/10, Gi0/11, Gi0/12, Gi0/13
                                       Gi0/14, Gi0/15, Gi0/16, Gi0/17
                                       Gi0/18, Gi0/19, Gi0/20, Gi0/21
                                       Gi0/22, Gi0/23, Gi0/24, Gi0/25
                                       Gi0/26, Gi0/27, Gi0/28, Te0/29
                                       Te0/30, Te0/31, Te0/32
     10 VLAN0010             STATIC    Gi0/2
```

图8-5　验证S2的VLAN创建情况

（3）在S3上使用【show vlan】命令验证VLAN的创建情况，从图8-6所示的结果中可以看到VLAN20已创建完成。

```
S3(config)#show vlan
VLAN Name                    Status    Ports
-------- -------------------- --------- ------------------------------
      1 VLAN0001             STATIC    Gi0/1, Gi0/2, Gi0/3, Gi0/5
                                       Gi0/6, Gi0/7, Gi0/8, Gi0/9
                                       Gi0/10, Gi0/11, Gi0/12, Gi0/13
                                       Gi0/14, Gi0/15, Gi0/16, Gi0/17
                                       Gi0/18, Gi0/19, Gi0/20, Gi0/21
                                       Gi0/22, Gi0/23, Gi0/24, Gi0/25
                                       Gi0/26, Gi0/27, Gi0/28, Te0/29
                                       Te0/30, Te0/31, Te0/32
     20 VLAN0020             STATIC    Gi0/4
```

图8-6　验证S2的VLAN创建情况

（4）在S4上使用【show vlan】命令验证VLAN的创建情况，从图8-7所示的结果中可以看到VLAN30已创建完成。

```
S4(config)#show vlan
VLAN Name                    Status    Ports
-------- -------------------- --------- ------------------------------
      1 VLAN0001             STATIC    Gi0/1, Gi0/2, Gi0/3, Gi0/5
                                       Gi0/6, Gi0/7, Gi0/8, Gi0/9
                                       Gi0/10, Gi0/11, Gi0/12, Gi0/13
                                       Gi0/14, Gi0/15, Gi0/16, Gi0/17
                                       Gi0/18, Gi0/19, Gi0/20, Gi0/21
                                       Gi0/22, Gi0/23, Gi0/24, Gi0/25
                                       Gi0/26, Gi0/27, Gi0/28, Te0/29
                                       Te0/30, Te0/31, Te0/32
     30 VLAN0030             STATIC    Gi0/4
```

图8-7　验证S4的VLAN创建情况

（5）在 S-Core 上使用【show interface switchport】命令验证链路配置情况，正确结果如图 8-8 所示。

```
S-Core#show interface switchport
Interface          Switchport  Mode    Access  Native  Protected  VLAN lists
-------------      ----------  -----   ------  ------  ---------  ---------
GigabitEthernet 0/1  enabled    TRUNK   1       1       Disabled   10
GigabitEthernet 0/2  enabled    TRUNK   1       1       Disabled   20
GigabitEthernet 0/3  enabled    TRUNK   1       1       Disabled   30......
```

图8-8　验证S-Core的链路配置情况

（6）在 S2 上使用【show interface switchport】命令验证链路配置情况，正确结果如图 8-9 所示。

```
S2#show interface switchport
Interface          Switchport  Mode    Access  Native  Protected  VLAN lists
-------------      ----------  -----   ------  ------  ---------  ---------
GigabitEthernet 0/1  enabled    TRUNK    1       1       Disabled   10
GigabitEthernet 0/2  enabled    ACCESS  10       1       Disabled   ALL
```

图8-9　验证S2的链路配置情况

（7）在 S3 上使用【show interface switchport】命令验证链路配置情况，正确结果如图 8-10 所示。

```
S3(config)#show interface switchport
Interface          Switchport  Mode    Access  Native  Protected  VLAN lists
-------------      ----------  -----   ------  ------  ---------  ---------
GigabitEthernet 0/1  enabled    ACCESS  1       1       Disabled   ALL
GigabitEthernet 0/2  enabled    ACCESS  1       1       Disabled   ALL
GigabitEthernet 0/3  enabled    ACCESS  1       1       Disabled   ALL
GigabitEthernet 0/4  enabled    ACCESS  20      1       Disabled   ALL
```

图8-10　验证S3的链路配置情况

（8）在 S4 上使用【show interface switchport】命令验证链路配置情况，正确结果如图 8-11 所示。

```
S4(config)#show interface switchport
Interface          Switchport  Mode    Access  Native  Protected  VLAN lists
-------------      ----------  -----   ------  ------  ---------  ---------
GigabitEthernet 0/1  enabled    ACCESS  1       1       Disabled   ALL
GigabitEthernet 0/2  enabled    ACCESS  1       1       Disabled   ALL
GigabitEthernet 0/3  enabled    ACCESS  1       1       Disabled   ALL
GigabitEthernet 0/4  enabled    ACCESS  30      1       Disabled   ALL
```

图8-11　验证S4的链路配置情况

任务 8-2　配置交换机互联端口

任务规划

根据项目拓扑规划，S-Core 与 S2 之间的互联链路需要转发 VLAN10 的流量，S-Core 与 S3 之间的互联链路需要转发 VLAN20 的流量，S-Core 与 S4 之间的互联链路需要转发 VLAN30 的流量，因此需要将这些链路配置为 TRUNK 链路，并配置 TRUNK 链路的 VLAN 允许列表。

任务实施

1.配置 S-Core 的互联端口

在 S-Core 上配置交换机互联链路为 TRUNK 链路，并为相关 VLAN 配置允许列表。

S-Core(config)#interface gigabitEthernet 0/1	进入 Gi0/1 端口
S-Core(config-if-GigabitEthernet 0/1)#switchport mode trunk	配置链路类型为 TRUNK
S-Core(config-if-GigabitEthernet 0/1)# switchport trunk allowed vlan only 10	TRUNK 口 VLAN 裁剪
S-Core(config-if-GigabitEthernet 0/1)#exit	退出
S-Core(config)#interface gigabitEthernet 0/2	进入 Gi0/2 端口
S-Core(config-if-GigabitEthernet 0/2)#switchport mode trunk	配置链路类型为 TRUNK
S-Core(config-if-GigabitEthernet 0/2)# switchport trunk allowed vlan only 20	TRUNK 口 VLAN 裁剪
S-Core(config-if-GigabitEthernet 0/2)#exit	退出
S-Core(config)#interface gigabitEthernet 0/3	进入 Gi0/3 端口
S-Core(config-if-GigabitEthernet 0/3)#switchport mode trunk	配置链路类型为 TRUNK
S-Core(config-if-GigabitEthernet 0/3)# switchport trunk allowed vlan only 30	TRUNK 口 VLAN 裁剪
S-Core(config-if-GigabitEthernet 0/3)#exit	退出

2.配置 S2 的互联端口

在 S2 上配置交换机互联链路为 TRUNK 链路，并为相关 VLAN 配置允许列表。

S2(config)#interface gigabitEthernet 0/1	进入 Gi0/1 端口
S2(config-if-GigabitEthernet 0/1)#switchport mode trunk	配置链路类型为 TRUNK
S2(config-if-GigabitEthernet 0/1)# switchport trunk allowed vlan only 10	TRUNK 口 VLAN 裁剪
S2(config-if-GigabitEthernet 0/1)#exit	退出

3.配置 S3 的互联端口

在 S3 上配置交换机互联链路为 TRUNK 链路，并为相关 VLAN 配置允许列表。

S3(config)#interface gigabitEthernet 0/2	进入 Gi0/2 端口
S3(config-if-GigabitEthernet 0/2)#switchport mode trunk	配置链路类型为 TRUNK
S3(config-if-GigabitEthernet 0/2)# switchport trunk allowed vlan only 20	TRUNK 口 VLAN 裁剪
S3(config-if-GigabitEthernet 0/2)#exit	退出

4.配置 S4 的互联端口

在 S4 上配置交换机互联链路为 TRUNK 链路，并为相关 VLAN 配置允许列表。

S4(config)#interface gigabitEthernet 0/3	进入 Gi0/3 端口
S4(config-if-GigabitEthernet 0/3)#switchport mode trunk	配置链路类型为 TRUNK
S4(config-if-GigabitEthernet 0/3)# switchport trunk allowed vlan only 30	TRUNK 口 VLAN 裁剪
S4(config-if-GigabitEthernet 0/3)#exit	退出

任务验证

（1）在S-Core上使用【show interface switchport】命令验证S-Core的链路配置情况，如图8-12所示。

```
S-Core(config)#show interface switchport
Interface          Switchport Mode   Access Native Protected VLAN lists
----------------   ---------- ------ ------ ------ --------- ----------
GigabitEthernet 0/1  enabled    TRUNK  1      1      Disabled  10
GigabitEthernet 0/2  enabled    TRUNK  1      1      Disabled  20
GigabitEthernet 0/3  enabled    TRUNK  1      1      Disabled  30
```

图8-12　验证S-Core的链路配置情况

（2）在S2上使用【show interface switchport】命令验证S2的链路配置情况，如图8-13所示。

```
S2(config)#show interface switchport
Interface          Switchport Mode   Access Native Protected VLAN lists
----------------   ---------- ------ ------ ------ --------- ----------
GigabitEthernet 0/1  enabled    TRUNK  1      1      Disabled  10
GigabitEthernet 0/2  enabled    ACCESS 10     1      Disabled  ALL
```

图8-13　验证S2的链路配置情况

（3）在S3上使用【show interface switchport】命令验证S3的链路配置情况，如图8-14所示。

```
S3(config)#show interface switchport
Interface          Switchport Mode   Access Native Protected VLAN lists
----------------   ---------- ------ ------ ------ --------- ----------
GigabitEthernet 0/1  enabled    ACCESS 1      1      Disabled  ALL
GigabitEthernet 0/2  enabled    TRUNK  1      1      Disabled  ALL
GigabitEthernet 0/3  enabled    ACCESS 1      1      Disabled  ALL
GigabitEthernet 0/4  enabled    ACCESS 20     1      Disabled  ALL
```

图8-14　验证S3的链路配置情况

（4）在S4上使用【show interface switchport】命令验证S4的链路配置情况，如图8-15所示。

```
S4(config)#show interface switchport
Interface          Switchport Mode   Access Native Protected VLAN lists
----------------   ---------- ------ ------ ------ --------- ----------
GigabitEthernet 0/1  enabled    ACCESS 1      1      Disabled  ALL
GigabitEthernet 0/2  enabled    ACCESS 1      1      Disabled  ALL
GigabitEthernet 0/3  enabled    TRUNK  1      1      Disabled  ALL
GigabitEthernet 0/4  enabled    ACCESS 30     1      Disabled  ALL
```

图8-15　验证S4的链路配置情况

任务 8-3　配置 IPv4 网络

任务规划

根据IPv4地址规划表（如表8-3所示）为交换机及PC配置IPv4地址。

任务实施

1.根据表8-5为各部门PC配置IPv4地址及网关

表8-5　各部门PC的IPv4地址及网关

设备命名	IP地址	网关地址
PC1	192.168.1.10/24	192.168.1.1
PC2	192.168.2.10/24	192.168.2.1
PC3	192.168.3.10/24	192.168.3.1

PC1的IPv4地址配置结果如图8-16所示，同理完成PC2和PC3的IPv4地址配置。

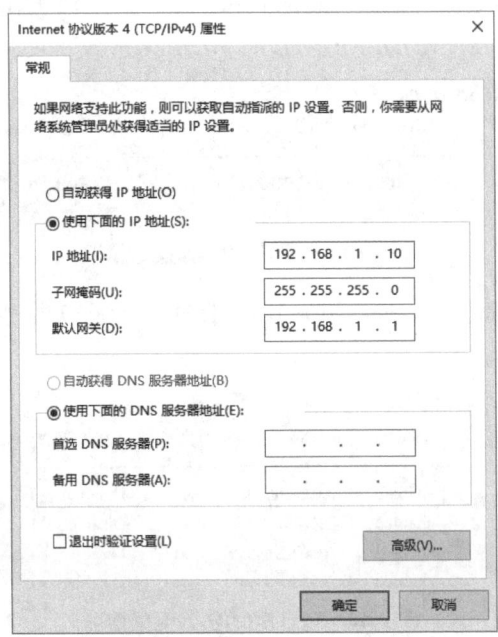

图8-16　PC1的IPv4地址配置结果

2.配置交换机的IPv4地址

在交换机S-Core上为3个接口配置IPv4地址，作为各部门的网关。

S-Core(config)#interface vlan 10	进入VLAN10接口
S-Core(config-if-VLAN10)#ip address 192.168.1.1/24	配置IPv4地址
S-Core(config-if-VLAN10)#exit	退出
S-Core(config)#interface vlan 20	进入VLAN20接口
S-Core(config-if-VLAN20)#ip address 192.168.2.1/24	配置IPv4地址
S-Core(config-if-VLAN20)# exit	退出
S-Core(config)#interface vlan 30	进入VLAN30接口
S-Core(config-if-VLAN30)#ip address 192.168.3.1/24	配置IPv4地址
S-Core(config-if-VLAN30)#exit	退出

任务验证

在S-Core上使用【show ip interface brief】命令验证S-Core的IPv4地址配置情况，如图8-17所示。

```
S-Core(config)#show ip interface brief
Interface        IP-Address(Pri)    IP-Address(Sec)    Status    Protocol
VLAN 10          192.168.1.1/24     no address         up        up
VLAN 20          192.168.2.1/24     no address         up        up
VLAN 30          192.168.3.1/24     no address         up        up
Mgmt 0           no address         no address         down      down
```

图8-17　验证S-core的IPv4地址配置情况

任务 8-4　配置 IPv6 网络

任务规划

根据IPv6地址规划表（如表8-4所示）为交换机及PC配置IPv6地址。

任务实施

1.根据表8-6为项目部和财务部PC配置IPv6地址及网关

表8-6　项目部和财务部PC的IPv6地址及网关

设备名称	IP地址	网关地址
PC1	2010::10/64	2010::1
PC2	2020::10/64	2020::1

PC1的IPv6地址配置结果如图8-18所示，同理完成PC2的IPv6地址配置。

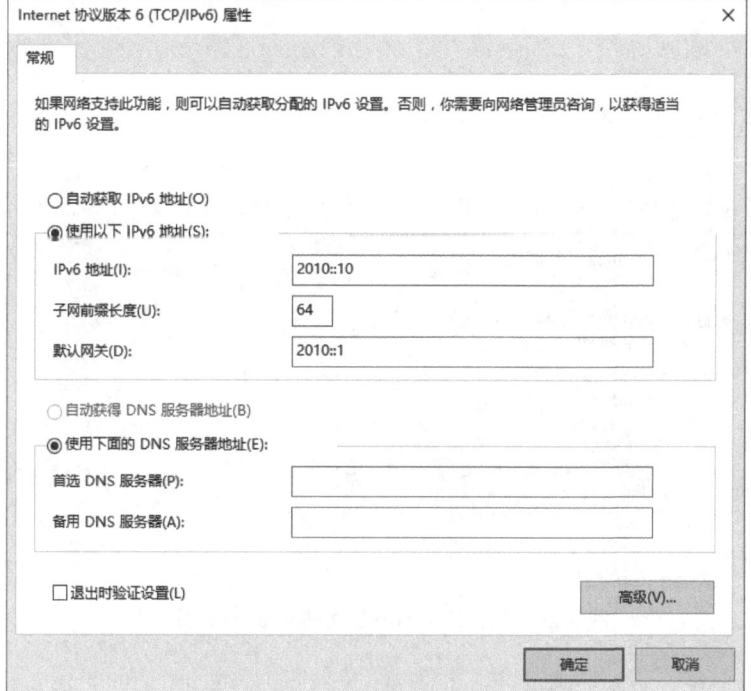

图8-18　PC1的IPv6地址配置结果

2. 配置交换机的 IPv6 地址

在交换机 S-Core 上为两个接口配置 IPv6 地址，作为项目部和财务部的网关。

S-Core(config)#interface vlan 10	进入 VLAN10 接口
S-Core(config-if-VLAN 10)#ipv6 enable	启用 IPv6 功能
S-Core(config-if-VLAN 10)#ipv6 address 2010::1/64	配置 IPv6 地址
S-Core(config-if-VLAN 10)#exit	退出
S-Core(config)#interface vlan 20	进入 VLAN20 接口
S-Core(config-if-VLAN 20)#ipv6 enable	启用 IPv6 功能
S-Core(config-if-VLAN 20)#ipv6 address 2020::1/64	配置 IPv6 地址
S-Core(config-if-VLAN 20)#exit	退出

任务验证

在 S-Core 上使用【show ipv6 interface brief】命令验证 IPv6 地址配置情况，如图 8-19 所示。

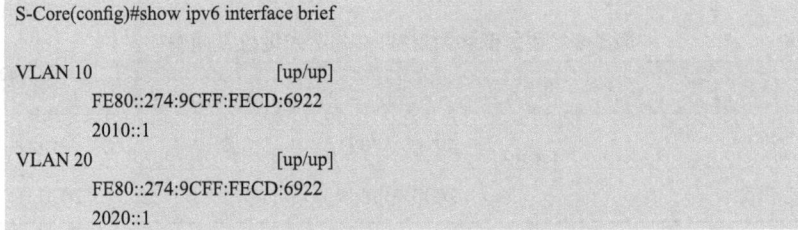

图8-19　验证 S-Core 的 IPv6 地址配置情况

项目验证

（1）使用项目部 PC1 ping 财务部 PC2 的 IPv6 地址 2020::10，如图 8-20 所示。

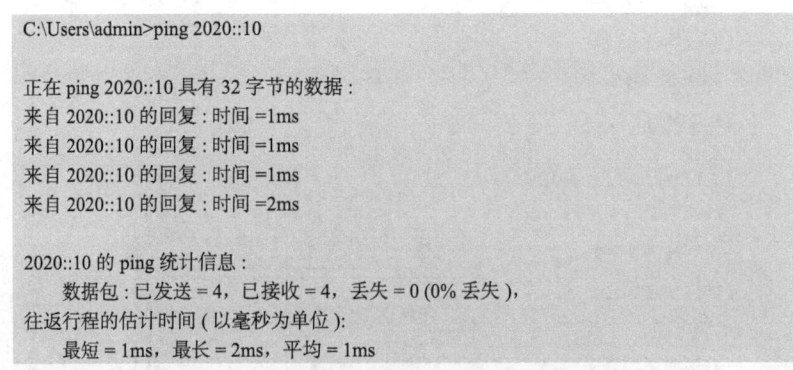

图8-20　项目部与财务部之间网络连通性测试

（2）使用项目部 PC1 ping 人事部 PC3 的 IPv4 地址 192.168.3.10，如图 8-21 所示。

```
C:\Users\admin>ping 192.168.3.10

正在 ping 192.168.3.10 具有 32 字节的数据：
来自 192.168.3.10 的回复：字节 =32 时间 =1ms TTL=127
来自 192.168.3.10 的回复：字节 =32 时间 =1ms TTL=127
来自 192.168.3.10 的回复：字节 =32 时间 =1ms TTL=127
来自 192.168.3.10 的回复：字节 =32 时间 =1ms TTL=127

192.168.3.10 的 ping 统计信息：
    数据包：已发送 = 4，已接收 = 4，丢失 = 0 (0% 丢失)，
往返行程的估计时间 ( 以毫秒为单位 )：
    最短 = 1ms，最长 = 1ms，平均 = 1ms
```

图8-21　项目部与人事部之间网络连通性测试

练习与思考

◎ 理论题

1. 双栈技术要求网络中的节点（　　　）。

    A. 支持 IPv4 协议栈　　　　　　　　B. 支持 IPv6 协议栈

    C. 同时支持 IPv4 和 IPv6 协议栈　　　D. 没有要求

2. 双栈节点可以通过链路层接收数据的哪个字段来判断该数据包为 IPv4 数据包还是 IPv6 数据包？（　　　）

    A.Traffic Class　　　　　　　　　　B.Version

    C.Source Address　　　　　　　　　D.Destination Address

3. IPv6 地址中不存在哪种地址？（　　　）

    A. 单播地址　　　B. 广播地址　　　C. 任播地址　　　D. 组播地址

4. IPv4 地址中不存在哪种地址？（　　　）

    A. 单播地址　　　B. 广播地址　　　C. 任播地址　　　D. 组播地址

5. 在使用 Windows 操作系统的主机中，测试 IPv6 网络连通性使用的命令是（　　　）。

    A.ping.exe　　　B.ping6.exe　　　C.ping.exe -6　　　D.ping.exe -ipv6

◎ 项目实训题

1. 项目背景与要求

Jan161 公司网络中财务部与项目部已升级为 IPv6 网络，人事部为 IPv4 网络，为实现各部门之间的相互通信，需要将公司网络部署为双栈网络。根据图 8-22 所示，为 PC 和路由器配置 IPv6 和 IPv4 地址（x 为班级，y 为短学号）。

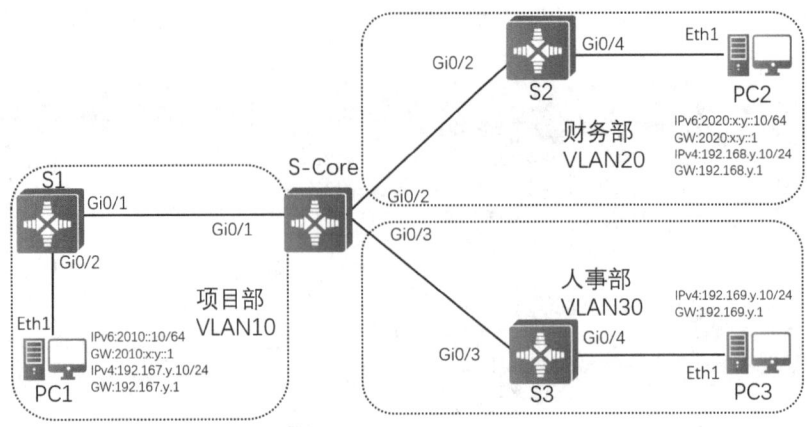

图8-22 实训拓扑

2.实训业务规划

根据以上实训拓扑和需求，参考本项目的项目规划完成表8-7 ~ 表8-9。

表8-7 端口互联规划表

本端设备	本端接口	对端设备	对端接口

表8-8 IPv6地址规划表

设备名称	接口	IP地址	网关地址	用途

表8-9 IPv4地址规划表

设备名称	接口	IP地址	网关地址	用途

3.实训要求

完成实训后，请截取以下实训验证截图：

（1）在S-Core上使用【show ip interface brief】命令，查看IPv4地址配置情况。

（2）在S-Core上使用【show ipv6 interface brief】命令，查看IPv6地址配置情况。

（3）使用项目部PC1 ping 财务部PC2（2020:x:y:10），查看部门之间的网络连通性。

（4）使用项目部PC1 ping 人事部PC3（192.169.y.10），查看部门之间的网络连通性。

项目 9

使用 GRE 隧道实现 Jan16 公司总部与分部的互联

扫一扫，
看微课

项目描述

Jan16公司进行业务拓展，在X市成立了Jan16公司分部。公司网络已经全面升级为IPv6网络，要求公司总部与分部之间使用IPv6网络进行通信。公司网络拓扑如图9-1所示，具体要求如下：

（1）公司总部与分部均由出口网关路由器连接部门PC，路由器和PC均支持双栈协议。

（2）运营商网络目前仅支持IPv4协议，需要通过配置手动隧道协议，实现总部与分部之间IPv6网络互通。

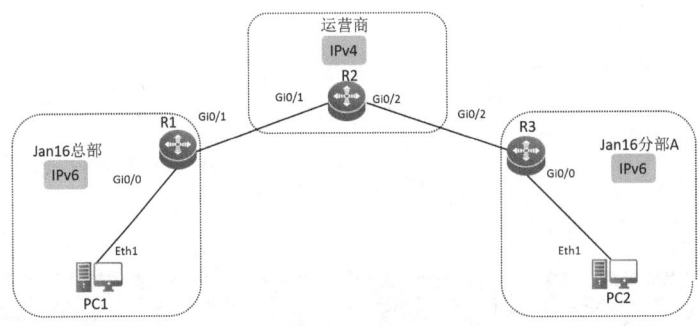

图9-1 公司网络拓扑

项目需求分析

Jan16公司网络由总部及分部A组成，已全面升级为IPv6网络，连接总部与分部的运营商网络仅支持IPv4网络。可以通过配置手动隧道协议IPv6 Over IPv4 GRE，来实现总部与分部之间的IPv6网络互通。

因此，本项目可以分解为以下工作任务来完成：

（1）配置运营商路由器。

（2）配置公司路由器及PC的IP地址。

（3）配置出口路由器的IPv4默认路由，实现互联网的IPv4网络互通。

（4）配置IPv6 Over IPv4 GRE隧道，实现总部与分部之间的IPv6网络通过IPv6 Over IPv4 GRE隧道互通。

项目相关知识

9.1 IPv6 Over IPv4 隧道技术概述

隧道（Tunnel）技术是IPv6过渡技术的一种。如图9-2所示，隧道是一种数据封装技术，它利用一种网络传输协议，将其他协议产生的数据作为数据载荷，然后封装在自己的报文中并在网络中进行传输（边界路由器转发数据查找路由表时，发现数据的出口为隧道接口，便会进行数据封装）。当IPv6网络A的数据要穿越IPv4网络到达IPv6网络B时，因为IPv6与IPv4互不兼容，所以需要在RA和RB（两端的设备都要支持双栈协议）上配置隧道技术，通过隧道技术将IPv6数据作为IPv4数据载荷，封装在IPv4报头后面，使数据通过IPv4网络传输到IPv6网络B中。这便是隧道技术的关键。

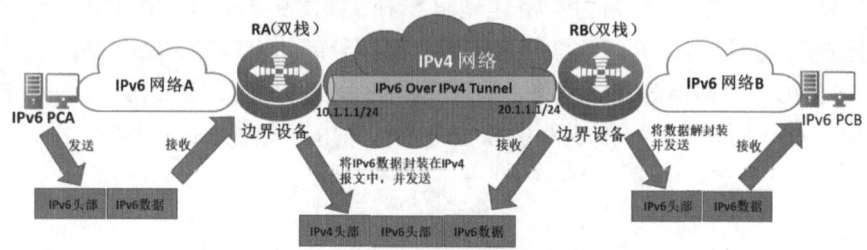

图9-2　IPv6 Over IPv4隧道报文封装

隧道需要有一个起点和一个终点，起点和终点确定了以后，隧道就确定了。IPv6 Over IPv4隧道起点的IPv4地址必须手动配置，而终点的IPv4地址有手动配置和自动获取两种配置方式。

（1）手动隧道：边界设备不能自动获得隧道终点的IPv4地址，需要手动配置隧道终点的IPv4地址，报文才能正确发送至隧道终点。如图9-2所示，数据流向为由RA发往RB，那么RA需要配置隧道的起点为IPv4地址10.1.1.1，终点为IPv4地址20.1.1.1。若数据流向为由RB发往RA，那么RB需要配置隧道的起点为IPv4地址20.1.1.1，终点为IPv4地址10.1.1.1。

（2）自动隧道：边界设备可以自动获得隧道终点的IPv4地址，所以不需要手动配置终点的IPv4地址，一般做法是隧道两个接口的IPv6地址均采用内嵌IPv4地址的特殊IPv6地址形式，这样路由设备就可以从IPv6报文中的目的IPv6地址中提取出IPv4地址。

9.2 IPv6 Over IPv4 GRE 隧道

1. IPv6 Over IPv4 GRE 隧道的工作原理

通用路由协议封装（Generic Routing Encapsulation，GRE）隧道是一种手动隧道，在IPv6 Over IPv4 GRE应用中，GRE隧道把IPv6协议称为乘客协议，把GRE称为承载协议。GRE隧道封装数据时，IPv6数据报文首先被封装为GRE数据报文，再封装为IPv4数据报文，封装之后的数据结构如图9-3所示。GRE可以支持多种网络层乘客协议，如IP、IPX、Apple Talk。

图9-3　已封装乘客协议的GRE报文格式

2. IPv6 Over IPv4 GRE 隧道的特点

GRE隧道通用性好，原理简单，易于配置。但作为手动隧道，每个隧道都需要手动配置，在IPv6网络过渡的前期阶段，随着互联网中需要互联的IPv6网络数量不断增加，需要配置的隧道数量以及维护和管理工作的难度也会随之增加。

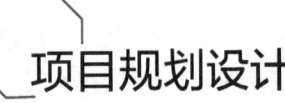

项目规划设计

◎ 项目拓扑

本项目使用2台PC、3台路由器搭建项目拓扑，如图9–4所示。其中PC1是总部员工PC，PC2是分部A员工PC，R1和R3分别作为总部和分部的出口网关路由器，R2作为运营商路由器。Jan16公司网络为IPv6网络，运营商网络为IPv4网络，需要在R1与R3之间配置IPv6 Over IPv4 GRE隧道、IPv6隧道路由和IPv4默认路由以实现Jan16公司网络互通。

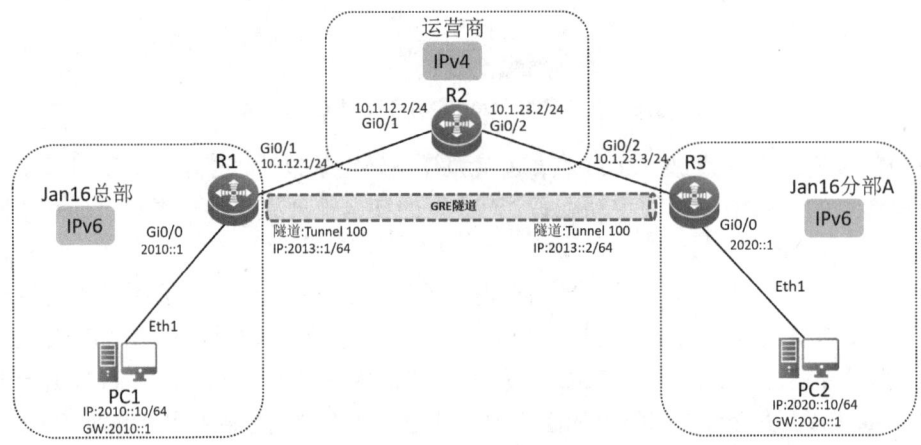

图9–4　项目拓扑

◎ 项目规划

根据项目拓扑进行业务规划，接口互联规划表、IPv4地址规划表、IPv6地址规划表分别如表9–1 ~ 表9–3所示。

表9–1　接口互联规划表

本端设备	本端接口	对端设备	对端接口
PC1	Eth1	R1	Gi0/0
PC2	Eth1	R3	Gi0/0
R1	Gi0/0	PC1	Eth1
	Gi0/1	R2	Gi0/1
R2	Gi0/1	R1	Gi0/1
	Gi0/2	R3	Gi0/2
R3	Gi0/2	R2	Gi0/2
	Gi0/0	PC2	Eth1

表9-2 IPv4地址规划表

设备名称	接口	IP地址	用途
R1	Gi0/1	10.1.12.1/24	
R2	Gi0/1	10.1.12.2/24	接口地址
	Gi0/2	10.1.23.2/24	
R3	Gi0/2	10.1.23.3/24	

表9-3 IPv6地址规划表

设备名称	接口	IP地址	网关地址	用途
PC1	Eth1	2010::10/64	2010::1	PC1主机地址
PC2	Eth1	2020::10/64	2020::1	PC2主机地址
R1	Gi0/0	2010::1/64	N/A	PC1网关地址
	Tunnel 100	2013::1/64	N/A	隧道接口地址
R3	Gi0/0	2020::1/64	N/A	PC2网关地址
	Tunnel 100	2013::2/64	N/A	隧道接口地址

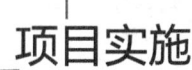

项目实施

任务 9-1 配置运营商路由器

任务规划

根据IPv4地址规划表（如表9-2所示）为运营商路由器配置IP地址。

任务实施

为运营商路由器R2配置IP地址。

在路由器R2上配置IPv4地址，作为与总部路由器、分部A路由器互联的地址。

Ruijie>enable	进入特权模式
Ruijie#configure terminal	进入全局配置模式
Ruijie(config)#hostname R2	修改设备名称
R2(config)#interface GigabitEthernet 0/1	进入接口视图
R2(config-if-GigabitEthernet 0/1)#ip address 10.1.12.2 255.255.255.0	配置IPv4地址
R2(config-if-GigabitEthernet 0/1)#exit	退出
R2(config)#interface gigabitEthernet 0/2	进入接口视图
R2(config-if-GigabitEthernet 0/2)#ip address 10.1.23.2 255.255.255.0	配置IPv4地址
R2(config-if-GigabitEthernet 0/2)#exit	退出

在R2上使用【show ip interface brief】命令验证IPv4地址配置情况，如图9-5所示。

```
R2(config)#show ip interface brief
Interface          IP-Address(Pri) IP-Address(Sec) Status   Protocol Description
… …
GigabitEthernet 0/1 10.1.12.2/24    no address      up       up
GigabitEthernet 0/2 10.1.23.2/24    no address      up       up
… …
R2(config)#
```

图9-5　验证S2的IPv4地址配置情况

任务 9-2　配置公司路由器及 PC 的 IP 地址

任务规划

根据IPv4地址规划表（如表9-2所示）和IPv6地址规划表（如表9-3所示）为Jan16公司路由器及PC配置IP地址。

任务实施

1.根据表9-4为各部门PC配置IPv6地址及网关

表9-4　各部门PC的IPv6地址及网关规划

设备名称	IP地址	网关地址
PC1	2010::10/64	2010::1
PC2	2020::10/64	2020::1

PC1的IPv6地址配置结果如图9-6所示，同理完成PC2的IPv6地址配置。

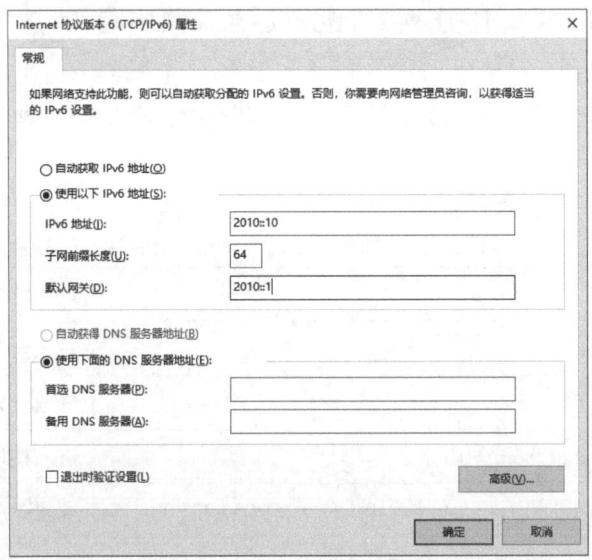

图9-6　PC1的IPv6地址配置结果

2.配置路由器R1的IP地址

在路由器R1上配置IPv4地址，作为与运营商互联的地址，配置IPv6地址，作为总部的网关。

Ruijie>enable	进入特权模式
Ruijie#configure terminal	进入全局配置模式
Ruijie(config)#hostname R1	修改设备名称
R1(config)#interface GigabitEthernet 0/1	进入接口视图
R1(config–if–GigabitEthernet 0/1)#ip address 10.1.12.1 255.255.255.0	配置IPv4地址
R1(config–if–GigabitEthernet 0/1)#exit	退出
R1(config)#interface gigabitEthernet 0/0	进入接口视图
R1(config–if–GigabitEthernet 0/0)# ipv6 address 2010::1/64	配置IPv6地址
R1(config–if–GigabitEthernet 0/0)#exit	退出

3.配置路由器R3的IP地址

在路由器R3上配置IPv4地址，作为与运营商互联的地址，配置IPv6地址，作为分部A的网关。

Ruijie>enable	进入特权模式
Ruijie#configure terminal	进入全局配置模式
Ruijie(config)#hostname R3	修改设备名称
R3(config)#interface GigabitEthernet 0/2	进入接口视图
R3(config–if–GigabitEthernet 0/2)#ip address 10.1.23.3 255.255.255.0	配置IPv4地址
R3(config–if–GigabitEthernet 0/2)#exit	退出
R3(config)#interface gigabitEthernet 0/0	进入接口视图
R3(config–if–GigabitEthernet 0/0)# ipv6 address 2020::1/64	配置IPv6地址
R3(config–if–GigabitEthernet 0/0)#exit	退出

任务验证

（1）在R1上使用【show ip interface brief】【show ipv6 interface brief】命令验证IP地址配置情况，如图9-7所示。

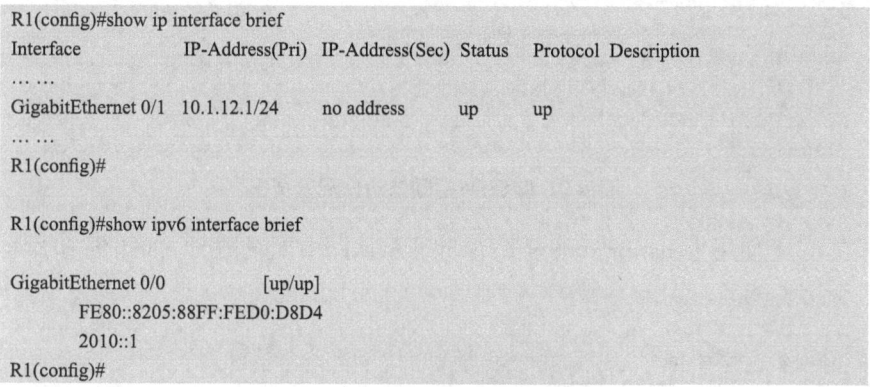

```
R1(config)#show ip interface brief
Interface          IP-Address(Pri) IP-Address(Sec) Status   Protocol Description
… …
GigabitEthernet 0/1 10.1.12.1/24    no address      up       up
… …
R1(config)#

R1(config)#show ipv6 interface brief

GigabitEthernet 0/0           [up/up]
      FE80::8205:88FF:FED0:D8D4
      2010::1
R1(config)#
```

图9-7　验证R1的IP地址配置情况

（2）在R3上使用【show ip interface brief】【show ipv6 interface brief 】命令验证IP地址

配置情况，如图 9-8 所示。

```
R3(config)#show ip interface brief
Interface            IP-Address(Pri)  IP-Address(Sec)  Status   Protocol  Description
… …
GigabitEthernet 0/1  10.1.23.3/24     no address       up       up
… …
R3(config)#show ipv6 interface brief

GigabitEthernet 0/0             [up/up]
        FE80::8205:88FF:FED0:DC4D
        2020::1
R3(config)#
```

图9-8　验证R3的IP地址配置情况

任务 9-3　配置出口路由器的 IPv4 默认路由

任务规划

为总部出口路由器 R1 和分部 A 出口路由器 R3 配置指向运营商的 IPv4 默认路由，使 IPv4 网络互通。

任务实施

1.配置路由器 R1 的默认路由

在路由器 R1 上配置默认路由，下一跳为运营商路由器 R2。

R1(config)#ip route 0.0.0.0 0.0.0.0 10.1.12.2	配置IPv4默认路由

2.配置路由器 R3 的默认路由

在路由器 R3 上配置默认路由，下一跳为运营商路由器 R2。

R3(config)#ip route 0.0.0.0 0.0.0.0 10.1.23.2	配置IPv4默认路由

任务验证

（1）在 R1 上使用【show ip route】命令验证默认路由配置情况，如图 9-9 所示。

```
R1(config)#show ip route
… …
Gateway of last resort is 10.1.12.2 to network 0.0.0.0
S*    0.0.0.0/0 [1/0] via 10.1.12.2
C     10.1.12.0/24 is directly connected, GigabitEthernet 0/1
C     10.1.12.1/32 is local host.
C     192.168.1.0/24 is directly connected, VLAN 1
C     192.168.1.1/32 is local host.
R1(config)#
```

图9-9　验证R1的默认路由配置情况

（2）在 R3 上使用【show ip route】命令验证默认路由配置情况，如图 9-10 所示。

```
R3(config)#show ip route
… …
Gateway of last resort is 10.1.23.2 to network 0.0.0.0
S*    0.0.0.0/0 [1/0] via 10.1.23.2
C     10.1.23.0/24 is directly connected, GigabitEthernet 0/2
C     10.1.23.3/32 is local host.
```

图9-10　验证R3的默认路由配置情况

C　　192.168.1.0/24 is directly connected, VLAN 1	
C　　192.168.1.1/32 is local host.	
R3(config)#	

图9-10　验证R3的默认路由配置情况（续）

<h2 align="center">任务 9-4　配置 IPv6 Over IPv4 GRE 隧道</h2>

任务规划

在总部出口路由器R1与分部A出口路由器R3之间配置IPv6 Over IPv4 GRE隧道。

任务实施

1.路由器R1的IPv6 Over IPv4 GRE隧道配置

在路由器R1上创建IPv6 Over IPv4 GRE隧道，并配置去往分部A的IPv6静态路由，下一跳为隧道接口。

R1(config)#interface Tunnel 100	创建隧道接口
R1(config–if–Tunnel 100)#ipv6 enable	启用IPv6功能
R1(config–if–Tunnel 100)#ipv6 address 2013::1/64	配置IPv6地址
R1(config–if–Tunnel 100)#tunnel source 10.1.12.1	配置隧道起点地址
R1(config–if–Tunnel 100)#tunnel destination 10.1.23.3	配置隧道终点地址
R1(config–if–Tunnel 100)#exit	退出
R1(config)#ipv6 route 2020::/64 tunnel 100	配置IPv6静态路由

2.路由器R3的IPv6 Over IPv4 GRE隧道配置

在路由器R3上创建IPv6 Over IPv4 GRE隧道，并配置去往总部的IPv6静态路由，下一跳为隧道接口。

R3(config)#interface Tunnel 100	创建隧道接口
R3(config–if–Tunnel 100)#ipv6 enable	启用IPv6功能
R3(config–if–Tunnel 100)#ipv6 address 2013::2/64	配置IPv6地址
R3(config–if–Tunnel 100)#tunnel source 10.1.23.3	配置隧道起点地址
R3(config–if–Tunnel 100)#tunnel destination 10.1.12.1	配置隧道终点地址
R3(config–if–Tunnel 100)#exit	退出
R3(config)#ipv6 route 2010::/64 tunnel 100	配置IPv6静态路由

任务验证

（1）在R1上使用【show ipv6 route】命令验证IPv6静态路由配置情况，如图9-11所示。

R1(config)#show ipv6 route
…… ……
L　　::1/128 via Loopback, local host
C　　2010::/64 via GigabitEthernet 0/0, directly connected
L　　2010::1/128 via GigabitEthernet 0/0, local host
C　　2013::/64 via Tunnel 100, directly connected

图9-11　验证R1的IPv6静态路由配置情况

```
L    2013::1/128 via Tunnel 100, local host
S    2020::/64 [1/0] via Tunnel 100, directly connected
L    FE80::/10 via ::1, Null0
C    FE80::/64 via GigabitEthernet 0/0, directly connected
L    FE80::8205:88FF:FED0:D8D4/128 via GigabitEthernet 0/0, local host
C    FE80::/64 via Tunnel 100, directly connected
L    FE80::A01:C01/128 via Tunnel 100, local host
R1(config)#
```

图9-11   验证R1的IPv6静态路由配置情况（续）

（2）在R3上使用【show ipv6 route】命令验证IPv6静态路由配置情况，如图9-12所示。

```
R3(config)#show ipv6 route
… …
L    ::1/128 via Loopback, local host
S    2010::/64 [1/0] via Tunnel 100, directly connected
C    2013::/64 via Tunnel 100, directly connected
L    2013::2/128 via Tunnel 100, local host
C    2020::/64 via GigabitEthernet 0/0, directly connected
L    2020::1/128 via GigabitEthernet 0/0, local host
L    FE80::/10 via ::1, Null0
C    FE80::/64 via GigabitEthernet 0/0, directly connected
L    FE80::8205:88FF:FED0:DC4D/128 via GigabitEthernet 0/0, local host
C    FE80::/64 via Tunnel 100, directly connected
L    FE80::A01:1703/128 via Tunnel 100, local host
R3(config)#
```

图9-12   验证R3的IPv6静态路由配置情况

（3）以R1作为隧道起点，尝试用R1 ping通隧道终点R3的隧道接口地址2013::2，如图9-13所示，能成功ping通，表示隧道建立成功。

```
R1#ping ipv6 2013::2
Sending 5, 100-byte ICMP Echoes to 2013::2, timeout is 2 seconds:
    < press Ctrl+C to break >
!!!!!
Success rate is 100 percent (5/5), round-trip min/avg/max = 1/1/1 ms
R1#
```

图9-13   隧道连通性测试

项目验证

使用PC1 ping PC2的IPv6地址（2020::10），如图9-14所示。

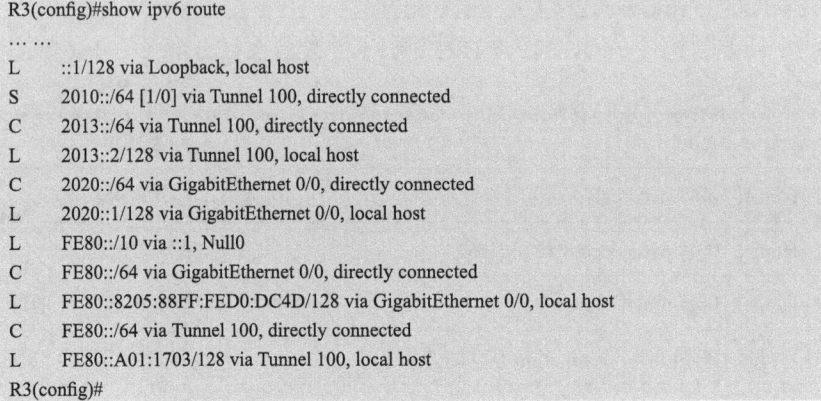

```
C:\Users\admin>ping 2020::10

正在 ping 2020::10 具有 32 字节的数据：
来自 2020::10 的回复：时间 =1ms
来自 2020::10 的回复：时间 =1ms
来自 2020::10 的回复：时间 =1ms
来自 2020::10 的回复：时间 =1ms
```

图 9-14   PC1 与 PC2 之间网络连通性测试

2020::10 的 ping 统计信息：
　　数据包：已发送 = 4，已接收 = 4，丢失 = 0 (0% 丢失)，
　　往返行程的估计时间 (以毫秒为单位)：
　　最短 = 1ms，最长 = 1ms，平均 = 1ms

图9-14　PC1与PC2之间网络连通性测试（续）

练习与思考

◎ 理论题

1.以下关于 IPv6 Over IPv4 隧道技术的描述错误的是（　　）。

　　A.隧道技术分为手动隧道和自动隧道

　　B.配置手动隧道需要定义隧道起点和终点地址

　　C.配置自动隧道仅需配置隧道起点地址，不需要配置终点地址

　　D.配置隧道技术的路由器不需要支持双栈协议

2.配置 GRE 隧道技术时，不需要配置哪些参数？（　　）

　　A.起点地址　　　　　　　　　　B.MAC 地址

　　C.隧道接口 IP 地址　　　　　　D.终点地址

3.GRE 隧道可支持的乘客协议有哪些？（　　）（多选）

　　A.IP　　　　　　　B.Apple Talk　　　C.802.1Q　　　　　D.802.1S

4.GRE 隧道是一种手动隧道。（　　）（判断）

5.GRE 隧道通用性好，原理简单，配置较复杂。（　　）（判断）

◎ 项目实训题

1.项目背景与要求

Jan161公司网络为IPv6网络，运营商网络为IPv4网络，现需要通过配置IPv6 Over IPv4 GRE隧道，实现公司总部与分部之间的IPv6网络互通，如图9-15所示。具体要求如下：

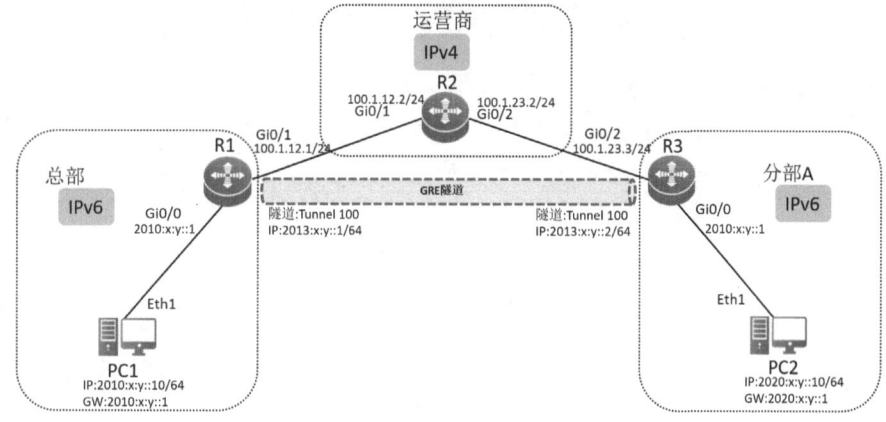

图9-15　实训拓扑

（1）根据实训拓扑，为PC和路由器配置IPv6和IPv4地址（x为班级，y为短学号）。

（2）在R1与R3上配置IPv4默认路由，下一跳为R2。

（3）在R1与R3上配置GRE隧道技术。

（4）在R1与R3上配置隧道路由。

2.实训业务规划

根据以上实训拓扑和需求，参考本项目的项目规划完成表9-5～表9-7。

表9-5　接口互联规划表

本端设备	本端接口	对端设备	对端接口

表9-6　IPv6地址规划表

设备名称	接口	IP地址	网关地址	用途

表9-7　IPv4地址规划表

设备名称	接口	IP地址	用途

3.实训要求

完成实训后，请截取以下实训验证截图：

（1）在R1上ping R3隧道接口IPv6地址，验证GRE隧道是否建立成功。

（2）使用总部PC1 ping分部A PC2，测试总部与分部之间的网络连通性。

项目 10

使用 6to4 隧道实现 Jan16 公司总部与分部的互联

扫一扫，
看微课

项目描述

Jan16公司进行业务拓展，在其他区域成立了分部A和分部B。公司网络已经全面升级为IPv6网络，但运营商网络仍为IPv4网络。公司希望总部和分部能实现IPv6网络的互通。公司网络拓扑如图10-1所示，具体要求如下：

（1）公司总部与各分部均由出口网关路由器连接部门PC，路由器支持双栈协议。

（2）运营商网络目前仅支持IPv4协议，需要通过配置6to4隧道，实现总部与各分部IPv6网络的互通。

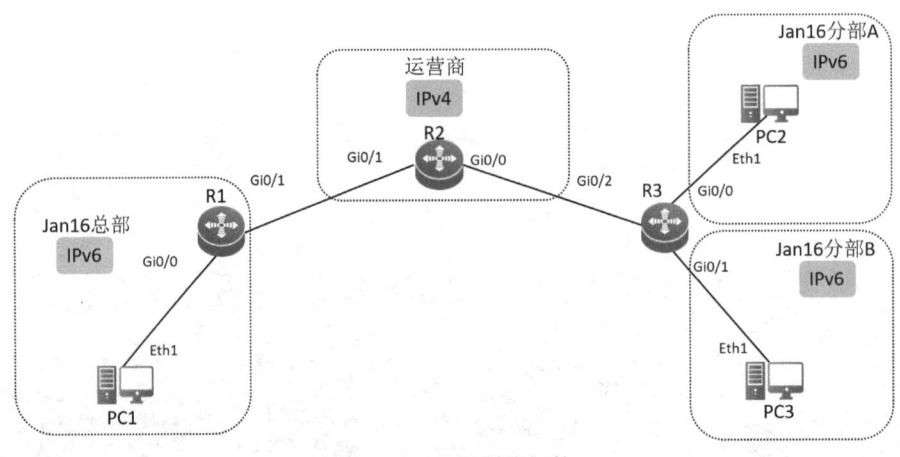

图10-1　公司网络拓扑

项目需求分析

Jan16公司网络由总部、分部A和分部B组成，总部和各分部均已全面升级为IPv6网络，连接总部与各分部的运营商网络仅支持IPv4协议。可以通过配置6to4隧道，来实现总部与各分部之间的IPv6网络互通。

因此，本项目可以分解为以下工作任务来完成：

（1）配置运营商路由器。

（2）配置公司路由器及PC的IP地址。

（3）配置出口路由器的IPv4默认路由，实现互联网的IPv4网络互通。

（4）配置6to4隧道，实现总部与分部之间的IPv6网络通过6to4隧道互通。

项目相关知识

10.1　6to4 隧道技术

6to4 隧道是一种自动隧道,要求站点内网络设备使用特殊的 IPv6 地址——6to4 地址。

1. 6to4 地址格式

6to4 地址将 IPv4 地址嵌入 IPv6 地址中,格式如图 10-2 所示。

FP (3位)	TLA (13位)	IPv4地址 (32位)	SLA ID (16位)	接口ID (64位)

图10-2　6to4地址格式

(1) FP:可聚合全球单播地址的格式前缀(Format Prefix),其值为 001(固定的)。

(2) TLA:顶级聚合标识符(Top Level Aggregator),其值为 0x0002(固定的)。

(3) IPv4 地址:隧道起点 IPv4 地址,使用时需将 32 位 IPv4 地址转换为十六进制数形式。

(4) SLA ID:站点级聚合标识符(Site Level Aggregator),由用户自定义。

(5) 接口 ID:IPv6 接口 ID,由用户自定义。

2. 配置 6to4 地址

6to4 地址要求地址格式中的"IPv4 地址"字段必须为公网 IPv4 地址,属于同一个站点的网络设备的 6to4 子网前缀的前 48 位要相同。图 10-3 所示是一个 6to4 网络拓扑。

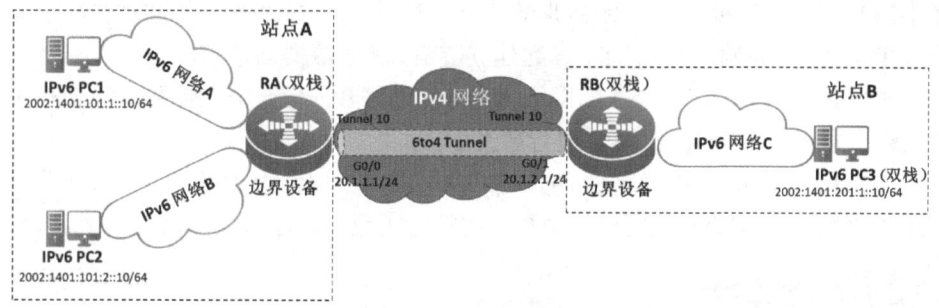

图10-3　6to4网络拓扑

(1) 根据 6to4 地址格式,可以知道地址中 FP 与 TLA(共 16 位)是固定的,后面的 112 位可变,因此,6to4 地址的前缀为【2002::/16】(固定的)。

(2) 6to4 地址的"IPv4 地址"字段应该填充为隧道起点的 IPv4 地址。如图 10-3 所示,以 RA 作为隧道起点,可以得到 IPv4 地址【20.1.1.1】,转换成十六进制数形式得到【14-01-01-01】。将所得十六进制数嵌入 6to4 地址中,可以得到地址的前 48 位为【2002:1401:0101】。

(3) 自定义 SLA ID 可以为同一站点内的网络进行子网划分、分配不同的 6to4 地址(类似 IPv4 的子网划分)。

如图 10-3 所示,如果为网络 A 分配的 SLA ID 为【0000000000000001】(网络管理员自定义),转换成十六进制数形式得到【00-01】,那么此时网络 A 的 6to4 子网前缀为【2002:1401:101:1::/64】(已简化,下同)。网络管理员可根据该前缀,为网络 A 中的 PC 和网络设备分配

6to4 地址。

同理，可以为站点 A 的网络 B 分配 SLA ID【0000000000000010】，得到前缀【2002: 1401:101:2::/64】。

为站点 B 的网络 C 分配 SLA ID【0000000000000001】，得到前缀【2002:1401:201:1::/64】。

PC1 的 6to4 地址计算过程如图 10-4 所示。

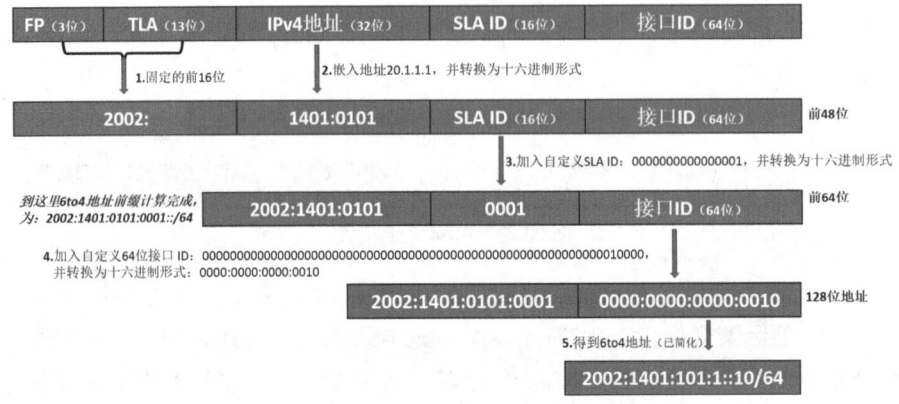

图10-4　PC1的6to4地址计算过程

（4）自动隧道与手动隧道的最大区别在于，自动隧道不需要配置隧道终点地址。如图 10-3 所示，已为 6to4 网络中的各 PC 分配了接口 ID（接口 ID 由网络管理员自定义），网络 C 中的 PC3 尝试 ping 通网络 A 中的 PC1，发送目的地址为【2002:1401:101:1::10/64】的数据包，当数据包到达隧道起点路由器 RB 的时候，RB 可以从目的地址中提取"IPv4 地址"字段中的【1401:101】，转换为十进制数形式【20.1.1.1】，此时 RB 便从目的地址中获取了隧道的终点 IPv4 地址，并向【20.1.1.1】发起建立隧道、转发数据的请求。

（5）如图 10-3 所示，若站点 A 的网络 A 需要与网络 B 进行通信，则由路由器 RA 负责路由并转发数据即可，不需要经过隧道进行转发。

（6）如图 10-3 所示，网络 A 与网络 B 的 6to4 子网前缀均使用 IPv4 地址【20.1.1.1】嵌入得来，因此，网络 A 与网络 B 使用同一个 6to4 的隧道实现对其他站点的访问。

10.2　6to4 隧道中继

如图 10-5 所示，随着 IPv6 网络的发展，普通 IPv6 网络 B 需要与 6to4 网络 C 通过 IPv4 网络互通，这就可以通过 6to4 隧道中继来实现。

（1）当 PC1 访问 PC3 时，目的地址为 6to4 地址【2002:1401:201:1::10/64】，此时 RA 根据该地址获得隧道终点 IPv4 地址，建立隧道并且转发该数据。

（2）当 PC3 访问 PC2 时，目的地址为 IPv6 地址【2020::10/64】，此时 RB 不能根据该地址获取隧道终点 IPv4 地址，隧道无法正常建立，数据无法得到转发。因此，我们需要在 RB 上配置去往 IPv6 网络 B 的路由，下一跳地址为 RA 隧道口的 6to4 地址。例如，RB 配置静态路由【ipv6 route 2020:: /64 2002:1401:101::2::10】，那么 RB 在收到目的地址为【2020::10/64】的数据时，便会查询到通往该目的地址的下一跳地址为 2002:1401:101::2::10，根据下一跳地址找到隧道终点 IPv4 地址，建立隧道并转发数据。

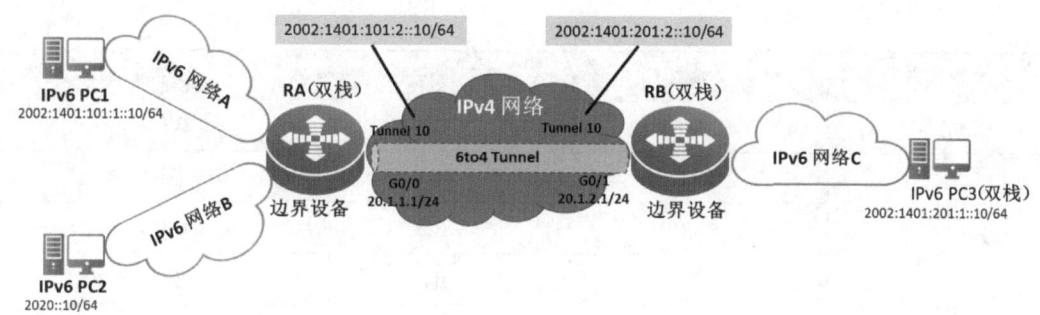

图10-5　6to4隧道中继

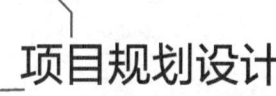
项目规划设计

◎ 项目拓扑

本项目使用3台PC、3台路由器组建项目拓扑，如图10-6所示。其中PC1是总部员工的PC，PC2是分部A员工的PC，PC3是分部B员工的PC，R1和R3分别为总部和两个分部的出口网关路由器，R2为运营商路由器。Jan16公司网络为IPv6网络，运营商网络为IPv4网络，可以在R1与R3之间配置6to4隧道、IPv6隧道路由和IPv4默认路由，实现Jan16公司总部和分部网络的互联互通。

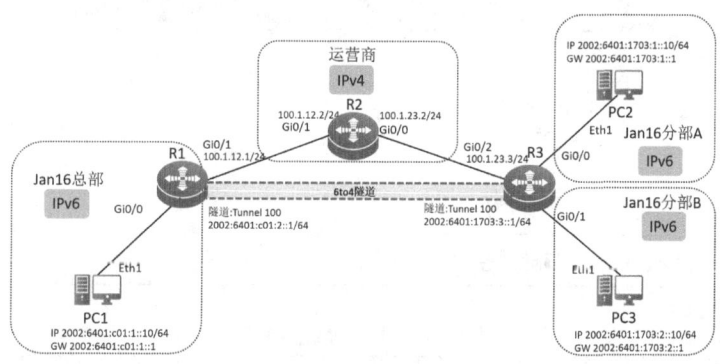

图10-6　项目拓扑

◎ 项目规划

根据项目拓扑进行业务规划，接口互联规划表、IPv4地址规划表、SLA ID规划表、IPv6地址规划表分别如表10-1 ~ 表10-4所示。

表10-1　接口互联规划表

本端设备	本端接口	对端设备	对端接口
PC1	Eth1	R1	Gi0/0
PC2	Eth1	R3	Gi0/0

本端设备	本端接口	对端设备	对端接口
PC3	Eth1	R3	Gi0/1
R1	Gi0/0	PC1	Eth1
	Gi0/1	R2	Gi0/1
R2	Gi0/1	R1	Gi0/1
	Gi0/0	R3	Gi0/2
R3	Gi0/0	PC2	Eth1
	Gi0/1	PC3	Eth1
	Gi0/2	R2	Gi0/0

表10-2　IPv4地址规划表

设备名称	接口	IP地址	用途
R1	Gi0/1	100.1.12.1/24	接口地址
R2	Gi0/1	100.1.12.2/24	
	Gi0/0	100.1.23.2/24	
R3	Gi0/2	100.1.23.3/24	

表10-3　SLA ID规划表

站点	SLA ID
总部	1
R1隧道接口	2
分部A	1
分部B	2
R3隧道接口	3

表10-4　IPv6地址规划表

设备名称	接口	IP地址	网关地址	用途
PC1	Eth1	2002:6401:c01:1::10/64	2002:6401:c01:1::1	PC1地址
PC2	Eth1	2002:6401:1703:1::10/64	2002:6401:1703:1::1	PC2地址
PC3	Eth1	2002:6401:1703:2::10/64	2002:6401:1703:2::1	PC3地址
R1	Gi0/0	2002:6401:c01:1::1/64	N/A	PC1网关地址
	Tunnel 100	2002:6401:c01:2::1/64	N/A	隧道接口地址
R3	Gi0/0	2002:6401:1703:1::1/64	N/A	PC2网关地址
	Gi0/1	2002:6401:1703:2::1/64	N/A	PC3网关地址
	Tunnel 100	2002:6401:1703:3::1/64	N/A	隧道接口地址

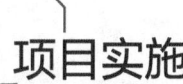

项目实施

任务 10-1　配置运营商路由器

任务规划

根据IPv4地址规划表（如表10-2所示），为运营商路由器配置IP地址。

任务实施

为运营商路由器R2配置IP地址

在路由器R2上配置IPv4地址，作为与总部路由器、分部路由器互联的地址。

Ruijie>enable	进入特权模式
Ruijie#configure terminal	进入全局配置模式
Ruijie(config)#hostname R2	修改设备名称
R2(config)#interface gigabitEthernet 0/1	进入接口视图
R2(config–if–GigabitEthernet 0/1)#ip address 100.1.12.2 255.255.255.0	配置IPv4地址
R2(config–if–GigabitEthernet 0/1)#exit	退出
R2(config)#interface gigabitEthernet 0/0	进入接口视图
R2(config–if–GigabitEthernet 0/0)#ip address 100.1.23.2 255.255.255.0	配置IPv4地址
R2(config–if–GigabitEthernet 0/0)#exit	退出

任务验证

在R2上使用【show ip interface brief】命令验证R2的IPv4地址配置情况，如图10-7所示。

```
R2(config)#show ip interface brief
Interface        IP-Address(Pri)  IP-Address(Sec)  Status  Protocol  Description
… …
GigabitEthernet 0/0  100.1.23.2/24    no address       up      up
GigabitEthernet 0/0  100.1.12.2/24    no address       up      up
… …
R2(config)#
```

图10-7　验证R2的IPv4地址配置情况

任务 10-2　配置公司路由器及 PC 的 IP 地址

任务规划

根据IPv4地址规划表（如表10-2所示）和IPv6地址规划表（如表10-4所示）为Jan16公司路由器及PC配置IP地址。

任务实施

1.根据表10-5为总部与分部PC配置IPv6地址及网关

表10-5　总部与分部PC的IPv6地址及网关

设备名称	IP地址	网关地址
PC1	2002:6401:c01:1::10/64	2002:6401:c01:1::1
PC2	2002:6401:1703:1::10/64	2002:6401:1703:1::1
PC3	2002:6401:1703:2::10/64	2002:6401:1703:2::1

PC1的IPv6地址配置结果如图10-8所示，同理完成PC2和PC3的IPv6地址配置。

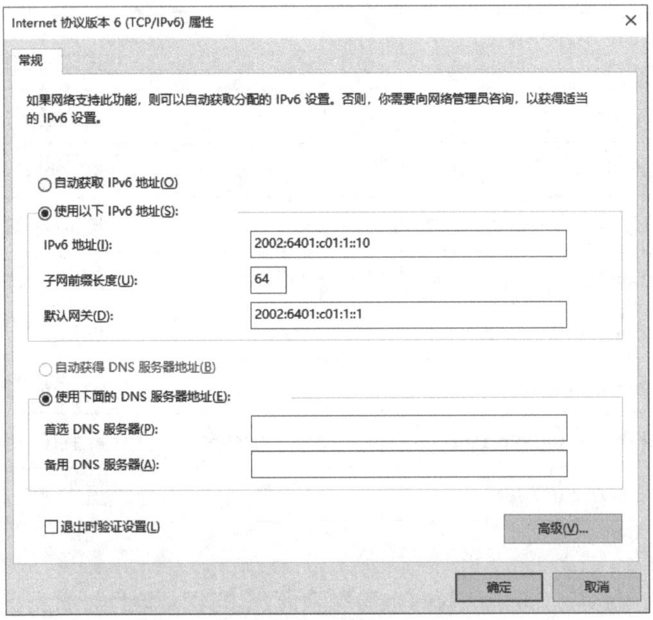

图10-8　PC1的IPv6地址配置结果

2.配置路由器R1的IP地址

在路由器R1上配置IPv4地址，作为与运营商互联的地址，配置IPv6地址，作为总部的网关。

Ruijie>enable	进入特权模式
Ruijie#configure terminal	进入全局配置模式
Ruijie(config)#hostname R1	修改设备名称
R1(config)#interface gigabitEthernet 0/1	进入接口视图
R1(config-if-GigabitEthernet 0/1)#ip address 100.1.12.1 255.255.255.0	配置IPv4地址
R1(config-if-GigabitEthernet 0/1)#exit	退出
R1(config)#interface gigabitEthernet 0/0	进入接口视图
R1(config-if-GigabitEthernet 0/0)# ipv6 address 2002:6401:c01:1::1/64	配置IPv6地址
R1(config-if-GigabitEthernet 0/0)#exit	退出

3.配置路由器R3的IP地址

在路由器R3上配置IPv4地址，作为与运营商互联的地址，配置IPv6地址，作为总部的网关。

Ruijie>enable	进入特权模式
Ruijie#configure terminal	进入全局配置模式
Ruijie(config)#hostname R3	修改设备名称
R3(config)#interface gigabitEthernet 0/2	进入接口视图
R3(config–if–GigabitEthernet 0/2)#ip address 100.1.23.3 255.255.255.0	配置IPv4地址
R3(config–if–GigabitEthernet 0/2)#exit	退出
R3(config)#interface gigabitEthernet 0/0	进入接口视图
R3(config–if–GigabitEthernet 0/0)# ipv6 address 2002:6401:1703:1::1/64	配置IPv6地址
R3(config–if–GigabitEthernet 0/0)#exit	退出
R3(config)#interface gigabitEthernet 0/1	进入接口视图
R3(config–if–GigabitEthernet 0/1)# ipv6 address 2002:6401:1703:2::1/64	配置IPv6地址
R3(config–if–GigabitEthernet 0/1)#exit	退出

任务验证

（1）在R1上使用【show ip interface brief】【show ipv6 interface brief】命令验证R1的IP地址配置情况，如图10-9所示。

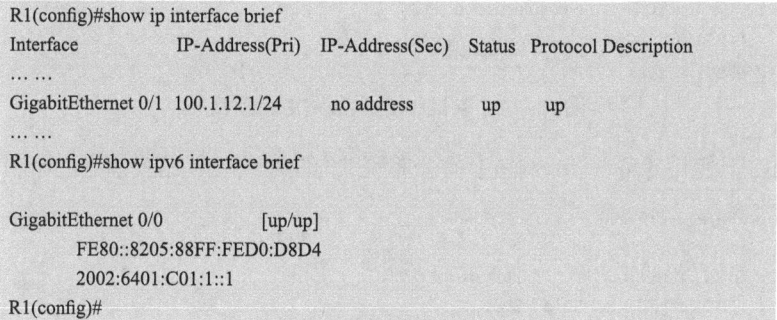

图10-9　验证R1的IP地址配置情况

（2）在R3上使用【show ip interface brief】【show ipv6 interface brief】命令验证R3的IP地址配置情况，如图10-10所示。

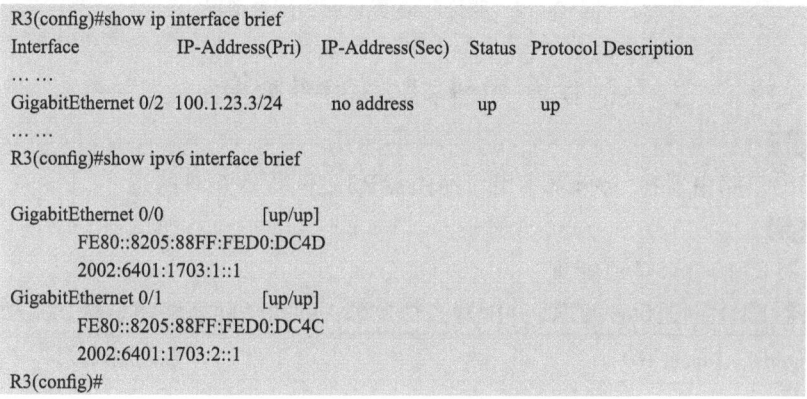

图10-10　验证R3的IP地址配置情况

任务 10-3　配置出口路由器的 IPv4 默认路由

任务规划

为总部与分部 A 的出口路由器 R1 与 R3 配置指向运营商的 IPv4 默认路由，使 IPv4 网络互通。

任务实施

1. 配置路由器 R1 的默认路由

在路由器 R1 上配置默认路由，下一跳指向运营商路由器 R2。

R1(config)#ip route 0.0.0.0 0.0.0.0 100.1.12.2	配置 IPv4 默认路由

2. 配置路由器 R3 的默认路由

在路由器 R3 上配置默认路由，下一跳指向运营商路由器 R2。

R3(config)#ip route 0.0.0.0 0.0.0.0 100.1.23.2	配置 IPv4 默认路由

任务验证

（1）在 R1 上使用【show ip route】命令验证 R1 的默认路由配置情况，如图 10-11 所示。

```
R1(config)#show ip route
…… …
Gateway of last resort is 100.1.12.2 to network 0.0.0.0
S*    0.0.0.0/0 [1/0] via 100.1.12.2
C     100.1.12.0/24 is directly connected, GigabitEthernet 0/1
C     100.1.12.1/32 is local host.
C     192.168.1.0/24 is directly connected, VLAN 1
C     192.168.1.1/32 is local host.
R1(config)#
```

图10-11　验证R1的默认路由配置情况

（2）在 R3 上使用【show ip route】命令验证 R3 的默认路由配置情况，如图 10-12 所示。

```
R3(config)#show ip route
…… …
Gateway of last resort is 100.1.23.2 to network 0.0.0.0
S*    0.0.0.0/0 [1/0] via 100.1.23.2
C     100.1.23.0/24 is directly connected, GigabitEthernet 0/2
C     100.1.23.3/32 is local host.
C     192.168.1.0/24 is directly connected, VLAN 1
C     192.168.1.1/32 is local host.
R3(config)#
```

图10-12　验证R3的默认路由配置情况

任务 10-4　配置 6to4 隧道

任务规划

在总部出口路由器 R1 与分部 A 出口路由器 R3 之间配置 6to4 隧道。

任务实施

1. 路由器 R1 的 6to4 隧道配置

在路由器 R1 上创建 6to4 隧道，并配置去往分部 A 的 IPv6 静态路由，下一跳为隧道接口。

R1(config)#interface Tunnel 100	创建隧道接口
R1(config-if-Tunnel 100)#ipv6 enable	启用 IPv6 功能

R1(config–if–Tunnel 100)#ipv6 address 2002:6401:c01:2::1/64	配置IPv6地址
R1(config–if–Tunnel 100)#tunnel mode ipv6ip 6to4	配置隧道协议为6to4
R1(config–if–Tunnel 100)# tunnel source 100.1.12.1	配置隧道起点地址
R1(config–if–Tunnel 100)#exit	退出
R1(config)#ipv6 route 2002::/16 Tunnel 100	配置IPv6静态路由

2. 路由器 R3 的 6to4 隧道配置

在路由器 R3 上创建 6to4 隧道，并配置去往总部的 IPv6 静态路由，下一跳为隧道接口。

R3(config)#interface Tunnel 100	创建隧道接口
R3(config–if–Tunnel 100)#ipv6 enable	启用IPv6功能
R3(config–if–Tunnel 100)#ipv6 address 2002:6401:1703:3::1/64	配置IPv6地址
R3(config–if–Tunnel 100)#tunnel mode ipv6ip 6to4	配置隧道协议为6to4
R3(config–if–Tunnel 100)# tunnel source 100.1.23.3	配置隧道起点地址
R3(config–if–Tunnel 100)#exit	退出
R3(config)#ipv6 route 2002::/16 Tunnel 100	配置IPv6静态路由

任务验证

（1）在 R1 使用【show ipv6 route】命令验证静态路由配置情况，如图 10-13 所示。

```
R1#show ipv6 route
… …
S    2002::/16 [1/0] via Tunnel 100, directly connected
… …

R1(config)#
```

图10-13　验证R1的静态路由配置情况

（2）在 R3 上使用【show ipv6 route】命令验证静态路由配置情况，如图 10-14 所示。

```
R3#show ipv6 route
… …
S    2002::/16 [1/0] via Tunnel 100, directly connected
… …
R3(config)#
```

图10-14　验证R3的静态路由配置情况

（3）以 R1 作为隧道起点，尝试 ping 通隧道终点 R3 的隧道接口地址 2002:6401:1703:3::1，如图 10-15 所示，发现可以 ping 通。

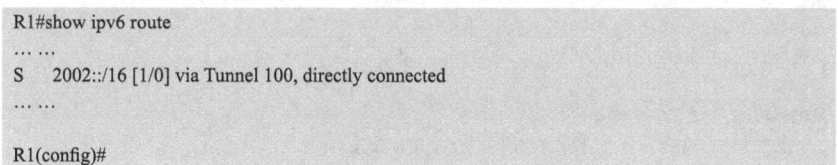

```
R1#ping ipv6 2002:6401:1703:3::1
Sending 5, 100-byte ICMP Echoes to 2002:6401:1703:3::1, timeout is 2 seconds:
 ＜ press Ctrl+C to break ＞
!!!!!
Success rate is 100 percent (5/5), round-trip min/avg/max = 1/1/1 ms
R1#
```

图10-15　R1隧道连通性测试

项目验证

（1）使用总部PC1 ping分部A PC2的IPv6地址 2002:6401:1703:1::10，如图10-16所示。

```
C:\Users\admin>ping 2002:6401:1703:1::10

正在 ping 2002:6401:1703:1::10 具有 32 字节的数据：
来自 2002:6401:1703:1::10 的回复：时间 =1ms
来自 2002:6401:1703:1::10 的回复：时间 =2ms
来自 2002:6401:1703:1::10 的回复：时间 =2ms
来自 2002:6401:1703:1::10 的回复：时间 =2ms

2002:6401:1703:1::10 的 ping 统计信息：
    数据包：已发送 = 4，已接收 = 4，丢失 = 0 (0% 丢失 )，
往返行程的估计时间 ( 以毫秒为单位 )：
    最短 =1ms，最长 =2ms，平均 =1ms
```

图10-16　总部与分部A之间网络连通性测试

（2）使用总部PC1 ping分部B PC3的IPv6地址 2002:6401:1703:2::10，如图10-17所示。

```
C:\Users\admin>ping 2002:6401:1703:2::10

正在 ping 2002:6401:1703:2::10 具有 32 字节的数据：
来自 2002:6401:1703:2::10 的回复：时间 =1ms
来自 2002:6401:1703:2::10 的回复：时间 =2ms
来自 2002:6401:1703:2::10 的回复：时间 =2ms
来自 2002:6401:1703:2::10 的回复：时间 =1ms

2002:6401:1703:2::10 的 ping 统计信息：
    数据包：已发送 = 4，已接收 = 4，丢失 = 0 (0% 丢失 )，
往返行程的估计时间 ( 以毫秒为单位 )：
    最短 =1ms，最长 =2ms，平均 =1ms
```

图10-17　总部与分部B之间网络连通性测试

（3）使用分部A PC2 ping分部B PC3的IPv6地址 2002:6401:1703:2::10，如图10-18所示。

```
C:\Users\admin>ping 2002:6401:1703:2::10

正在 ping 2002:6401:1703:2::10 具有 32 字节的数据：
来自 2002:6401:1703:2::10 的回复：时间 =1ms
来自 2002:6401:1703:2::10 的回复：时间 =1ms
来自 2002:6401:1703:2::10 的回复：时间 =1ms
来自 2002:6401:1703:2::10 的回复：时间 =1ms

2002:6401:1703:2::10 的 ping 统计信息：
    数据包：已发送 = 4，已接收 = 4，丢失 = 0 (0% 丢失 )，
往返行程的估计时间 ( 以毫秒为单位 )：
    最短 =1ms，最长 =1ms，平均 =1ms
```

图10-18　分部A与分部B之间网络连通性测试

练习与思考

◎ 理论题

1.将 IPv4 地址 100.1.1.1 嵌入 6to4 子网前缀中，SLA ID 为十六进制数 0001，以下哪个前缀是正确的？(　　)

A.2002:6401:101:1::/64　　　　　　　　B.2002:1001:101:1::/64

C.2002:6201:101:1::/64　　　　　　　　D.2002:6401:1101:1::/64

2.以下哪个 6to4 地址不是嵌入 IPv4 地址 101.2.2.2 得来的？(　　)

A.2002:6502:0202:1::1/64　　　　　　　B.2002:6502:0202:100::1/64

C.2002:6502:0202:200::1/64　　　　　　D.2002:6501:0202:1::1/64

3.以下关于 6to4 隧道技术的描述错误的是(　　)。

A.6to4 地址中的接口 ID 可以由用户自定义

B.属于相同站点的所有网络设备的 6to4 地址中的 IPv4 字段相同

C.6to4 是一种手动隧道

D.配置 6to4 隧道不需要指定隧道终点地址

4.从 6to4 地址 2020:B110:101:1::1/64 中，可以得到隧道终点的 IPv4 地址为(　　)。

A.172.16.1.1　　　　B.177.16.1.1　　　　C.192.168.1.1　　　　D.10.1.1.1

5.6to4 地址中的 SLA ID 可由用户自定义。(　　)(判断)

◎ 项目实训题

1.项目背景与要求

Jan161 公司网络为 IPv6 网络，由总部和分部 A、分部 B 组成，运营商网络为 IPv4 网络，现需要通过配置 6to4 自动隧道，实现公司总部与分部之间的 IPv6 网络互通，如图 10-19 所示。具体要求如下：

（1）根据实训拓扑中 R1 与 R3 的出口 IPv4 地址为总部、分部、隧道接口分配 IPv6 地址（x 为班级，y 为短学号）。

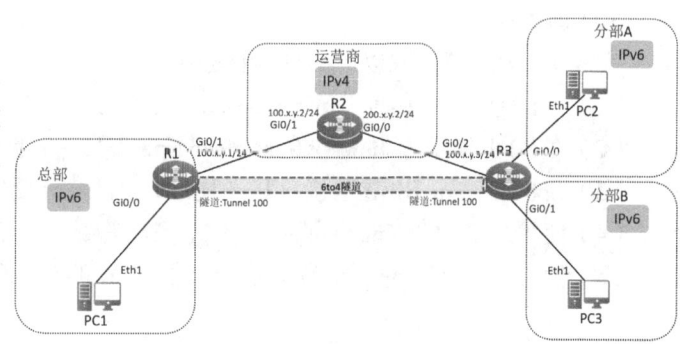

图 10-19　实训拓扑

（2）在 R1 与 R3 上配置 IPv4 默认路由，下一跳为 R2。

（3）在 R1 与 R3 上配置 6to4 隧道。

（4）在 R1 与 R3 上配置隧道路由。

2.实训业务规划

根据以上实训拓扑和需求，参考本项目的项目规划完成表 10-6 ~ 表 10-9。

表10-6　接口互联规划表

本端设备	本端接口	对端设备	对端接口

表10-7　IPv4地址规划表

设备名称	接口	IP地址	用途

表10-8　SLA ID规划表

站点	SLA ID

表10-9　6to4地址规划表

设备名称	接口	IP地址	网关地址	用途

3.实训要求

完成实训后，请截取以下实训验证截图：

（1）在R1上使用【show ipv6 interface brief】命令，验证IPv6地址配置情况。

（2）在R3上使用【show ipv6 interface brief】命令，验证IPv6地址配置情况。

（3）在R1上 ping R3 隧道接口 IPv6 地址，验证6to4隧道是否建立。

（4）使用总部PC1 ping分部A的PC2，测试总部与分部A之间的网络连通性。

（5）使用总部PC1 ping分部B的PC3，测试总部与分部B之间的网络连通性。

项目 11

使用 ISATAP 隧道实现 Jan16 公司 IPv6 网络的互联

扫一扫，
看微课

项目描述

园区网有 A、B 两栋商务楼，两栋商务楼之间通过路由器互联，其中 A 栋使用的是 IPv4 网络，B 栋使用的是 IPv6 网络。

Jan16 公司的设计部、人事部在 A 栋办公，研发部在 B 栋办公，公司要求在不改变原有网络配置的基础上实现全网的互联互通。公司网络拓扑如图 11-1 所示，具体要求如下：

（1）公司设计部和人事部为 IPv4 网络，研发部为 IPv6 网络。

（2）R1 通过配置站点内的自动隧道，实现设计部、人事部与研发部之间的网络互通。

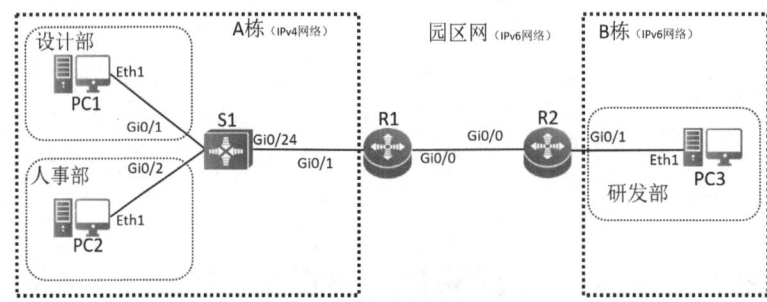

图 11-1　公司网络拓扑

项目需求分析

Jan16 公司 A 栋网络中，设计部与人事部的 PC 支持 IPv6 协议，但是网关交换机 S1 不支持 IPv6 协议，导致设计部与人事部网络不能配置为 IPv6 网络。现设计部与人事部需要和处于 IPv6 网络的研发部进行通信，通过配置站点内自动隧道——ISATAP 隧道，实现处于 IPv4 网络的 PC1、PC2 自动获取 ISATAP 地址，并与研发部 PC3 进行 IPv6 通信。

因此，本项目可以分解为以下工作任务来完成：

（1）创建 VLAN 并划分端口。

（2）配置路由器、交换机、PC 的 IPv4 和 IPv6 地址。

（3）配置 IPv4 和 IPv6 网络的路由。

（4）配置 ISATAP 隧道。

项目相关知识

11.1 ISATAP 隧道概述

站点内自动隧道寻址协议（Intra-Site Automatic Tunnel Addressing Protocol，ISATAP）

隧道是一种自动隧道技术，多用于实现站点内被IPv4网络分隔的IPv6设备之间的通信。

如图11-2所示，某校园网络中双栈PC1需要与IPv6网络的主机PC3进行通信，但PC1的网关路由器RA仅支持IPv4协议，若要实现PC1与PC3之间的通信，有两种解决方案：方案一，更换RA为双栈路由器，但校园网络中需要进行IPv6通信的PC数量较少，更换设备的方案便显得有些不切实际。方案二，不改变原有的设备及网络拓扑，在PC1与双栈路由器RB之间配置ISATAP隧道，PC1与PC3之间的IPv6数据由ISATAP隧道进行封装和转发。

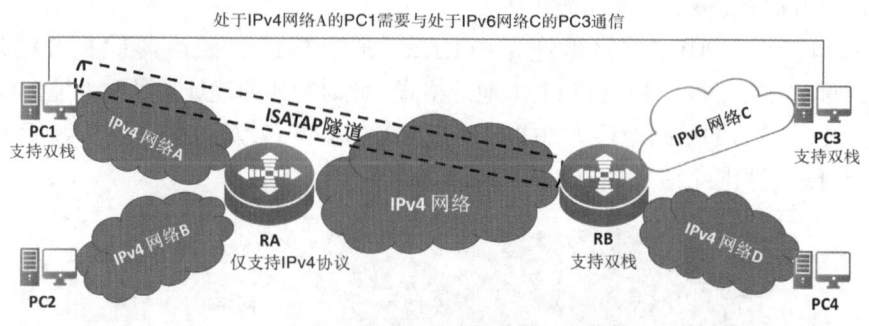

图11-2　ISATAP隧道应用场景

11.2 ISATAP隧道的工作原理

前面我们学习了6to4地址，它将IPv4地址嵌入6to4地址的前缀部分。ISATAP地址也是一种使用内嵌IPv4地址的特殊IPv6地址，它将IPv4地址嵌入ISATAP地址的接口ID部分中。在ISATAP地址中，对于前缀部分并没有特殊要求，前缀可以是本地链路、本地站点、6to4前缀。

1. PC 的 ISATAP 地址

配置ISATAP隧道时，PC隧道接口的单播地址和链路本地地址的接口ID都需要按照ISATAP地址格式来生成PC的ISATAP地址格式如图11-3所示。

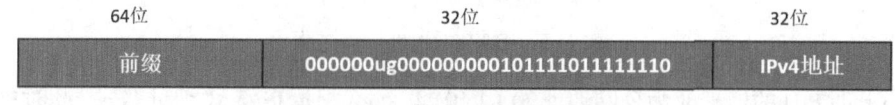

图11-3　PC的ISATAP地址格式

（1）前缀：来自ISATAP路由器的通告，当没有ISATAP路由器时，需要在PC上进行配置（当两台ISATAP PC之间直接建立隧道时，便没有ISATAP路由器参与）。

（2）000000ug00000000010111101111110：由IANA规定的格式，ISATAP地址必须包含32位。其中，"u"位是全球/本地（Universal/Local）位，与格式中的"IPv4地址"字段对应，当IPv4地址为私网地址时，"u"位为0，代表本地范围内有效。当IPv4地址为公网地址时，"u"位为1，代表全球范围内有效。"g"位是个人/集体（Individual/Group）位。

（3）IPv4地址：是当前配置了ISATAP隧道的PC接口的IPv4地址。

2. 路由器 ISATAP 地址的配置

ISATAP路由器隧道接口的链路本地地址的前缀为FE80::/10（固定的），接口ID则必须按照ISATAP地址格式生成，将IPv4地址嵌入接口ID中。

ISATAP路由器隧道接口IPv6单播地址有两种配置方式，一种是配置完整的IPv6地址；

另一种是先为接口分配一个IPv6子网前缀，然后让路由器按照ISATAP地址格式自动生成接口ID，形成完整的IPv6地址。

3. ISATAP隧道地址配置过程

（1）为PC配置ISATAP地址。

配置ISATAP隧道后，ISATAP路由器就能为PC分配IPv6子网前缀，PC根据获得的前缀自动生成ISATAP单播地址。如果PC需要路由器来分配IPv6子网前缀，路由器的ISATAP隧道接口需要开启RA报文发送功能。

如图11-4所示，PC1的IPv4地址为10.1.1.10，通过ISATAP路由器R1的RA报文可得到IPv6地址前缀2020::/64。根据ISATAP地址格式，此时PC1的地址是私网地址，"u"位应为0，因此，PC1接口的单播地址为2020::5EFE:A01:10A/64，计算过程如图11-5所示。链路本地地址计算过程相同，结果为FE80::5EFE:A01:10A/10。

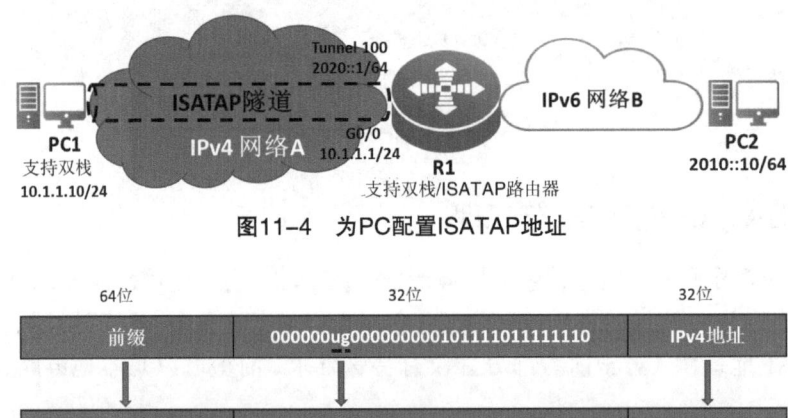

图11-4　为PC配置ISATAP地址

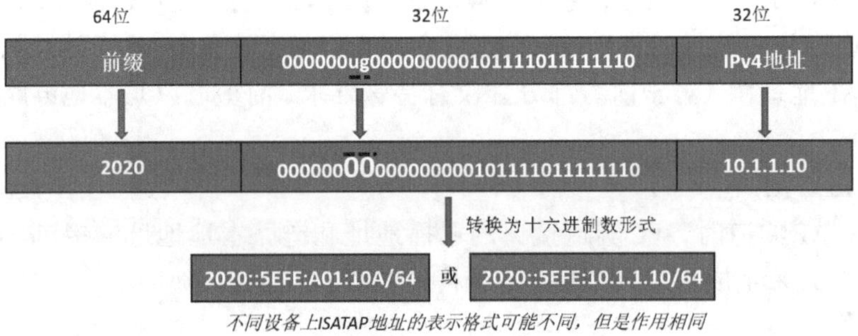

图11-5　ISATAP地址计算过程

假设此时PC1的地址改为公网地址20.1.1.10/24，那么根据ISATAP地址格式，此时PC1的地址是私网地址，"u"位为1，可得到PC1接口的单播地址为2020::200:5EFE:1401:10A/64；链路本地地址为FE80::200:5EFE:1401:10A/10。

需要注意的是，ISATAP隧道是一种非广播多路访问网络（Non-Broadcast Multiple Access，NBMA），NBMA网络不支持组播与广播，仅支持单播，而PC默认情况下是通过组播的形式向路由器发送RS报文，以触发路由器发送相应RA报文。因此，需要在PC上配置通过发送单播RS报文到ISATAP路由器上请求获取前缀信息。

（2）为路由器配置ISATAP地址。

如图11-4所示，为ISATAP路由器隧道接口Tunnel 100配置自定义的IPv6单播地址2020::1/64，根据隧道起点地址10.1.1.1，结合ISATAP地址格式，可以得到隧道接口的链路本地地址为FE80::5EFE:A01:101。

需要注意的是，虽然IANA（The Internet Assigned Numbers Authority，互联网数字分配机构）对ISATAP地址中使用"u"位有定义，用于标识地址是否为全局唯一，但是路由器仅使用"00000000 00000000 01011110 11111110",即 0000:5EFE 来填充接口标识中所需的 32 位。若 PC1 配置的 IPv4 地址为公网地址 20.1.1.10,即 ISATAP 地址中的"u"位为 1,生成接口标识 200:5EFE:1401:10A,当 PC1 向 R1 单播 RS 报文请求前缀信息时,R1 不会回应 RA 报文,导致 PC1 无法获得子网前缀,无法生成 ISATAP 单播地址,从而无法建立 ISATAP 隧道。

（3）配置 ISATAP PC 的默认网关。

ISATAP 路由器向 PC 发送 RA 报文,不仅能为 PC 分配前缀信息,还能通过 RA 报文自动获得默认网关地址。

如图 11-4 所示,根据 NDP 协议,此时 PC1 的默认网关地址为 R1 隧道接口链路本地地址 FE80::5EFE:A01:101。当 PC1 向 PC2 发起 ping 请求时,PC1 数据的下一跳地址为默认网关地址 FE80::5EFE:A01:101,从地址中可提取 IPv4 地址部分"0A01:0101",获得隧道终点 IPv4 地址 10.1.1.1。PC1 即以隧道起点 10.1.1.10,向隧道终点 10.1.1.1 发起 ISATAP 隧道建立请求,链接建立后开始传输隧道数据。

项目规划设计

◎ 项目拓扑

本项目使用 3 台 PC、2 台路由器和 1 台三层交换机组建项目拓扑,如图 11-6 所示。其中 PC1 是设计部员工的主机,PC2 是人事部员工的主机,PC3 是研发部员工的主机,R1 和 R2 是园区网 IPv6 路由器,S1 为设计部和人事部的 IPv4 网关交换机。可以在 PC1 与 R1、PC2 与 R1 之间配置 ISATAP 隧道,实现 Jan16 公司的设计部、人事部和研发部进行 IPv6 通信。

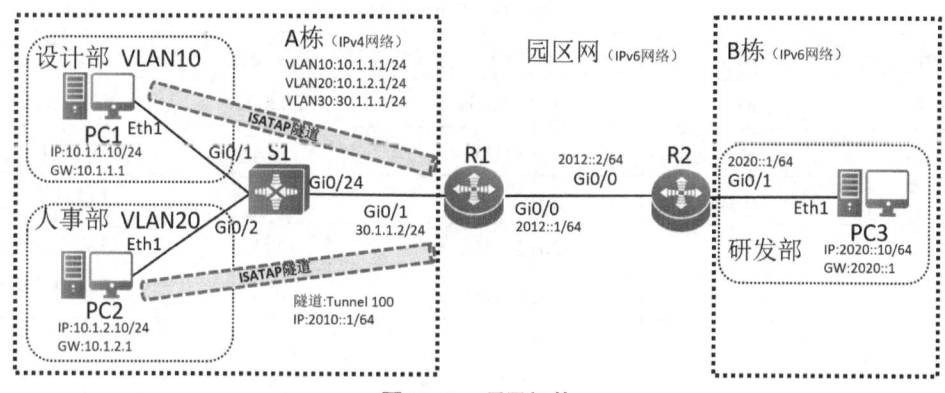

图11-6　项目拓扑

◎ 项目规划

根据项目拓扑进行业务规划,端口互联规划表、IPv4 地址规划表、IPv6 地址规划表分别如表 11-1 ~ 表 11-3 所示。

表11-1　端口互联规划表

本端设备	本端接口	对端设备	对端接口
PC1	Eth1	S1	Gi0/1
PC2	Eth1	S1	Gi0/2
PC3	Eth1	R2	Gi0/1
R1	Gi0/0	R2	Gi0/0
	Gi0/1	S1	Gi0/24
R2	Gi0/0	R1	Gi0/0
	Gi0/1	PC3	Eth1
S1	Gi0/1	PC1	Eth1
	Gi0/2	PC2	Eth1
	Gi0/24	R1	Gi0/1

表11-2　IPv4地址规划表

设备名称	接口	IP地址	网关地址	用途
PC1	Eth1	10.1.1.10/24	10.1.1.1	PC1主机地址
PC2	Eth1	10.1.2.10/24	10.1.2.1	PC2主机地址
R1	Gi0/1	30.1.1.2/24	N/A	与S1互联地址
S1	VLAN10	10.1.1.1/24	N/A	PC1网关地址
	VLAN20	10.1.2.1/24	N/A	PC2网关地址
	VLAN30	30.1.1.1/24	N/A	与R1互联地址

表11-3　IPv6地址规划表

设备名称	接口	IP地址	网关地址	用途
PC3	Eth1	2020::10/64	2020::1	PC3主机地址
R1	Gi0/0	2012::1/64	N/A	与R2互联地址
	Tunnel 100	2010::1/64	N/A	隧道接口地址
R2	Gi0/0	2012::2/64	N/A	与R1互联地址
	Gi0/1	2020::1/64	N/A	PC3网关地址

项目实施

任务 11-1　创建 VLAN 并划分端口

任务规划

根据端口互联规划表（如表11-1所示）要求，为交换机创建部门 VLAN，然后将对应端口划分到部门VLAN中。

任务实施

1.在交换机上创建VLAN

在S1上创建设计部VLAN10、人事部VLAN20和通信VLAN30。

Ruijie>enable	进入特权模式
Ruijie#configure terminal	进入全局配置模式
Ruijie(config)#hostname S1	修改设备名称
S1(config)# vlan 10	创建VLAN10
S1(config-vlan)#vlan 20	创建VLAN20
S1(config-vlan)#vlan 30	创建VLAN30
S1(config-vlan)#exit	退出

2.将交换机端口添加到对应VLAN中

为S1划分VLAN，并将对应端口添加到部门VLAN中。

S1(config)#interface GigabitEthernet0/1	进入端口视图
S1(config-if-GigabitEthernet 0/1)#switchport mode access	配置链路类型为ACCESS
S1(config-if-GigabitEthernet 0/1)#switchport access vlan 10	划分端口到VLAN10中
S1(config-if-GigabitEthernet 0/1)#exit	退出
S1(config)#interface GigabitEthernet0/2	进入端口视图
S1(config-if-GigabitEthernet 0/2)#switchport mode access	配置链路类型为ACCESS
S1(config-if-GigabitEthernet 0/2)#switchport access vlan 20	划分端口到VLAN20中
S1(config-if-GigabitEthernet 0/2)#exit	退出
S1(config)#interface GigabitEthernet0/24	进入端口视图
S1(config-if-GigabitEthernet 0/24)#switchport mode access	配置链路类型为ACCESS
S1(config-if-GigabitEthernet 0/24)#switchport access vlan 30	划分端口到VLAN30中
S1(config-if-GigabitEthernet 0/24)#exit	退出

任务验证

（1）在S1上使用【show vlan】命令验证VLAN的创建情况，如图11-7所示，可以看到VLAN10、VLAN20、VLAN30已经创建完成。

```
S1(config)#show vlan
VLAN Name                    Status      Ports
-------- ------------------------------- ----------- ------------------------------------
    1 VLAN0001               STATIC     Gi0/3, Gi0/4, Gi0/5, Gi0/6
                                        Gi0/7, Gi0/8, Gi0/9, Gi0/10
                                        Gi0/11, Gi0/12, Gi0/13, Gi0/14
                                        Gi0/15, Gi0/16, Gi0/17, Gi0/18
                                        Gi0/19, Gi0/20, Gi0/21, Gi0/22
                                        Gi0/23, Gi0/25, Gi0/26, Gi0/27
                                        Gi0/28, Te0/29, Te0/30, Te0/31
                                        Te0/32
   10 VLAN0010               STATIC     Gi0/1
   20 VLAN0020               STATIC     Gi0/2
   30 VLAN0030               STATIC     Gi0/24
```

图11-7   验证S1的VLAN创建情况

```
       100 VLAN0100              STATIC
       300 VLAN0300              STATIC
S1(config)#
```

图11-7　验证S1的VLAN创建情况（续）

（2）在S1上使用【show interface switchport】命令验证链路配置情况，如图11-8所示。

```
S1(config)#show interface switchport
Interface            Switchport Mode    Access Native  Protected  VLAN lists
-------------------------------------------------------------------------------
GigabitEthernet 0/1   enabled    ACCESS 10     1        Disabled   ALL
GigabitEthernet 0/2   enabled    ACCESS 20     1        Disabled   ALL
… …
GigabitEthernet 0/24  enabled    ACCESS 30     1        Disabled   ALL
… …
S1(config)#
```

图11-8　验证S1的链路配置情况

任务 11-2　配置路由器、交换机及 PC 的 IP 地址

任务规划

根据IPv4和IPv6地址规划表为路由器、交换机、PC配置IP地址。

任务实施

1.配置PC的IPv4地址

为PC1和PC2配置IPv4地址，如图11-9和图11-10所示。

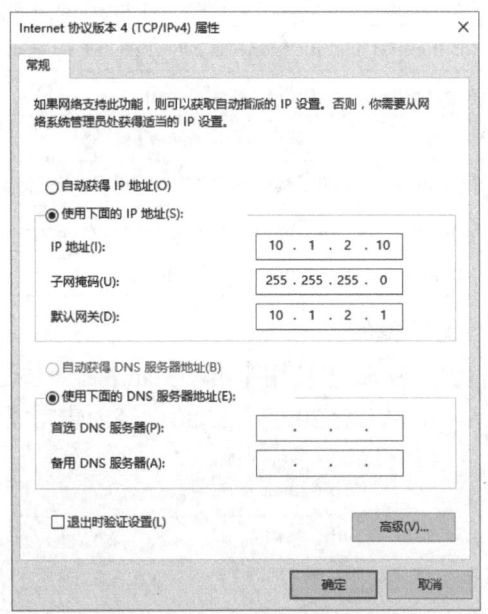

图11-9　配置PC1的IPv4地址　　　　图11-10　配置PC2的IPv4地址

2.配置PC的IPv6地址

为PC3配置IPv6地址，如图11-11所示。PC1和PC2的IPv6地址配置为自动获取，如图11-12所示。

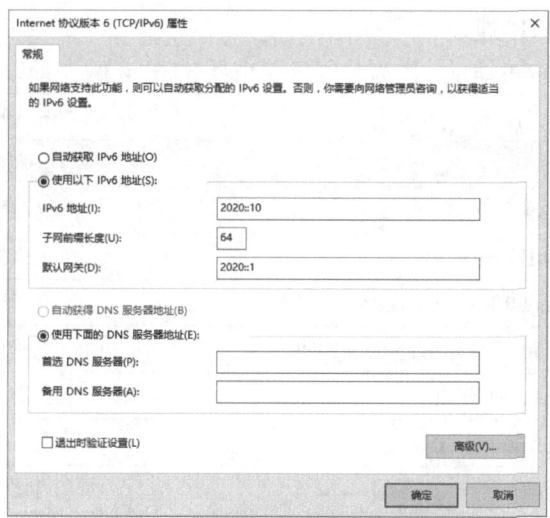

图11-11　配置PC3的IPv6地址

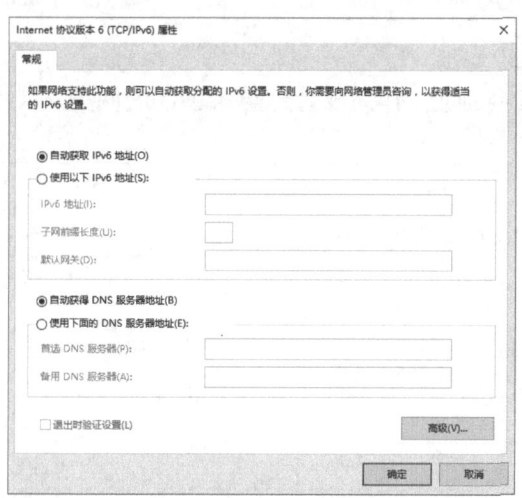

图11-12　配置PC1、PC2的IPv6地址为自动获取

3.配置路由器R1的IP地址

在路由器R1上配置IPv4和IPv6地址，作为与网关交换机S1和园区网路由器R2的互联地址。

Ruijie>enable	进入特权模式
Ruijie#configure terminal	进入全局配置模式
Ruijie(config)#hostname R1	修改设备名称
R1(config)#interface GigabitEthernet 0/1	进入接口视图
R1(config-if-GigabitEthernet 0/1)#ip address 30.1.1.2 255.255.255.0	配置IPv4地址
R1(config-if-GigabitEthernet 0/1)#exit	退出
R1(config)# interface GigabitEthernet 0/0	进入接口视图
R1(config-if-GigabitEthernet 0/0)#ipv6 enable	启用IPv6功能
R1(config-if-GigabitEthernet 0/0)#ipv6 address 2012::1 64	配置IPv6地址
R1(config-if-GigabitEthernet 0/0)#exit	退出

4.配置路由器 R2 的 IP 地址

为路由器 R2 配置 IPv6 地址，作为与园区路由器 R1 的互联地址以及研发部的网关。

Ruijie>enable	进入特权模式
Ruijie#configure terminal	进入全局配置模式
Ruijie(config)#hostname R2	修改设备名称
R2(config)#interface GigabitEthernet 0/1	进入接口视图
R2(config-if-GigabitEthernet 0/1)#ipv6 enable	启用IPv6功能
R2(config-if-GigabitEthernet 0/1)# ipv6 address 2020::1 64	配置IPv6地址
R2(config-if-GigabitEthernet 0/1)#exit	退出
R2(config)# interface GigabitEthernet 0/0	进入接口视图
R2(config-if-GigabitEthernet 0/0)#ipv6 enable	启用IPv6功能
R2(config-if-GigabitEthernet 0/0)#ipv6 address 2012::2 64	配置IPv6地址
R2(config-if-GigabitEthernet 0/0)#exit	退出

5.配置交换机 S1 的 IP 地址

为交换机 S1 配置 IPv4 地址，作为设计部与人事部的网关，以及与园区路由器 R1 互联的地址。

S1(config)#interface vlan 10	进入接口视图
S1(config-if)#ip address 10.1.1.1 255.255.255.0	配置IPv4地址
S1(config-if)#exit	退出
S1(config)#interface vlan 20	进入接口视图
S1(config-if)#ip address 10.1.2.1 255.255.255.0	配置IPv4地址
S1(config-if)#exit	退出
S1(config)#interface vlan 30	进入接口视图
S1(config-if)#ip address 30.1.1.1 255.255.255.0	配置IPv4地址
S1(config-if)#exit	退出

任务验证

（1）在 R1 上使用【show ip interface brief】【show ipv6 interface brief】命令验证 R1 的 IP 地址配置情况，如图 11-13 所示。

```
R1(config)#show ip interface brief
Interface            IP-Address(Pri)    IP-Address(Sec)    Status      Protocol  Description
… …
GigabitEthernet 0/1  30.1.1.2/24        no address         up          up
… …
R1(config)#
R1(config)#show ipv6 interface brief

GigabitEthernet 0/0            [up/up]
        FE80::8205:88FF:FED0:D8D4
        2012::1
R1(config)#
```

图11-13　验证R1的IP地址配置情况

（2）在 R2 上使用【show ipv6 interface brief】命令验证 R2 的 IP 地址配置情况，如图 11-14 所示。

```
R2(config)#show ipv6 interface brief

GigabitEthernet 0/0              [up/up]
        FE80::8205:88FF:FED0:D848
        2012::2
GigabitEthernet 0/1              [up/up]
        FE80::8205:88FF:FED0:D847
        2020::1
R2(config)#
```

图11-14　验证R2的IP地址配置情况

（3）在 S1 上使用【show ip interface brief】命令验证 S1 的 IP 地址配置情况，如图 11-15 所示。

```
S1(config)#show ip interface brief
Interface       IP-Address(Pri)    IP-Address(Sec)    Status    Protocol
VLAN 10         10.1.1.1/24        no address         up        up
VLAN 20         10.1.2.1/24        no address         up        up
VLAN 30         30.1.1.1/24        no address         up        up
… …
S1(config)#
```

图11-15　验证S1的IP地址配置情况

任务 11-3　配置 IPv4 和 IPv6 网络的路由

任务规划

为园区网路由器 R1 配置总部的 IPv4 静态路由，为园区网路由器 R1 和 R2 配置互通的 IPv6 静态路由。

任务实施

1.配置 IPv4 静态路由

在路由器 R1 上配置设计部和人事部的 IPv4 静态路由，下一跳为网关交换机 S1。

R1(config)#ip route 10.1.1.0 255.255.255.0 30.1.1.1	配置设计部IPv4静态路由
R1(config)#ip route 10.1.2.0 255.255.255.0 30.1.1.1	配置人事部IPv4静态路由

2.配置 IPv6 静态路由

（1）为路由器 R1 配置通往研发部的 IPv6 静态路由，下一跳为园区网路由器 R2。

R1(config)#ipv6 route 2020::/64 2012::2	配置研发部IPv6静态路由

（2）为路由器 R2 配置通往 ISATAP 隧道前缀的 IPv6 静态路由，下一跳为园区网路由器 R1。

R2(config)#ipv6 route 2010::/64 2012::1	配置通往ISATAP隧道前缀的IPv6静态路由

任务验证

（1）在 R1 上使用【show ip route】【show ipv6 route】命令验证 R1 的静态路由配置情况，如图 11-16 所示。

```
R1(config)#show ip route
… …
Gateway of last resort is no set
S        10.1.1.0/24 [1/0] via 30.1.1.1
S        10.1.2.0/24 [1/0] via 30.1.1.1
… …
R1(config)#
R1(config)#show ipv6 route
… …
S        2020::/64 [1/0] via 2012::2 (recursive via 2012::2, GigabitEthernet 0/0)
… …
R1(config)#
```

图11-16　验证R1的静态路由配置情况

（2）在R2上使用【show ipv6 route】命令验证R2的静态路由配置情况，如图11-17所示。

```
R2(config)#show ipv6 route
… …
S        2010::/64 [1/0] via 2012::1 (recursive via 2012::1, GigabitEthernet 0/0)
… …
R2(config)#
```

图11-17　验证R2的静态路由配置情况

任务 11-4　配置 ISATAP 隧道

任务规划

在PC端（PC1、PC2）与路由器端（R1）之间配置ISATAP隧道。

任务实施

1.配置路由器R1的ISATAP隧道

在路由器R1上创建ISATAP隧道接口，配置IPv6地址并开启RA报文发送功能。

R1(config)interface Tunnel 100	创建隧道接口
R1(config-if-Tunnel 100)#ipv6 enable	启用IPv6功能
R1(config-if-Tunnel 100)#ipv6 address 2010::1/64 eui-64	配置IPv6的64位EUI地址
R1(config-if-Tunnel 100)#tunnel mode ipv6ip isatap	配置隧道协议为ISATAP
R1(config-if-Tunnel 100)#tunnel source 30.1.1.2	配置隧道起点地址
R1(config-if-Tunnel 100)#no ipv6 nd suppress-ra	开启RA报文发送功能
R1(config-if-Tunnel 100)#exit	退出

2.配置PC的ISATAP隧道

（1）在PC1上指定ISATAP路由器IPv4地址为30.1.1.2，以管理员身份运行CMD命令提示符窗口进行配置，如图11-18所示。

```
C:\Users\Administrator>netsh
netsh>interface ipv6
netsh interface ipv6 >isatap
netsh interface ipv6 isatap>set router 30.1.1.2
确定。
netsh interface ipv6 isatap>set state enable
确定。
netsh interface ipv6 isatap>
```

图11-18　配置PC1的ISATAP隧道

注：本项目采用 Windows 10 系统，不同操作系统的命令可能不同，【set router 30.1.1.2】命令用于指定 ISATAP 路由器。【set state enable】命令用于启用 ISATAP 隧道。

（2）在 PC2 上指定 ISATAP 路由器 IPv4 地址为 30.1.1.2，以管理员身份运行 CMD 命令提示符窗口进行配置，结果如图 11-19 所示。

```
C:\Users\Administrator>netsh
netsh>interface ipv6
netsh interface ipv6 >isatap
netsh interface ipv6 isatap>set router 30.1.1.2
确定。
netsh interface ipv6 isatap>set state enable
确定。
netsh interface ipv6 isatap>
```

图 11-19　配置 PC2 的 ISATAP 隧道

任务验证

（1）在 PC1 上使用【ipconfig /all】命令查看 ISATAP 接口信息，如图 11-20 所示。

```
C:\Users\Administrator>ipconfig /all
… …
隧道适配器 isatap.{51E1BCF0-D1AC-44F3-A68F-98CEE44E0E53 }:

   连接特定的 DNS 后缀 . . . . . . :
   描述 . . . . . . . . . . . . : Microsoft ISATAP Adapter
   物理地址 . . . . . . . . . . : 00-00-00-00-00-00-00-E0
   DHCP 已启用 . . . . . . . . . : 否
   自动配置已启用 . . . . . . . : 是
   本地链接 IPv6 地址 . . . . . . : fe80::5efe:10.1.1.10%26( 首选 )
   默认网关 . . . . . . . . . . :
   DHCPv6 IAID . . . . . . . . . : 436207616
   DHCPv6 客户端 DUID . . . . . : 00-01-00-01-27-A2-C5-DD-00-0C-29-7D-4B-AC
   DNS 服务器 . . . . . . . . . : fec0:0:0:ffff::1%1
                                  fec0:0:0:ffff::2%1
                                  fec0:0:0:ffff::3%1
   TCPIP 上的 NetBIOS . . . . . . : 已禁用
C:\Users\Administrator>
```

图 11-20　查看 PC1 的 ISATAP 接口信息

（2）在 PC2 上使用【ipconfig /all】命令查看 ISATAP 接口信息，如图 11-21 所示。

```
C:\Users\Administrator>ipconfig /all
… …
隧道适配器 isatap.{FE9C6DDF-91F8-4D1B-9482-AEABF330F047 }:

   连接特定的 DNS 后缀 . . . . . . :
   描述 . . . . . . . . . . . . : Microsoft ISATAP Adapter
   物理地址 . . . . . . . . . . : 00-00-00-00-00-00-00-E0
   DHCP 已启用 . . . . . . . . . : 否
   自动配置已启用 . . . . . . . : 是
   IPv6 地址 . . . . . . . . . . :  2010::5efe:10.1.2.10( 首选 )
   本地链接 IPv6 地址 . . . . . . : fe80::5efe:10.1.2.10%25( 首选 )
   默认网关 . . . . . . . . . . : fe80::5efe:30.1.1.2%2
   DHCPv6 IAID . . . . . . . . . : 419430400
   DHCPv6 客户端 DUID . . . . . . : 00-01-00-01-27-A2-CE-F0-00-0C-29-4A-80-34
   DNS 服务器 . . . . . . . . . : fec0:0:0:ffff::1%1
                                  fec0:0:0:ffff::2%1
                                  fec0:0:0:ffff::3%1
   TCPIP 上的 NetBIOS . . . . . . : 已禁用
```

图 11-21　查看 PC2 的 ISATAP 接口信息

项目验证

（1）使用设计部PC1 ping研发部PC3的IPv6地址2020::10，如图11-22所示。

```
C:\Users\Administrator>ping 2020::10

正在 ping 2020::10 具有 32 字节的数据：
来自 2020::10 的回复：时间 =1ms
来自 2020::10 的回复：时间 =1ms
来自 2020::10 的回复：时间 =1ms
来自 2020::10 的回复：时间 =1ms

2020::10 的 ping 统计信息：
    数据包：已发送 = 4，已接收 = 4，丢失 = 0 (0% 丢失 )，
往返行程的估计时间 ( 以毫秒为单位 )：
    最短 =1ms，最长 =1ms，平均 =1ms
```

图11-22 设计部与研发部网络连通性测试

（2）使用人事部PC2 ping研发部PC3的IPv6地址2020::10，如图11-23所示。

```
C:\Users\Administrator>ping 2020::10

正在 ping 2020::10 具有 32 字节的数据：
来自 2020::10 的回复：时间 =1ms
来自 2020::10 的回复：时间 <1ms
来自 2020::10 的回复：时间 =2ms
来自 2020::10 的回复：时间 =1ms

2020::10 的 ping 统计信息：
    数据包：已发送 = 4，已接收 = 4，丢失 = 0 (0% 丢失 )，
往返行程的估计时间 ( 以毫秒为单位 )：
    最短 =1ms，最长 =2ms，平均 =1ms
```

图11-23 人事部与研发部网络连通性测试

练习与思考

◎ 理论题

1.以下关于ISATAP隧道技术的描述错误的是（　　）。

A.ISATAP隧道是一种自动隧道

B.ISATAP隧道中目的地址的接口ID中获得隧道终点地址

C.ISATAP隧道中目的地址的前缀中获得隧道终点地址

D.ISATAP隧道可为PC分配IP地址前缀信息

2.将IPv4地址100.1.1.1嵌入ISATAP地址的接口ID中，将得到接口ID（　　）。

A.::5EFE:6401:101　　　　　　　　　　B.::200:5EFE:6401:101

C.::200:5EFE:641:101　　　　　　　　　D.::5EFE::101

3.从ISATAP地址 2020: 5EFE:a01:101/64 中，可以得到隧道终点IPv4地址（　　）。

    A.100.1.1.2　　　　　B.100.1.1.1　　　　　C.10.1.1.2　　　　　D.10.1.1.1

◎ 项目实训题

1.项目背景与要求

某园区网有多栋商务楼，Jan161公司的设计部与人事部位于A栋，A栋仅支持IPv4协议。研发部位于B栋，B栋支持IPv6协议，A栋与B栋之间通过路由器R1互联。现需要通过配置，使设计部和人事部PC与R1建立起ISATAP隧道，以满足Jan161公司所有部门之间的IPv6通信需求，如图11-24所示。具体要求如下：

（1）根据实训拓扑，为PC、路由器、交换机分别配置IPv4和IPv6地址（x为班级，y为短学号）。

（2）为R1配置通往研发部的IPv6静态路由，下一跳为R2。

（3）为R1配置通往设计部和人事部的IPv4静态路由，下一跳为S1。

（4）为R2配置IPv6默认路由，下一跳为R1。

（5）为R1配置ISATAP隧道。

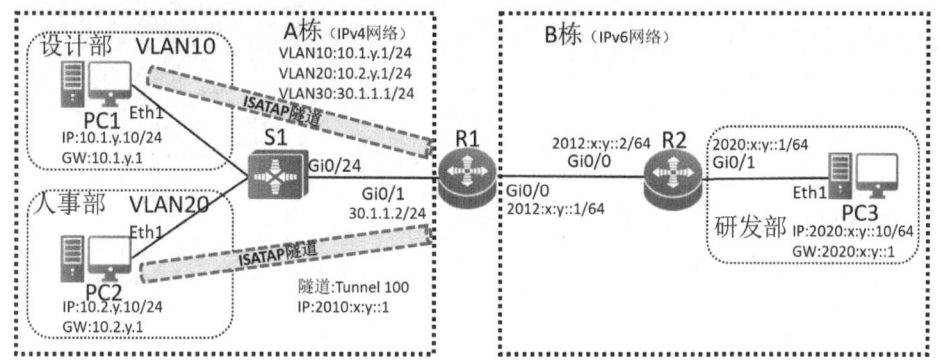

图11-24　实训拓扑

2.实训业务规划

根据以上实训拓扑和需求，参考本项目的项目规划完成表11-4 ~ 表11-6。

表11-4　端口互联规划表

本端设备	本端接口	对端设备	对端接口

表11-5　IPv4地址规划表

设备名称	接口	IP地址	网关地址	用途

表11-6　IPv6地址规划表

设备名称	接口	IP地址	网关地址	用途

3.实训要求

完成实训后，请截取以下实训验证截图：

（1）在R1上使用【show ipv6 route】命令，查看IPv6路由表。

（2）在R2上使用【show ipv6 route】命令，查看IPv6路由表。

（3）设计部PC1在CMD命令行下使用【ipconfig】命令，验证ISATAP地址获取情况。

（4）人事部PC2在CMD命令行下使用【ipconfig】命令，验证ISATAP地址获取情况。

（5）使用设计部PC1 ping 研发部PC3，测试部门之间的网络连通性。

（6）使用人事部PC2 ping 研发部PC3，测试部门之间的网络连通性。

项目 12

使用 ACL6 限制 Jan16 公司网络访问

扫一扫，
看微课

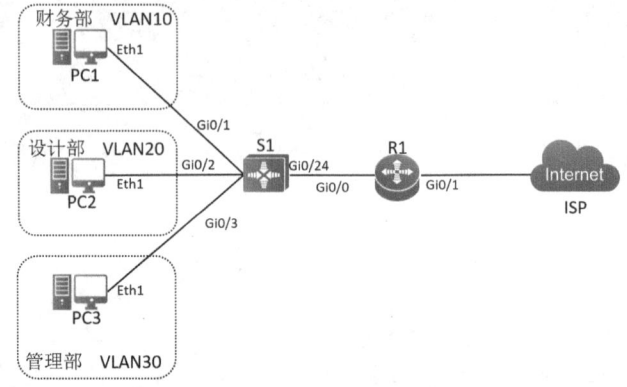

项目描述

Jan16公司网络已全面升级为IPv6网络，出于网络安全考虑，需限制部分部门的网络通信，公司网络拓扑如图12-1所示，具体要求如下：

（1）公司设有财务部、设计部、管理部，分别在VLAN10、VLAN20、VLAN30中。

（2）出于网络安全考虑，禁止公司设计部访问财务部。

（3）财务部无访问互联网的需求，在出口路由器上仅允许设计部和管理部访问互联网。

图12-1 公司网络拓扑

项目需求分析

Jan16公司网络全面支持IPv6协议，财务部、设计部、管理部均以交换机S1作为网关交换机，R1作为公司出口路由器，R1与S1需要配置路由实现网络的互联互通。同时，可以在R1上配置ACL6限制财务部流量访问互联网，在S1上配置ACL6禁止设计部访问财务部，实现公司网络的安全访问控制。

因此，本项目可以分解为以下工作任务来完成：

（1）创建VLAN，实现部门网络划分。

（2）配置PC、交换机、路由器的IPv6地址。

（3）配置静态路由，实现全网互联互通。

（4）配置ACL6，实现财务部网络的安全访问控制。

项目相关知识

12.1 ACL6概述

IPv6访问控制列表（IPv6 Access Control List，ACL6）是由一系列规则组成的集合，ACL通过这些规则对报文进行分类，从而使设备可以对不同类型的报文进行不同的处理。

一个ACL通常由若干条"deny | permit"语句组成，每条语句就是该ACL的一条规则，每条语句中的"deny | permit"就是与这条规则相对应的处理动作。处理动作"permit"的含义是"允许"，处理动作"deny"的含义是"拒绝"。需要特别说明的是，

ACL技术总是与其他技术结合使用的，因此，所结合的技术不同，"permit"及"deny"的内涵及作用也不同。例如，当ACL技术与流量过滤技术结合使用时，"permit"就是"允许通行"的意思，"deny"就是"拒绝通行"的意思。

ACL是一种应用非常广泛的网络安全技术，配置了ACL之后，网络设备的工作过程可以分为以下两个步骤：

（1）根据设定的报文匹配规则对经过该设备的报文进行匹配。

（2）对匹配的报文执行设定的处理动作。

12.2 ACL6的工作原理

1.ACL6的分类

锐捷设备在 IPv6 访问控制列表中定义了一系列 IPv6 访问规则，并将访问控制列表应用在接口的入口方向或出口方向上，IPv6 报文进出设备时，设备就会判断报文是否与规则匹配来决定转发或阻断报文。

要在设备上配置访问控制列表，必须为协议的访问控制列表指定一个唯一的名称。

注意：

（1）与 IP 访问控制列表不同，创建 IPv6 访问控制列表时只能指定名称，不能指定编号。

（2）设备接口的入口方向或出口方向上只能应用一条 IPv4 访问控制列表，除此之外，还可以再应用一条 IPv6 访问控制列表。

2.隐含"拒绝所有IPv6数据流"规则语句

在每个 IPv6 访问控制列表的末尾隐含着一条"拒绝所有 IPv6 数据流"规则语句，因此如果报文与任何规则都不匹配，将被拒绝转发。

示例如下：

```
ipv6 access-list ipv6_acl
  10 permit ipv6 host 2020::1 any
```

此列表只允许源主机为 2020::1 的 IPv6 报文通过，其他主机发出的 IPv6 报文都将被拒绝。因为这条访问控制列表最后隐含了一条规则语句：deny ipv6 any any。

IPv6 访问列表虽然有默认拒绝所有 IPv6 报文的规则语句，但不会过滤 ND 报文。

3.输入规则语句的顺序 ACL

加入的每条规则都被追加到访问控制列表的最后（但在默认规则语句之前），访问控制列表规则语句的输入次序非常重要，它决定了该规则语句在访问控制列表中的优先级，设备在决定转发还是阻断报文时，是按规则语句创建的次序进行比较的，找到匹配的规则语句后，便不再检查其他规则语句。

假设创建了一条规则语句，它允许所有的 IPv6 数据流通过，则后面的语句将不被检查。示例如下：

```
ipv6 access-list ipv6_acl
  10 permit ipv6 any any
  20 deny ipv6 host 2020::1 any
```

由于第一条规则语句允许通过所有的 IPv6 报文，所以主机 2020::1 发出的 IPv6 报文都因无法命中序号为 20 的那条 deny 规则而被允许通过。因为设备在检查到报文和第一条规则语句匹配后，便不再检查后面的规则语句。

项目规划设计

◎ 项目拓扑

本项目使用3台PC、1台路由器、1台三层交换机搭建项目拓扑，如图12-2所示。其中PC1是财务部员工主机，PC2是设计部员工主机，PC3是管理部员工主机，S1为各部门网关交换机，S1通过出口路由器R1连接至互联网。通过在R1及S1上配置ACL6，来完成对财务部网络的安全访问控制。

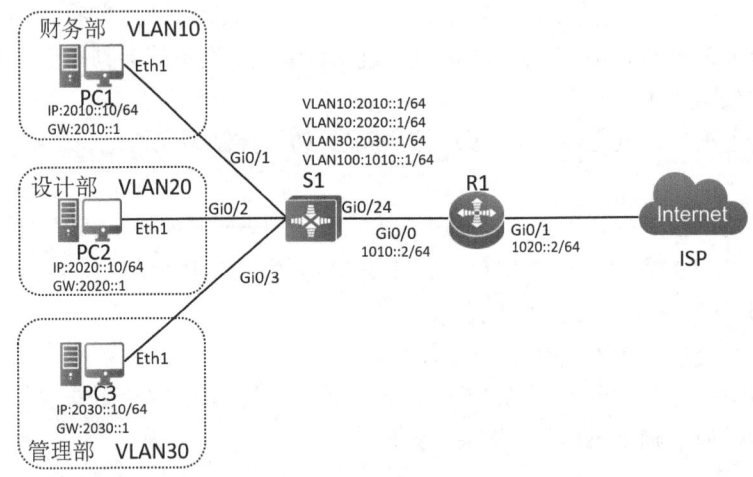

图12-2　项目拓扑

◎ 项目规划

根据项目拓扑进行业务规划，端口互联规划表、IPv6地址规划表分别如表12-1和表12-2所示。

表12-1　端口互联规划表

本端设备	本端接口	对端设备	对端接口
PC1	Eth1		Gi0/1
PC2	Eth1	S1	Gi0/2
PC3	Eth1		Gi0/3
S1	Gi0/1	PC1	Eth1
	Gi0/2	PC2	Eth1
	Gi0/3	PC3	Eth1
	Gi0/24	R1	Gi0/0
R1	Gi0/0	S1	Gi0/24
	Gi0/1	ISP	Eth1

表12-2　IPv6地址规划表

设备名称	接口	IP地址	网关地址	用途
PC1	Eth1	2010::10/64	2010::1	PC1主机地址
PC2	Eth1	2020::10/64	2020::1	PC2主机地址
PC3	Eth1	2030::10/64	2030::1	PC3主机地址
S1	VLAN10	2010::1/64	N/A	PC1网关地址
	VLAN20	2020::1/64	N/A	PC2网关地址
	VLAN30	2030::1/64	N/A	PC3网关地址
	VLAN100	1010::1/64	N/A	接口地址
R1	Gi0/0	1010::2/64	N/A	接口地址
	Gi0/1	1020::2/64	N/A	接口地址

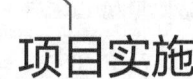

项目实施

任务 12-1　创建 VLAN

任务规划

根据端口互联规划表（如表12-1所示）要求，为交换机创建VLAN，然后将对应端口划分到VLAN中。

任务实施

1.在交换机上创建VLAN

为S1创建部门VLAN及互联VLAN。

Ruijie>enable	进入特权模式
Ruijie#configure terminal	进入全局配置模式
Ruijie(config)#hostname S1	配置设备名称为S1
S1(config)# vlan 10	创建VLAN10
S1(config-vlan)#vlan 20	创建VLAN20
S1(config-vlan)#vlan 30	创建VLAN30
S1(config-vlan)#vlan 100	创建VLAN100
S1(config-vlan)#exit	退出

2.将交换机端口添加到对应VLAN中

为S1划分VLAN，并将对应端口添加到VLAN中。

S1(config)#interface GigabitEthernet0/1	进入端口视图
S1(config-if-GigabitEthernet 0/1)#switchport mode access	配置链路类型为ACCESS
S1(config-if-GigabitEthernet 0/1)#switchport access vlan 10	划分端口到VLAN10中

续表

S1(config-if-GigabitEthernet 0/1)#exit	退出
S1(config)#interface GigabitEthernet0/2	进入端口视图
S1(config-if-GigabitEthernet 0/2)#switchport mode access	配置链路类型为ACCESS
S1(config-if-GigabitEthernet 0/2)#switchport access vlan 20	划分端口到VLAN20中
S1(config-if-GigabitEthernet 0/2)#exit	退出
S1(config)#interface GigabitEthernet0/3	进入端口视图
S1(config-if-GigabitEthernet 0/3)#switchport mode access	配置链路类型为ACCESS
S1(config-if-GigabitEthernet 0/3)#switchport access vlan 30	划分端口到VLAN30中
S1(config-if-GigabitEthernet 0/3)#exit	退出
S1(config)#interface GigabitEthernet0/24	进入端口视图
S1(config-if-GigabitEthernet 0/24)#switchport mode access	配置链路类型为ACCESS
S1(config-if-GigabitEthernet 0/24)#switchport access vlan 100	划分端口到VLAN100中
S1(config-if-GigabitEthernet 0/3)#exit	退出

任务验证

（1）在S1上使用【show vlan】命令验证VLAN创建情况，如图12-3所示。

```
S1(config)#show vlan
VLAN Name                        Status        Ports
------- ---------------------------- ------------ --------------------------------
   1 VLAN0001                      STATIC       Gi0/4, Gi0/5, Gi0/6, Gi0/7
                                                Gi0/8, Gi0/9, Gi0/10, Gi0/11
                                                Gi0/12, Gi0/13, Gi0/14, Gi0/15
                                                Gi0/16, Gi0/17, Gi0/18, Gi0/19
                                                Gi0/20, Gi0/21, Gi0/22, Gi0/23
                                                Gi0/25, Gi0/26, Gi0/27, Gi0/28
                                                Te0/29, Te0/30, Te0/31, Te0/32
  10 VLAN0010                      STATIC       Gi0/1
  20 VLAN0020                      STATIC       Gi0/2
  30 VLAN0030                      STATIC       Gi0/3
 100 VLAN0100                      STATIC       Gi0/24
```

图12-3 验证S1的VLAN创建情况

（2）在S1上使用【show interface switchport】命令验证链路配置情况，如图12-4所示。

```
S1(config)#show interface switchport
Interface          Switchport  Mode     Access Native  Protected  VLAN lists
------------------ ----------- -------- ------ ------- ---------- ----------------
GigabitEthernet 0/1   enabled   ACCESS  10     1        Disabled ALL
GigabitEthernet 0/2   enabled   ACCESS  20     1        Disabled ALL
GigabitEthernet 0/3   enabled   ACCESS  30     1        Disabled ALL
… …
GigabitEthernet 0/24  enabled  ACCESS   100  1       Disabled ALL
```

图12-4 验证S1的链路配置情况

任务 12-2　配置 PC、交换机、路由器的 IPv6 地址

任务规划

根据 IPv6 地址规划表，为各部门的 PC 和路由器配置 IPv6 地址。

任务实施

1. 根据表 12-3 为各部门 PC 配置 IPv6 地址及网关

表 12-3　各部门 PC 的 IPv6 地址及网关

设备名称	IP 地址	网关地址
PC1	2010::10/64	2010::1
PC2	2020::10/64	2020::1
PC3	2030::10/64	2030::1

PC2 的 IPv6 地址配置结果如图 12-5 所示，同理完成 PC1 和 PC3 的 IPv6 地址配置。

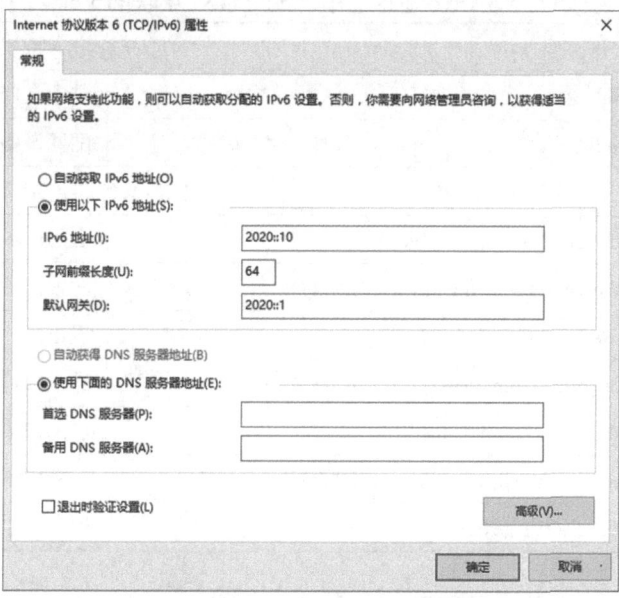

图 12-5　PC2 的 IPv6 地址配置结果

2. 配置 S1 的 VLAN 接口 IPv6 地址

在交换机 S1 上为 3 个部门 VLAN 创建 VLAN 接口并配置 IPv6 地址，作为 3 个部门的网关，为 VLAN100 创建 VLAN 接口并配置 IP 地址，作为与 R1 互联地址。

S1(config)#interface vlan 10	进入接口视图
S1(config-if)#ipv6 enable	启用 IPv6 功能
S1(config-if)#ipv6 address 2010::1/64	配置 IPv6 地址
S1(config-if)#exit	退出
S1(config)#interface vlan 20	进入接口视图
S1(config-if)#ipv6 enable	启用 IPv6 功能
S1(config-if)#ipv6 address 2020::1/64	配置 IPv6 地址

S1(config–if)#exit	退出
S1(config)#interface vlan 30	进入接口视图
S1(config–if)#ipv6 enable	启用IPv6功能
S1(config–if)#ipv6 address 2030::1/64	配置IPv6地址
S1(config–if)#exit	退出
S1(config)#interface vlan 100	进入接口视图
S1(config–if)#ipv6 enable	启用IPv6功能
S1(config–if)#ipv6 address 1010::1/64	配置IPv6地址
S1(config–if)#exit	退出

3.为路由器R1配置IPv6地址

在路由器R1上为接口配置IPv6地址，作为S1和ISP互联的地址。

Ruijie>enable	进入特权模式
Ruijie#configure terminal	进入全局配置模式
Ruijie(config)#hostname R1	配置设备名称为R1
R1(config)# interface GigabitEthernet 0/0	进入接口视图
R1(config-if-GigabitEthernet 0/0)#ipv6 enable	启用IPv6功能
R1(config-if-GigabitEthernet 0/0)#ipv6 address 1010::2/64	配置IPv6地址
R1(config-if-GigabitEthernet 0/0)#exit	退出
R1(config)# interface GigabitEthernet 0/1	进入接口视图
R1(config-if-GigabitEthernet 0/1)#ipv6 enable	启用IPv6功能
R1(config-if-GigabitEthernet 0/1)#ipv6 address 1020::2/64	配置IPv6地址
R1(config-if-GigabitEthernet 0/1)#exit	退出

任务验证

（1）在S1上使用【show ipv6 interface brief】命令验证IP地址配置情况，如图12–6所示。

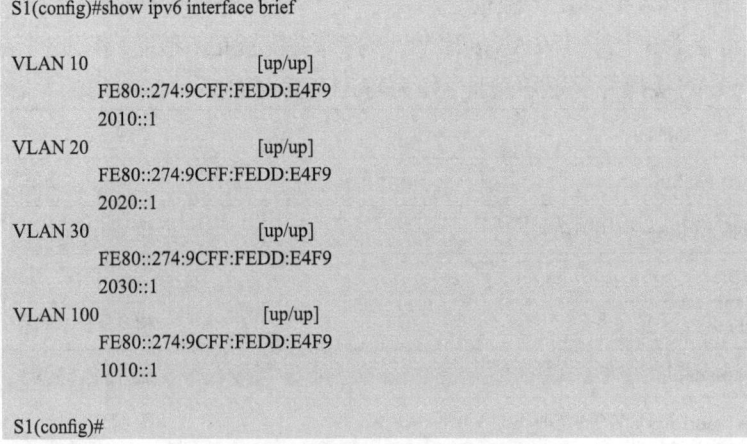

```
S1(config)#show ipv6 interface brief

VLAN 10                    [up/up]
         FE80::274:9CFF:FEDD:E4F9
         2010::1
VLAN 20                    [up/up]
         FE80::274:9CFF:FEDD:E4F9
         2020::1
VLAN 30                    [up/up]
         FE80::274:9CFF:FEDD:E4F9
         2030::1
VLAN 100                   [up/up]
         FE80::274:9CFF:FEDD:E4F9
         1010::1

S1(config)#
```

图12–6　验证S1的IP地址配置情况

（2）在R1上使用【show ipv6 interface brief】命令验证IP地址配置情况，如图12-7所示。

```
R1(config)#show ipv6 interface brief

GigabitEthernet 0/0          [up/up]
        FE80::8205:88FF:FED0:D8D4
        1010::2
GigabitEthernet 0/1          [up/up]
        FE80::8205:88FF:FED0:D8D3
        1020::2
R1(config)#
```

图12-7　验证R1的IP地址配置情况

任务 12-3　配置静态路由

任务规划

在交换机S1上配置通往ISP的默认路由，在路由器R1上配置到达各部门的明细静态路由。

任务实施

1.配置交换机S1的默认路由

配置通往互联网的默认路由，下一跳为R1 1010::2。

| S1(config)#ipv6 route ::/0 1010::2 | 配置IPv6默认路由 |

2. 配置路由器R1的静态路由

为各部门创建静态路由，分别指向前缀2010::/64、2020::/64和2030::/64，下一跳为S1 1010::1。

R1(config)#ipv6 route 2010::/64 1010::1	配置IPv6静态路由
R1(config)#ipv6 route 2020::/64 1010::1	配置IPv6静态路由
R1(config)#ipv6 route 2030::/64 1010::1	配置IPv6静态路由

任务验证

（1）在R1上使用【show ipv6 route】命令验证静态路由配置情况，如图12-8所示。

```
R1(config)#show ipv6 route
... ...
S    2010::/64 [1/0] via 1010::1 (recursive via 1010::1, GigabitEthernet 0/0)
S    2020::/64 [1/0] via 1010::1 (recursive via 1010::1, GigabitEthernet 0/0)
S    2030::/64 [1/0] via 1010::1 (recursive via 1010::1, GigabitEthernet 0/0)
... ...
R1(config)#
```

图12-8　验证R1的静态路由配置情况

（2）在S1上使用【show ipv6 route】命令验证默认路由配置情况，如图12-9所示。

```
S1(config)#show ipv6 route
... ...
S    ::/0 [1/0] via 1010::2
             (recursive via 1010::2, VLAN 100)
... ...
S1(config)#
```

图12-9　验证S1的默认路由配置情况

任务 12-4　配置 ACL6

任务规划

在 S1 上配置 ACL6，禁止设计部访问财务部。在 R1 上配置：允许设计部和管理部流量通过，禁止财务部流量通过。

任务实施

1.配置交换机 S1 的 ACL6

禁止设计部访问财务部，创建 ACL6，名称为 JAN16，创建规则 5，动作为 "deny"，匹配源地址为设计部前缀，目的地址为财务部前缀。将 ACL6 应用于交换机 VLAN20 的流量入口方向。

S1(config)#ipv6 access-list JAN16	创建 ACL
S1(config-ipv6-acl)#5 deny ipv6 2020::/64 2010::/64	创建规则 5
S1(config-ipv6-acl)#10 permit ipv6 any any	创建规则 10
S1(config-ipv6-acl)#exit	退出
S1(config)#interface gigabitEthernet 0/2	进入接口视图
S1(config-if-GigabitEthernet 0/2)#ipv6 traffic-filter JAN16 in	接口流量入口方向应用 ACL6
S1(config-if-GigabitEthernet 0/2)#exit	退出

2.配置路由器 R1 的 ACL6

允许设计部和管理部访问互联网，禁止财务部访问互联网，创建 ACL6，名称为 JAN16，创建规则 5，动作为 "permit"，匹配源地址为设计部前缀。创建规则 10，动作为 "permit"，匹配源地址为管理部前缀。创建规则 15，动作为 "deny"，匹配源地址为财务部前缀。将 ACL 应用于路由器 R1 Gi0/0 接口的流量入口方向。

R1(config)#ipv6 access-list JAN16	创建 ACL
R1(config-ipv6-acl)#5 permit ipv6 2020::/64 any	创建规则 5
R1(config-ipv6-acl)#10 permit ipv6 2030::/64 any	创建规则 10
R1(config-ipv6-acl)#15 deny ipv6 2010::/64 any	创建规则 15
R1(config-ipv6-acl)#exit	退出
R1(config)#interface gigabitEthernet 0/0	进入接口视图
R1(config-if-GigabitEthernet 0/0)#ipv6 traffic-filter JAN16 in	接口流量入口方向应用 ACL6
R1(config-if-GigabitEthernet 0/0)#exit	退出

任务验证

（1）在 S1 上使用【show access-lists】命令验证 ACL6 配置情况，如图 12-10 所示。

```
S1(config)#show access-lists

ipv6 access-list JAN16
 5 deny ipv6 2020::/64 2010::/64
 10 permit ipv6 any any
S1(config)#
```

图 12-10　验证 S1 的 ACL6 配置情况

（2）在R1上使用【show access-lists】命令验证ACL6配置情况，如图12-11所示。

```
R1(config)#show access-lists

ipv6 access-list JAN16
  5 permit ipv6 2020::/64 any
  10 permit ipv6 2030::/64 any
  15 deny ipv6 2010::/64 any
R1(config)#
```

图12-11　验证R1的ACL6配置情况

项目验证

（1）使用财务部PC1 ping管理部PC3的IPv6地址2030::10，如图12-12所示。

```
C:\Users\admin>ping 2030::10

正在 ping 2030::10 具有 32 字节的数据:
来自 2030::10 的回复:时间 =1ms
来自 2030::10 的回复:时间 =1ms
来自 2030::10 的回复:时间 =2ms
来自 2030::10 的回复:时间 =1ms

2030::10 的 ping 统计信息:
    数据包:已发送 =4, 已接收 =4, 丢失 =0 (0% 丢失 ),
往返行程的估计时间 ( 以毫秒为单位 ):
    最短 =1ms, 最长 =2ms, 平均 =1ms
```

图12-12　财务部与管理部之间网络连通性测试

（2）使用财务部PC1 ping路由器R1的外网接口IPv6地址1020::2，如图12-13所示。

```
C:\Users\admin>ping 1020::2

正在 ping 1020::2 具有 32 字节的数据:
请求超时。
请求超时。
请求超时。
请求超时。

1020::2 的 ping 统计信息:
    数据包:已发送 =4, 已接收 =0, 丢失 =4 (100% 丢失 ),
```

图12-13　财务部与外网的网络连通性测试

（3）使用设计部 PC2 ping财务部PC1的IPv6地址 2010::10，如图12-14所示。

```
C:\Users\admin>ping 2010::10

正在 ping 2010::10 具有 32 字节的数据:
请求超时。
请求超时。
请求超时。
```

图12-14　设计部与财务部之间网络连通性测试

请求超时。

2010::10 的 ping 统计信息：
　　　数据包：已发送 = 4，已接收 = 0，丢失 = 4 (100% 丢失)，

图12-14　设计部与财务部之间网络连通性测试（续）

（4）使用设计部 PC2 ping 管理部 PC3 的 IPv6 地址 2030::10，如图 12-15 所示。

C:\Users\admin>ping 2030::10

正在 ping 2030::10 具有 32 字节的数据：
来自 2030::10 的回复：时间 =1ms
来自 2030::10 的回复：时间 =4ms
来自 2030::10 的回复：时间 =1ms
来自 2030::10 的回复：时间 =1ms

2030::10 的 ping 统计信息：
　　　数据包：已发送 = 4，已接收 = 4，丢失 = 0 (0% 丢失)，
往返行程的估计时间 (以毫秒为单位)：
　　　最短 =1ms，最长 =4ms，平均 =1ms

图12-15　设计部与管理部之间网络连通性测试

（5）使用设计部 PC2 ping 路由器 R1 的外网接口 IPv6 地址 1020::2，如图 12-16 所示。

C:\Users\admin>ping 1020::2

正在 ping 1020::2 具有 32 字节的数据：
来自 1020::2 的回复：时间 =122ms
来自 1020::2 的回复：时间 =7ms
来自 1020::2 的回复：时间 =2ms
来自 1020::2 的回复：时间 =2ms

1020::2 的 ping 统计信息：
　　　数据包：已发送 = 4，已接收 = 4，丢失 = 0 (0% 丢失)，
往返行程的估计时间 (以毫秒为单位)：
　　　最短 =2ms，最长 =122ms，平均 =33ms

图12-16　设计部与外网的网络连通性测试

练习与思考

◎ 理论题

1.基本 ACL6 可以匹配哪些信息？（　　）
　　A.源 MAC 地址　　　　　　　　　　B.目的 MAC 地址
　　C.源 IPv6 地址　　　　　　　　　　D.目的 IPv6 地址

2.关于高级 ACL6 的描述错误的是（　　）。
　　A.基于特定源地址过滤接收的报文
　　B.基于特定目的端口号过滤接收的报文

　　　C.基于特定的源地址过滤接收的路由

　　　D.基于特定的源地址过滤路由器产生的报文

　3. ACL6 的默认步长数值为多少？（　　　）

　　　A.5　　　　　　　　B.10　　　　　　　　C.15　　　　　　　　D.20

　4.路由器 R1 Gi0/0 接口流量入口方向上调用 ACL6 2001，ACL6 2001 有规则 "rule 5 permit source 2020::1 128" "rule 10 deny source 2020::0 64" "rule 15 deny source 2030::0 64"，请问哪些报文可以通过路由器 R1？（　　　）（多选）

　　　A.源地址为 2020::1 的报文　　　　　　B.源地址为 2020::2 的报文

　　　C.源地址为 2030::1 的报文　　　　　　D.源地址为 2040::1 的报文

　5.根据 ACL6 的创建方式不同，可以将 ACL6 分为以下哪些类型？（　　　）（多选）

　　　A.数值型 ACL6　　　　　　　　　　B.命名型 ACL6

　　　C.匹配型 ACL6　　　　　　　　　　D.其他型 ACL6

　6. ACL6 可以匹配用户数据也可以匹配路由。（　　　）（判断）

　7. ACL6 编号 4000 是高级 ACL6。（　　　）（判断）

◎ **项目实训题**

1.项目背景与要求

　　Jan161 公司网络已全面升级为 IPv6 网络，出于网络安全考虑，需要配置 ACL6，禁止设计部访问财务部且财务部不得访问互联网，如图 12-17 所示。具体要求如下：

　　（1）根据实训拓扑，为 PC、路由器、交换机分别配置 IPv6 地址（x 为班级，y 为短学号）。

　　（2）在 S1 上配置 IPv6 默认路由，下一跳为 R1。

　　（3）在 R1 上配置通往设计部和人事部的 IPv4 静态路由，下一跳为 S1。

　　（4）在 S1 与 R1 上配置 ACL6。

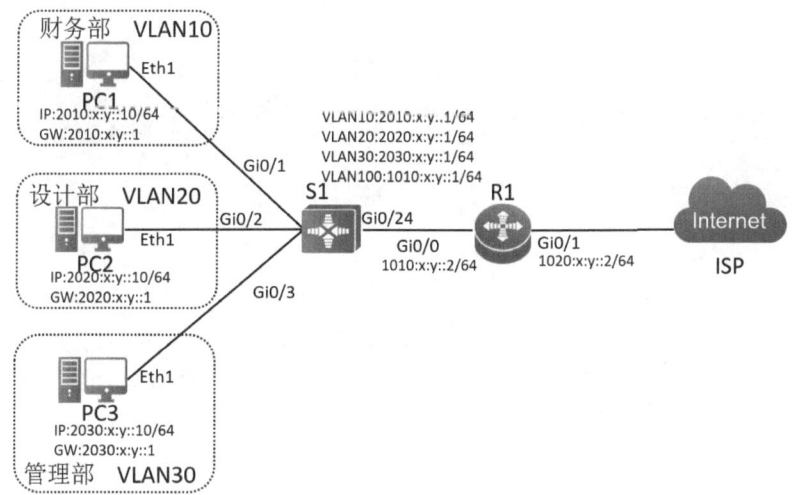

图 12-17　实训拓扑

2.实训业务规划

根据以上实训拓扑和需求，参考本项目的项目规划完成表 12-4 和表 12-5。

表12-4　端口互联规划表

本端设备	本端接口	对端设备	对端接口

表12-5　IPv6地址规划表

设备名称	接口	IP地址	网关地址	用途

3.实训要求

完成实训后，请截取以下实训验证截图：

（1）在S1上使用【show ipv6 route】命令，查看IPv6路由表。

（2）在R1上使用【show ipv6 route】命令，查看IPv6路由表。

（3）在S1上使用【show access-lists】命令，验证ACL6配置情况。

（4）在R1上使用【show access-lists】命令，验证ACL6配置情况。

（5）使用设计部PC2 ping财务部PC1，测试部门之间的网络连通性。

（6）使用管理部PC3 ping财务部PC1，测试部门之间的网络连通性。

（7）使用管理部PC3 ping设计部PC2，测试部门之间的网络连通性。

（8）使用财务部PC1 ping路由器R1外网接口IP:1020:x:y::2，测试是否能访问互联网。

（9）使用设计部PC2 ping路由器R1外网接口IP:1020:x:y::2，测试是否能访问互联网。

（10）使用管理部PC3 ping路由器R1外网接口IP:1020:x:y::2，测试是否能访问互联网。

项目 13

Jan16 公司基于 VRRP6 的 ISP 双出口备份链路配置

扫一扫，
看微课

项目描述

Jan16公司现有1台Web服务器和1台FTP服务器对外提供服务，两台服务器组建了服务器集群，为了提高服务器集群的可用性，需要为服务器集群配置冗余网关。公司网络拓扑如图13-1所示，具体要求如下：

（1）服务器集群中有Web服务器PC1及FTP服务器PC2。默认情况下，R2作为Web服务器的网关，R3作为FTP服务器的网关。

（2）两个网关互为备份，在主网关发生故障的情况下，由备份网关继续承载用户数据。

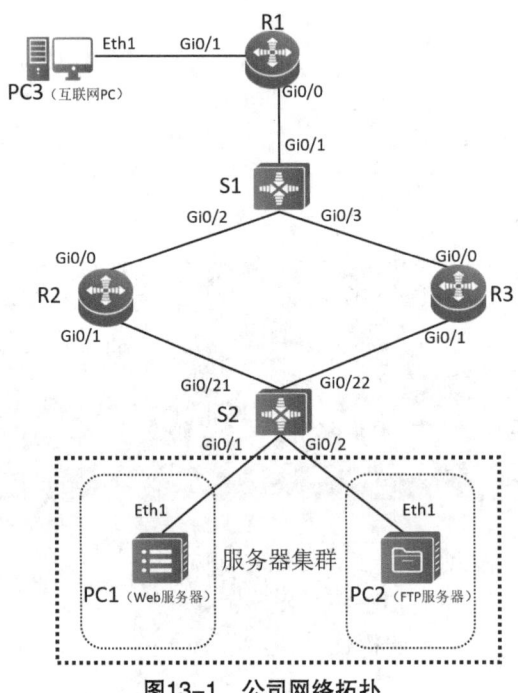

图13-1　公司网络拓扑

项目需求分析

Jan16公司需要为Web服务器和FTP服务器均配备主网关和备份网关设备，可通过配置VRRP6协议，在R2与R3上为Web服务器和FTP服务器各创建一个VRRP6备份组，分别为VRID 10和VRID 20，备份组VRID 10将R2作为项目部VRRP6备份组的主网关，将R3作为备份网关。备份组VRID 20将R3作为销售部的主网关，将R2作为备份网关。

因此，本项目可以分解为以下工作任务来完成：

（1）配置路由器、PC及服务器的IPv6地址。

（2）配置静态路由，实现服务器集群与互联网的网络连通性。

（3）配置VRRP6备份组，实现服务器集群网关。

项目相关知识

13.1 VRRP概述

通常情况下，局域网中的所有主机都设置一条相同的默认路由，指向出口网关，实现主机与外部网络的通信。当出口网关发生故障时，主机与外部网络的通信就会中断。因此，配置多个出口网关是提高系统可靠性的常用方法，但局域网内的主机设备通常不支持动态路由协议，如何在多个出口网关之间进行选路是网络管理中经常遇到的问题。

虚拟路由器冗余协议（Virtual Router Redundancy Protocol，VRRP）是一种容错协议，它把几台路由设备联合组成一台虚拟的路由设备，并通过一定的机制来保证当主机的下一跳设备出现故障时，可以及时将业务切换到其他设备，从而保持通信的连续性和可靠性。

VRRP在不需要改变组网的情况下，提供了一个指向两个物理网关的虚拟网关，实现网关冗余，提高了网络可靠性。因此，局域网中的PC只需将网关地址配置为该虚拟地址，即可解决上述问题。

VRRP目前有两个版本，分别为VRRPv2和VRRPv3，其中VRRPv2仅支持IPv4协议。VRRPv3可以同时支持IPv4和IPv6协议。根据应用的网络类型不同，VRRP可以分为VRRP For IPv4及VRRP For IPv6，VRRP For IPv6简称为VRRP6。

13.2 VRRPv3报文结构

VRRPv3通过组播方式发送协议报文，报文的源IP地址为发送者路由器接口的链路本地地址，目的地址为FF02::12。图13-2所示为VRRPv3报文格式。

Version	Type	Virtual Rtr ID	Priority	Count IPvX Addr
Resvd	Max Adver Int		Checksum	
IPvX Address				

图13-2　VRRPv3报文格式

（1）Version：VRRP协议版本号，取值为3。

（2）Type：报文类型，VRRPv3报文仅有一种类型，该字段取值为1，表示Advertisement报文。

（3）Virtual Rtr ID：简称VRID，虚拟路由器ID，即备份组的ID，取值范围是1～255。

（4）Priority：设备在备份组中的优先级，取值范围是0～255，数值越大优先级越高，默认值是10。255保留给IP地址拥有者（拥有者：设备接口IP地址与虚拟IP地址相同者）。

（5）Count IPvX Addr：备份组中虚拟IP地址的个数。

（6）Resvd：预留字段，未定义，填充0。

（7）Max Adver Int：Advertisement报文的发送时间间隔，单位为厘秒，默认值为100厘秒，即1秒。

（8）Checksum：整个VRRP报文的校验和。

（9）IPvX Address：VRRP备份组的虚拟IP地址。

13.3 VRRPv3 的工作原理

VRRP 协议中定义了设备协商过程中的三个状态：初始状态 (Initialize)、活动状态 (Master)、备份状态 (Backup)。

- 初始状态：系统启动，路由器进入初始化状态。
- 活动状态：选举成为主用设备 (Master) 时的状态。
- 备份状态：选举成为备用设备 (Backup) 时的状态。

VRRP 为局域网提供冗余网关主要包括以下步骤。

1. VRRP 组选举出主路由器

通常情况下，刚配置 VRRP 时，设备会进入 Initialize 状态。之后，进入 Master 状态即为主路由器 Master，进入 Backup 状态即为备份路由器 Backup。

如图 13-3 所示，在第一阶段，RA 和 RB 均启用了 VRRP，进入第二阶段。RA 和 RB 均认为自己是 Master，开始发送 Advertisement 报文。当 RA 收到 RB 的 Advertisement 报文时，发现 RB 的优先级 (150) 小于本地优先级 (200)，RA 选举胜出，继续保持 Master 状态，继续发送 Advertisement 报文，并将持有该备份组的虚拟 IP 地址。当 RB 收到 RA 的 Advertisement 报文时，发现 RA 的优先级 (200) 大于本地优先级 (150)，RB 选举成为备份路由器 Backup，RB 转为备份状态，停止发送 Advertisement 报文。选举过程如图 13-3 所示。

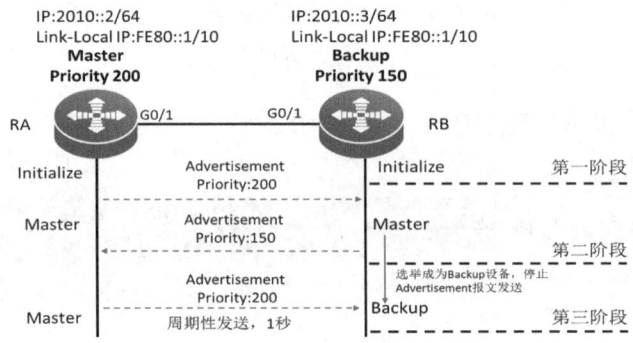

图13-3　VRRP状态机

2. 主路由器发送 VRRP 通告和免费 ARP 通告

如图 13-4 所示，RA 作为 Master 设备，一方面，需周期性向局域网中发送 Advertisement 报文，通告自己的状态。另一方面，需向局域网中发送免费 ARP 报文，通告虚拟 IP 地址和虚拟 MAC 地址。

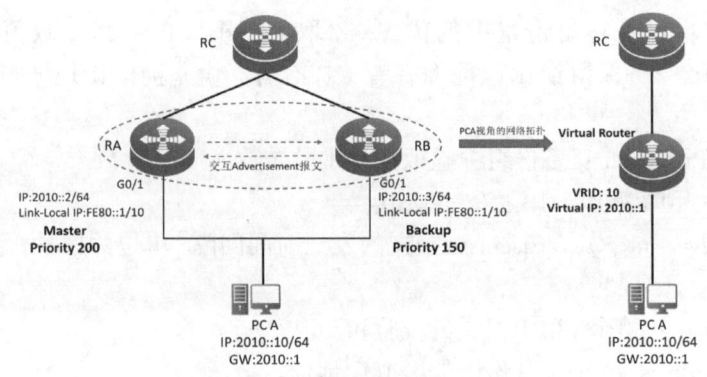

图13-4　VRRP的工作原理

3. VRRP 主路由器负责转发往返于外部网络的流量

主路由器持有虚拟 IP 地址，作为局域网的网关，负责转发局域网中的流量到外部网络。

4. VRRP 故障恢复

当 Master 发生故障时，Backup 设备不能收到 Advertisement 报文，在经过 Master_Down_Interval 定时器［Master_Down_Interval=（265– 备份设备优先级）/256+3* Max Adver Int］规定的时间之后，Backup 设备经过重新选举成为新的 Master 设备，持有虚拟 IP 地址 2010::1，继续为 PCA 提供网关服务。

13.4　VRRPv3 负载均衡

如图 13–5 所示，根据选举规则，RA 成为 Master，持有虚拟 IP 地址 2010::1，为 2010::/64 网段提供网关服务，2010::/64 网段流量全部经由 RA 转发到外部网络，而 RB 作为 Backup 设备，不转发任何流量。这将导致 RA 流量负担过重，而 RB 持续处于空闲状态。

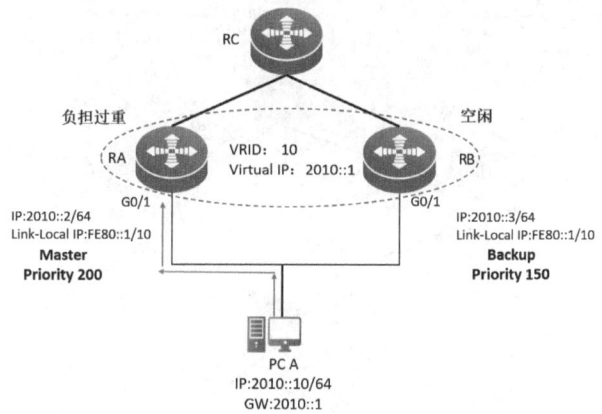

图13–5　单VRRP备份组的弊端

VRRPv3 负载均衡指的是创建多个备份组，多个备份组同时承担数据转发任务，对于每个备份组，都有自己的 Master 和若干 Backup 设备。如图 13–6 所示，创建备份组 VRID 10，以 RA 作为 Master，以 RB 作为 Backup，协商出虚拟 IP 地址 2010::1 作为人事部 PC 的网关地址，由 RA 承担人事部流量转发任务。创建备份组 VRID 20，以 RB 作为 Master，以 RA 作为 Backup，协商出虚拟 IP 地址 2010::100 作为财务部 PC 的网关地址，由 RB 承担财务部流量转发任务。

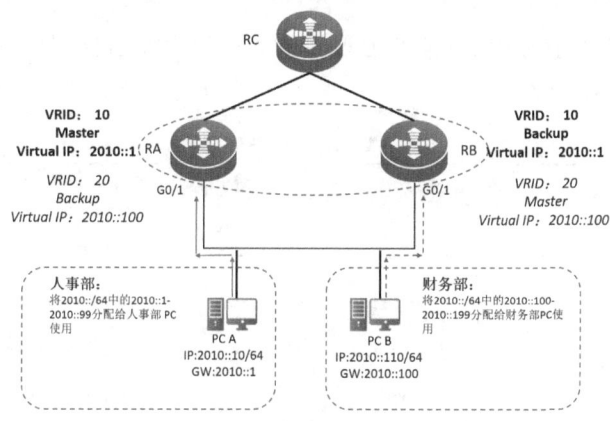

图13–6　多VRRP备份组实现流量负载均衡

项目规划设计

◎ 项目拓扑

本项目使用 3 台 PC、3 台路由器、2 台三层交换机搭建项目拓扑，如图 13-7 所示。其中 PC1 是 Web 服务器，PC2 是 FTP 服务器，PC3 是互联网 PC，R1 是 Jan16 公司网络的出口路由器，S2 用于连接 Web 服务器和 FTP 服务器，R2 和 R3 作为 Web 服务器和 FTP 服务器的主、备网关路由器。

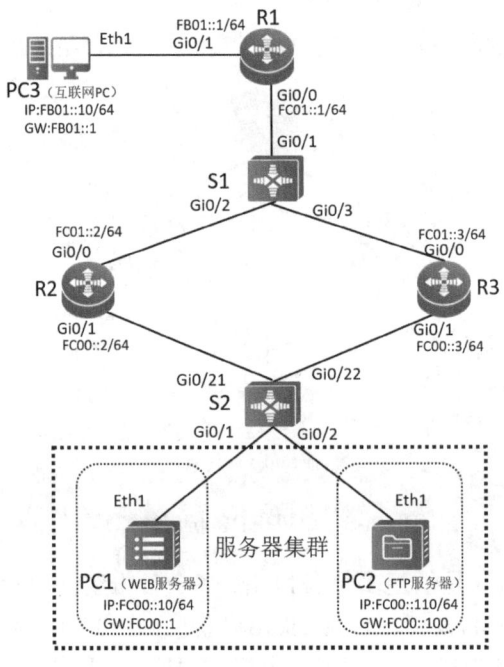

图13-7　项目拓扑

◎ 项目规划

根据项目拓扑进行业务规划，端口互联规划表、VRRP6 备份组规划表、IPv6 地址规划表如表 13-1 ~ 表 13-3 所示。

表13-1　端口互联规划表

本端设备	本端接口	对端设备	对端接口
PC1	Eth1	S2	Gi0/1
PC2	Eth1	S2	Gi0/2
PC3	Eth1	R1	Gi0/1
R1	Gi0/0	S1	Gi0/1
	Gi0/1	PC3	Eth1

续表

本端设备	本端接口	对端设备	对端接口
R2	Gi0/0	S1	Gi0/2
	Gi0/1	S2	Gi0/21
S1	Gi0/1	R1	Gi0/0
	Gi0/2	R2	Gi0/0
	Gi0/3	R3	Gi0/0
S2	Gi0/1	PC1	Eth1
	Gi0/2	PC2	Eth1
	Gi0/21	R2	Gi0/1
	Gi0/22	R3	Gi0/1

表13-2 VRRP6备份组规划表

部门	备份组号	设备名称	虚拟IP地址	虚拟链路本地地址	优先级
Web服务器	10	R2	FC00::1	FE80::10	200
		R3			150
FTP服务器	20	R2	FC00::100	FE80::20	150
		R3			200

表13-3 IPv6地址规划表

设备名称	接口	IP地址	网关地址	用途
PC1	Eth1	FC00::10/64	FC00::1	PC1主机地址
PC2	Eth1	FC00::110/64	FC00::100	PC2主机地址
PC3	Eth1	FB01::10/64	FB01::1	互联网PC主机地址
R1	Gi0/0	FC01::1/64	N/A	接口地址
	Gi0/1	FB01::1/64	N/A	互联网PC网关地址
R2	Gi0/0	FC01::2/64	N/A	接口地址
	Gi0/1	FC00::2/64	N/A	接口地址
R3	Gi0/0	FC01::3/64	N/A	接口地址
	Gi0/1	FC00::3/64	N/A	接口地址

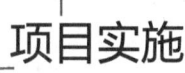

项目实施

任务 13-1 配置路由器、PC 及服务器的 IPv6 地址

任务规划

根据IPv6地址规划表（如表13-3所示），为路由器和PC配置IPv6地址。

任务实施

1. 根据表13-4为各PC配置IPv6地址及网关

表13-4　各PC的IPv6地址及网关

设备名称	IP地址	网关地址
PC1	FC00::10/64	FC00::1
PC2	FC00::110/64	FC00::100
PC3	FB01::10/64	FB01::1

PC1的IPv6地址配置结果如图13-8所示，同理完成PC2和PC3的IPv6地址配置。

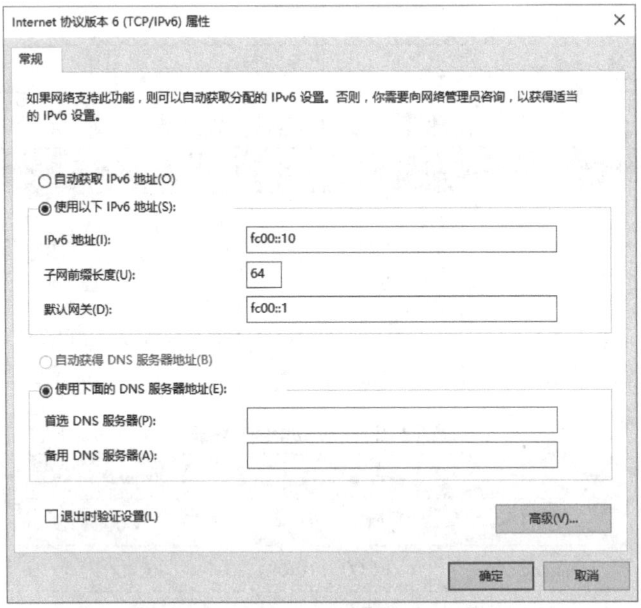

图13-8　PC1的IPv6地址配置结果

2. 配置路由器R1的接口IP地址

在路由器R1上配置IPv6地址，作为PC3的网关，以及与R2、R3互联的地址。

Ruijie>enable	进入特权模式
Ruijie#configure terminal	进入全局配置模式
Ruijie(config)#hostname R1	修改设备名称
R1(config)#interface GigabitEthernet 0/0	进入接口视图
R1(config-if-GigabitEthernet 0/0)#ipv6 enable	启用IPv6功能
R1(config-if-GigabitEthernet 0/0)#ipv6 address fc01::1/64	配置IPv6地址
R1(config-if-GigabitEthernet 0/0)#exit	退出
R1(config)#interface GigabitEthernet 0/0/1	进入接口视图
R1(config-if-GigabitEthernet 0/1)#ipv6 enable	启用IPv6功能
R1(config-if-GigabitEthernet 0/1)#ipv6 address fb01::1/64	配置IPv6地址
R1(config-if-GigabitEthernet 0/1)#exit	退出

3.配置路由器R2的接口IP地址

在路由器R2上配置IPv6地址，作为服务器集群的网关，以及与R1、R3互联的地址。

Ruijie>enable	进入特权模式
Ruijie#configure terminal	进入全局配置模式
Ruijie(config)#hostname R2	修改设备名称
R2(config)#interface GigabitEthernet 0/0	进入接口视图
R2(config-if-GigabitEthernet 0/0)#ipv6 enable	启用IPv6功能
R2(config-if-GigabitEthernet 0/0)#ipv6 address fc01::2/64	配置IPv6地址
R2(config-if-GigabitEthernet 0/0)#exit	退出
R2(config)#interface GigabitEthernet 0/0/1	进入接口视图
R2(config-if-GigabitEthernet 0/1)#ipv6 enable	启用IPv6功能
R2(config-if-GigabitEthernet 0/1)#ipv6 address fc00::2/64	配置IPv6地址
R2(config-if-GigabitEthernet 0/1)#exit	退出

4.配置路由器R3的接口IP地址

在路由器R3上配置IPv6地址，作为服务器集群的网关，以及与R1、R2互联的地址。

Ruijie>enable	进入特权模式
Ruijie#configure terminal	进入全局配置模式
Ruijie(config)#hostname R3	修改设备名称
R3(config)#interface GigabitEthernet 0/0	进入接口视图
R3(config-if-GigabitEthernet 0/0)#ipv6 enable	启用IPv6功能
R3(config-if-GigabitEthernet 0/0)#ipv6 address fc01::3/64	配置IPv6地址
R3(config-if-GigabitEthernet 0/0)#exit	退出
R3(config)#interface GigabitEthernet 0/0/1	进入接口视图
R3(config-if-GigabitEthernet 0/1)#ipv6 enable	启用IPv6功能
R3(config-if-GigabitEthernet 0/1)#ipv6 address fc00::3/64	配置IPv6地址
R3(config-if-GigabitEthernet 0/1)#exit	退出

任务验证

（1）在R1上使用【show ipv6 interface brief】命令验证IPv6地址配置情况，如图13-9所示。

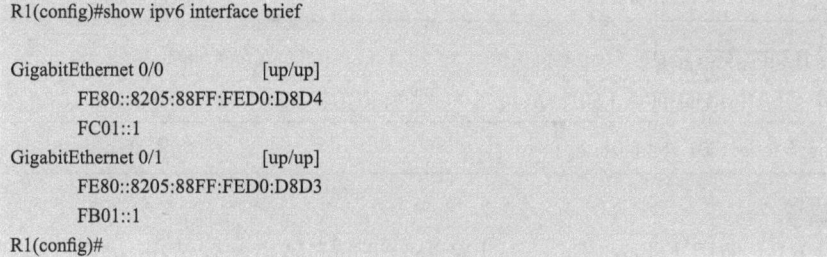

```
R1(config)#show ipv6 interface brief

GigabitEthernet 0/0          [up/up]
        FE80::8205:88FF:FED0:D8D4
        FC01::1
GigabitEthernet 0/1          [up/up]
        FE80::8205:88FF:FED0:D8D3
        FB01::1
R1(config)#
```

图13-9　验证R1的IPv6地址配置情况

（2）在R2上使用【show ipv6 interface brief】命令验证IPv6地址配置情况，如图13-10所示。

```
R2(config)#show ipv6 interface brief

GigabitEthernet 0/0              [up/up]
        FE80::8205:88FF:FED0:D848
        FC01::2
GigabitEthernet 0/1              [up/up]
        FE80::8205:88FF:FED0:D847
        FC00::2
R2(config)#
```

图13-10 验证R2的IPv6地址配置情况

（3）在R3上使用【show ipv6 interface brief】命令验证IPv6地址配置情况，如图13-11所示。

```
R3#show ipv6 interface brief

GigabitEthernet 0/0              [up/up]
        FE80::8205:88FF:FED0:DC4D
        FC01::3
GigabitEthernet 0/1              [up/up]
        FE80::8205:88FF:FED0:DC4C
        FC00::3
R3#
```

图13-11 验证R3的IPv6地址配置情况

任务 13-2 配置静态路由

任务规划

为R1配置静态路由，因R1有两条访问服务器集群的路径，所以需指定R2和R3作为下一跳。

分别为R2和R3配置指向服务器集群的静态路由，下一跳为R1。

任务实施

1.配置R1的静态路由

配置静态路由指向前缀FC00::/64，下一跳为FC01::2和FC01::3。

R1(config)#ipv6 route fc00::/64 fc01::2	配置静态路由
R1(config)#ipv6 route fc00::/64 fc01::3	配置静态路由

2.配置R2的静态路由

配置静态路由指向前缀FB01::/64，下一跳为FC01::1。

R2(config)#ipv6 route fb01::/64 fc01::1	配置静态路由

3.配置R3的静态路由

配置静态路由指向前缀FB01::/64，下一跳为FC01::1。

R3(config)#ipv6 route fb01::/64 fc01::1	配置静态路由

任务验证

（1）在R1上使用【show ipv6 route】命令验证静态路由配置情况，如图13-12所示。

```
R1(config)#show ipv6 route
… …
S      FC00::/64 [1/0] via FC01::2 (recursive via FC01::2, GigabitEthernet 0/0)
       [1/0] via FC01::3 (recursive via FC01::3, GigabitEthernet 0/0)
… …
R1(config)#
```

图13-12　验证R1的静态路由配置情况

（2）在R2上使用【show ipv6 route】命令验证静态路由配置情况，如图13-13所示。

```
R2(config)#show ipv6 route
… …
L      ::1/128 via Loopback, local host
S      FB01::/64 [1/0] via FC01::1 (recursive via FC01::1, GigabitEthernet 0/0)
… …
R2(config)#
```

图13-13　验证R2的静态路由配置情况

（3）在R3上使用【show ipv6 route】命令验证静态路由配置情况，如图13-14所示。

```
R3(config)#show ipv6 route
… …
S      FB01::/64 [1/0] via FC01::1 (recursive via FC01::1, GigabitEthernet 0/0)
… …
R3(config)#
```

图13-14　验证R3的静态路由配置情况

任务 13-3　配置 VRRP6 备份组

任务规划

根据VRRP6备份组规划表，为R2和R3配置VRRP6备份组。

任务实施

1. 为R2配置VRRP6备份组

为R2创建备份组10和备份组20。

R2(config)#interface GigabitEthernet0/1	进入接口视图
R2(config-if-GigabitEthernet 0/1)#vrrp 10 ipv6 fe80::10	配置虚拟链路本地地址，在虚拟IP之前配置
R2(config-if-GigabitEthernet 0/1)#vrrp 10 ipv6 fc00::1	配置虚拟IP地址
R2(config-if-GigabitEthernet 0/1)#vrrp ipv6 10 priority 200	配置VRID组的优先级
R2(config-if-GigabitEthernet 0/1)#vrrp 20 ipv6 fe80::20	配置虚拟链路本地地址，在虚拟IP之前配置
R2(config-if-GigabitEthernet 0/1)#vrrp 20 ipv6 fc00::100	配置虚拟IP地址
R2(config-if-GigabitEthernet 0/1)#vrrp ipv6 20 priority 150	配置VRID组的优先级
R2(config-if-GigabitEthernet 0/1)#exit	退出

2. 为R3配置VRRP6备份组

为R3创建备份组10和备份组20。

[R3]interface GigabitEthernet 0/0/1	进入接口视图
[R3-GigabitEthernet0/0/1]vrrp6 vrid 10 virtual-ip fe80::10 link-local	配置虚拟链路本地地址，在虚拟IP之前配置
[R3-GigabitEthernet0/0/1]vrrp6 vrid 10 virtual-ip fc00::1	配置虚拟IP地址

续表

[R3–GigabitEthernet0/0/1]vrrp6 vrid 10 priority 150	配置VRID组的优先级
[R3–GigabitEthernet0/0/1]vrrp6 vrid 20 virtual–ip fe80::20 link–local	配置虚拟链路本地地址，在虚拟IP之前配置
[R3–GigabitEthernet0/0/1]vrrp6 vrid 20 virtual–ip fc00::100	配置虚拟IP地址
[R3–GigabitEthernet0/0/1]vrrp6 vrid 20 priority 200	配置VRID组的优先级
[R3–GigabitEthernet0/0/1]exit	退出

任务验证

（1）使用在R2上使用【show ipv6 vrrp brief】命令验证VRRP6选举情况，如图13-15所示。

```
R2(config)#show ipv6 vrrp brief
Interface      Grp Pri timer  Own Pre State   Master addr            Group addr
Gi0/1          10  200 3.21   -   P   Master  FE80::8205:88FF:FED0:D847   FE80::10
Gi0/1          20  150 3.41   -   P   Backup  FE80::8205:88FF:FED0:D8D3   FE80::20
R2(config)#
```

图13-15　验证R2的VRRP6选举情况

（2）在R3上使用【show ipv6 vrrp brief】命令验证VRRP6选举情况，如图13-16所示。

```
R3(config)#show ipv6 vrrp brief
Interface      Grp Pri timer  Own Pre State   Master addr            Group addr
Gi0/1          10  150 3.41   -   P   Backup  FE80::8205:88FF:FED0:D847   FE80::10
Gi0/1          20  200 3.21   -   P   Master  FE80::8205:88FF:FED0:D8D3   FE80::20
R3(config)#
```

图13-16　验证R3的VRRP6选举情况

项目验证

（1）使用PC1 tracert PC3的IPv6地址FB01::10，如图13-17所示。可以看到，PC1访问PC3的路径为R2→R1→PC3。

```
PC>tracert fb01::10

traceroute to fb01::10, 8 hops max, press Ctrl_C to stop
 1 fc00::2   47 ms  47 ms  47 ms
 2 fc01::1   62 ms  63 ms  78 ms
 3 fb01::10  62 ms  94 ms  78 ms
```

图13-17　PC1与PC3之间网络通性测试

（2）使用PC2 tracert PC3的IPv6地址FB01::10，如图13-18所示。可以看到，PC2访问PC3的路径为R3→R1→PC3。

```
PC>tracert fb01::10

traceroute to fb01::10, 8 hops max, press Ctrl_C to stop
 1 fc00::3   31 ms  47 ms  31 ms
 2 fc01::1   63 ms  93 ms  63 ms
 3 fb01::10  62 ms  63 ms  94 ms
```

图13-18　PC2与PC3之间网络连通性测试

练习与思考

◎ **理论题**

1.下列关于 VRRP 的描述错误的是（　　）。

　　A.VRRPv3 版本可支持配置 VRRP6

　　B.VRRPv2 版本可支持配置 VRRP6

　　C.配置 VRRP6 可以为 PC 提供备份网关

　　D.VRRPv3 可支持 IPv4 协议

2.下列关于 VRRP 优先级的说法错误的是（　　）。

　　A.优先级数值越大优先级越高　　　B.优先级最高的设备会成为 Master

　　C.默认优先级数值为 100　　　　　D.IP 拥有者的优先级可被修改

3.下列关于 VRRP 作用的说法中正确的是（　　）。

　　A.提高了网络中默认网关的可靠性

　　B.加快了网络中路由协议的收敛速度

　　C.主要用于网络中的流量分担

　　D.为不同网段提供一个默认网关，简化了网络中 PC 上的网关配置

4.配置 VRRP 功能可以实现（　　）。（多选）

　　A.局域网的网关备份　　　　　　　B.广域网的网关备份

　　C.流量负载分担　　　　　　　　　D.帮助 PC 完成路由选择

5.提供相同虚拟 IP 地址的设备上创建的 VRID 必须相同。（　　）（判断）

6.同一个接口下可以创建多个 VRRP 备份组。（　　）（判断）

◎ **项目实训题**

1.项目背景与要求

Jan161 公司网络中有一个服务器集群，现需要为服务器集群中的 Web 服务器和 FTP 服务器分别配备主网关和备份网关，如图 13-19 所示。具体要求如下：

（1）根据实训拓扑，为 PC 和路由器配置 IPv6 地址（x 为班级，y 为短学号）。

（2）为 R1 配置通往服务器集群的静态路由，下一跳分别为 R2 和 R3。

（3）为 R2 配置通往互联网的静态路由，下一跳为 R1。

（4）为 R3 配置通往互联网的静态路由，下一跳为 R1。

（5）配置 VRRP6。

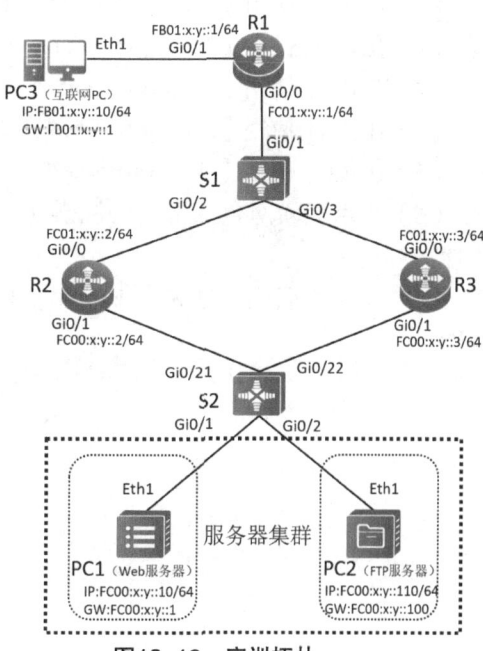

图13-19　实训拓扑

2.实训业务规划

根据以上实训拓扑和需求，参考本项目的项目规划完成表13-5～表13-7。

表13-5 端口互联规划表

本端设备	本端接口	对端设备	对端接口

表13-6 VRRP6备份组规划表

服务器	备份组号	设备名称	虚拟IP地址	虚拟链路本地地址	优先级

表13-7 IPv6地址规划表

设备名称	接口	IP地址	网关地址	用途

3.实训要求

完成实训后，请截取以下实训验证截图：

（1）在R1上使用【show ipv6 route】命令，查看IPv6路由表。

（2）在R2上使用【show ipv6 route】命令，查看IPv6路由表。

（3）在R3上使用【show ipv6 route】命令，查看IPv6路由表。

（4）在R2上使用【show ipv6 vrrp brief】命令，查看VRRP6选举情况。

（5）在R3上使用【show ipv6 vrrp brief】命令，查看VRRP6选举情况。

（6）使用互联网PC3 ping Web服务器，测试互联网主机与Web服务器之间的网络连通性。

（7）使用互联网PC3 ping FTP服务器，测试互联网主机与FTP服务器之间的网络连通性。

项目 14

Jan16 公司基于 MSTP 和 VRRP 的高可靠性网络搭建

扫一扫，看微课

项目描述

Jan16公司网络已全面支持IPv6，现公司业务流量较大，为防止因单点故障导致网络服务中断，需要为项目部和策划部的通信链路配置冗余链路并实现负载分担。公司网络拓扑如图14-1所示，具体要求如下：

（1）项目部以S1作为网关，策划部以S2作为网关。S1与S2互为备份，主网关发生故障时，备份网关继续承载用户数据。

（2）为提高两台核心交换机S1和S2之间的数据交换速率，在S1和S2之间配置聚合链路提高链路带宽。

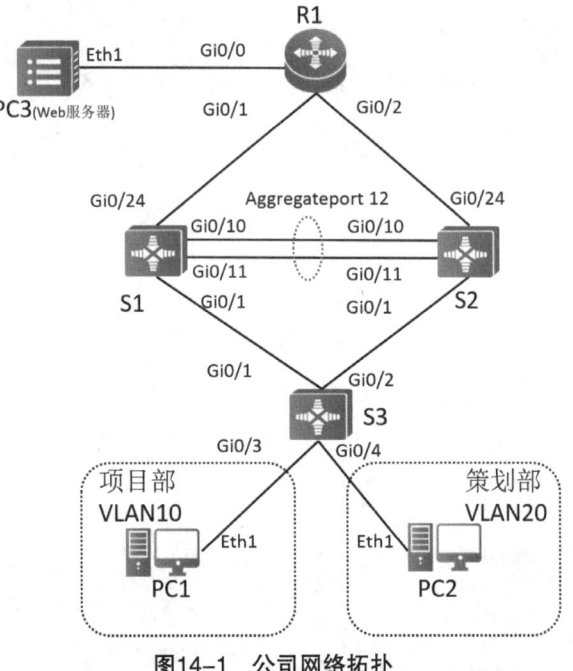

图14-1　公司网络拓扑

项目需求分析

Jan16公司需要为项目部和策划部均配备主网关和备份网关设备，可为各部门创建部门VLAN并配置VRRP6和MSTP协议。

在S1与S2上为项目部VLAN和策划部VLAN各创建一个VRRP6备份组，分别为VRID 10和VRID 20，备份组VRID 10设置S1作为主网关，S2作为备份网关。备份组VRID 20设置S2作为主网关，S1作为备份网关。

项目部VLAN和策划部VLAN各创建一个MSTP实例，分别为Instance 10和Instance 20，Instance 10以S1作为根桥，S2作为备份根桥，Instance 20以S2作为根桥，S1作为备份根桥，从而实现数据链路层流量路径的优选。

调整OSPFv3的开销值使得一般情况下R1向项目部转发流量时优先经由S1转发，S2作为备份；向策划部转发流量时优先经由S2转发，S1作为备份。

为提高S1和S2之间的链路带宽，可通过手动添加 AP 口成员，将多个物理端口绑定，以实现链路聚合。

因此，本项目可以分解为以下工作任务来完成：

（1）配置部门VLAN，实现部门网络划分。

（2）配置聚合链路及交换机互联链路，实现PC与网关交换机的通信。

（3）配置路由器、交换机、PC及服务器的IPv6地址，完成IPv6网络的创建。

（4）配置MSTP，实现交换机冗余链路的创建。

（5）配置 VRRP6，实现虚拟网关的创建。

（6）配置 OSPFv3，实现 IPv6 路由自动学习。

（7）调整 OSPFv3 接口 Cost 值，实现 OSPFv3 基于 Cost 的选路。

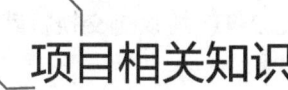

项目相关知识

14.1 传统生成树协议的弊端

在传统园区网络中，通常会通过增设冗余设备及冗余链路来提高网络的可靠性，但同时会带来网络环路和链路闲置的问题。STP 和 RSTP 便是为解决交换网络中因增设冗余设备和冗余链路造成的网络环路问题而设计的，但仅解决了网络环路问题，链路闲置的问题仍然存在。

图 14-2 所示是运行 STP 的网络拓扑。在 SWA 上 Gi0/1 被选举为阻塞端口，Gi0/2 被选举为根端口，根端口用于转发 VLAN10 和 VLAN20 的流量。当 VLAN20 需要访问其他网段的网络时，经由 SWA 将流量转发至 SWC 即可被网关转发。当 VLAN10 需要访问其他网段的网络时，需经由 SWA 将流量转发至 SWC 再转发至 SWB 才可被网关转发，显然，VLAN10 的流量路径在网络拓扑中并非最优路径，并且在通信过程中，SWA 的 Gi0/1 接口的链路处于闲置状态。

若接口 Gi0/2 发生故障，Gi0/1 接口选举为新的根端口，继续转发流量。此时，因配置问题，Gi0/1 接口的允许列表并未允许 VLAN20 的流量通过，这将导致 VLAN20 无法与外部网络进行通信。

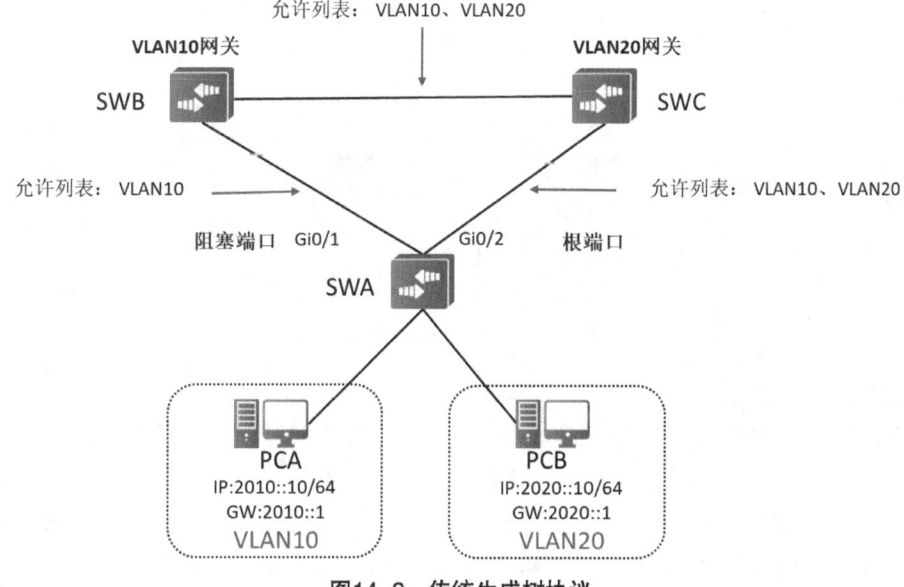

图14-2 传统生成树协议

14.2 MSTP协议原理

1. MSTP协议基本原理

IEEE于2002年发布的802.1S标准定义了多生成树协议（Multiple Spanning Tree Protocol，MSTP），它是一种STP和VLAN结合使用的新协议，既继承了RSTP端口快速迁移的优点，又解决了RSTP中不同VLAN必须运行在同一棵生成树上的问题。MSTP协议是交换机默认运行的生成树协议。

MSTP提出了"多生成树实例"（MST Instance，MSTI）的概念，MSTP允许将一个或多个VLAN映射到一个MSTI中，每个MSTI均根据RSTP算法独立计算根交换机，单独设置端口状态，即在交换网络中计算多棵生成树，不同的生成树之间独立运行互不干扰。每个MSTI都有一个标识（MST Instance ID，MSTID），默认情况下，交换机所创建的VLAN均属于MST Instance 0。

如图14–3所示，为MSTP创建两个实例，分别为Instance 10和Instance 20，Instance 10包含VLAN10，通过配置，以SWB作为根桥（选举原理与RSTP一样），SWA的Gi0/1口作为根端口转发VLAN10流量，VLAN10流量可以通过最优路径抵达网关。Instance 20包含VLAN20，通过配置，以SWC作为根桥，SWA的Gi0/2口作为根端口转发VLAN20流量，VLAN20流量可以通过最优路径抵达网关。这样既解决了网络环路问题，又解决了链路闲置问题，流量能够在SWB和SWC之间均衡负载。

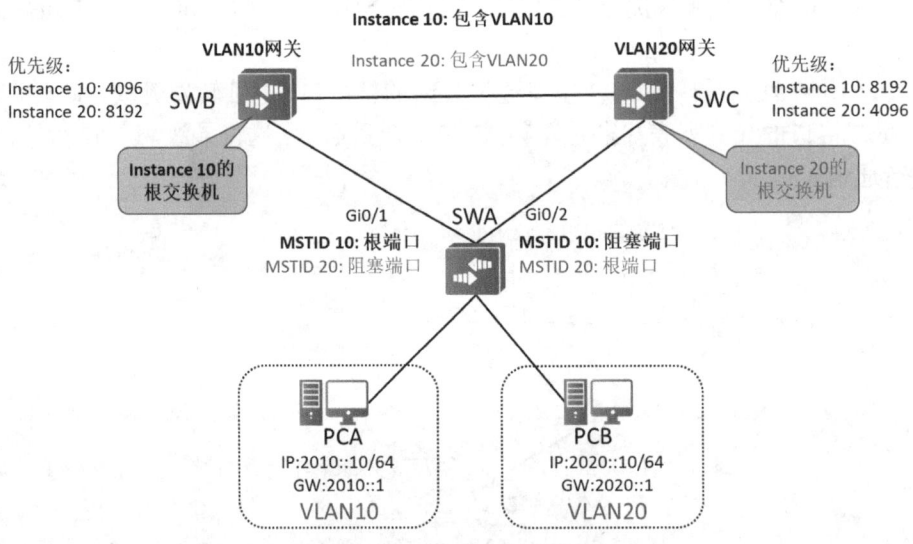

图14-3　MSTP协议的工作原理

2. MST区域

MST区域（MST Region）是配置MSTP时必须定义的配置信息。除Instance 0之外，每个区域的MST Instance都独立计算生成树，不管是否包含相同的VLAN，不管VLAN是否通过区域间链路，区域间的生成树计算都互不影响。通过MST区域配置，可以减小生成树网络的管理范围，加快网络的收敛速度，也可以使网络的配置更加灵活，如图14–4所示。

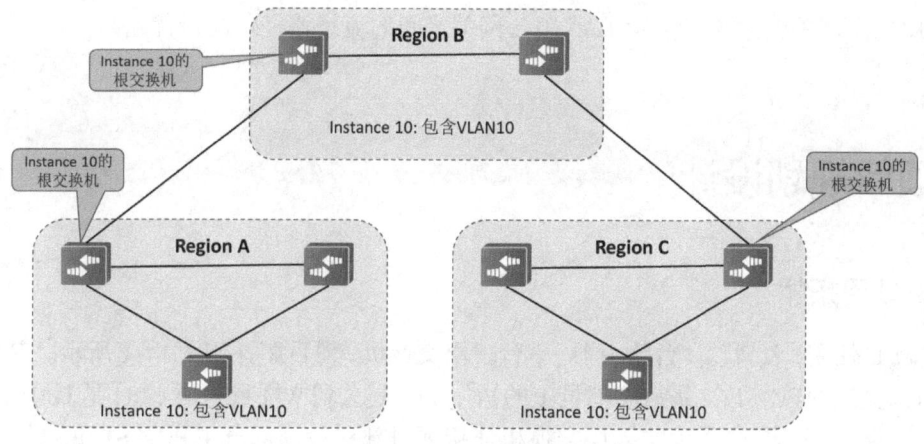

图14-4　MST区域

3.区分MST区域

MST Region信息和VLAN到MST Instance的映射关系信息将形成MST配置表,由设备所维护。通过MD5算法,将MST配置表计算生成MST配置表摘要信息(Configuration Digest),属于相同MST区域的交换机的MST配置表相同,所生成的MST配置表摘要信息也相同。设备在交互协议报文时,可以通过识别MST配置表摘要信息来确定两台设备是否属于同一MST区域。

因MST配置表摘要信息是使用MD5算法计算得出的,有极小的可能出现不同MST区域的MST摘要信息计算结果相同,导致MSTP计算出错的情况,建议配置MSTP时,为属于相同MST区域的设备配置一个修订级别(Revision Level),通过修订级别参数,进一步区分来自不同MST区域的交换机。

14.3 MSTP+VRRP

如图 14-5 所示,Instance 10 的根桥是SWB,Instance 20 的根桥是SWC,VLAN10 和VLAN20的流量分别经由SWB和SWC转发至其他网络。此时设置SWB作为VLAN10的网关交换机,SWC作为VLAN20的网关交换机,那么VLAN10和VLAN20的流量均可通过最优路径将流量发送至网关。

若 SWA 的 Gi0/1 出 现 故障,Instance10的Gi0/2接口便会选举成为新的根端口,用于转发 VLAN10 的流量。此时VLAN10的流量要抵达网关,需经由 SWA 发送至 SWC 再发送给SWB,形成次优路径。如果此时结合使用VRRP协议,可设置SWB作为VLAN10的主网关,SWC作为VLAN10的 备份网关,当 Gi0/1 接口发生故障时,SWC 能切换为

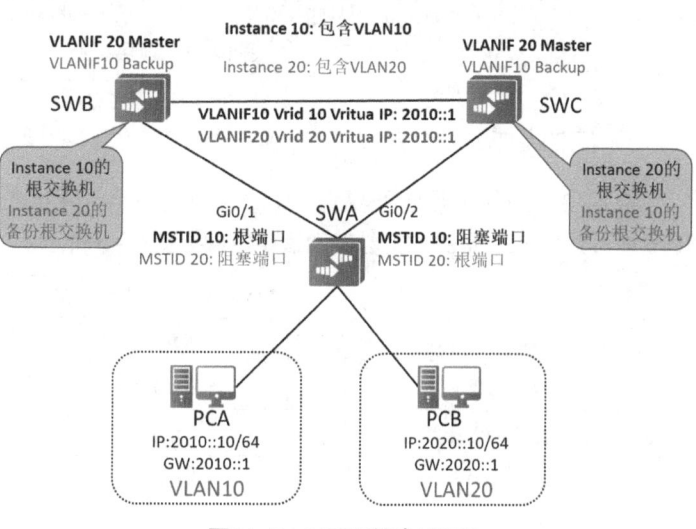

图14-5　MSTP结合VRRP

VLAN10的主网关，这样一来，VLAN10与网关之间的流量路径仍为最优路径。

项目规划设计

◎ 项目拓扑

本项目使用3台PC、1台路由器、3台三层交换机，项目拓扑如图14-6所示。其中PC1是项目部员工的PC，PC2是策划部员工的PC，PC3是公司Web服务器，R1是Jan16公司网络的核心路由器，将S3作为接入层交换机连接项目部和策划部员工PC，S1和S2是汇聚层交换机作为各部门员工PC的网关交换机。

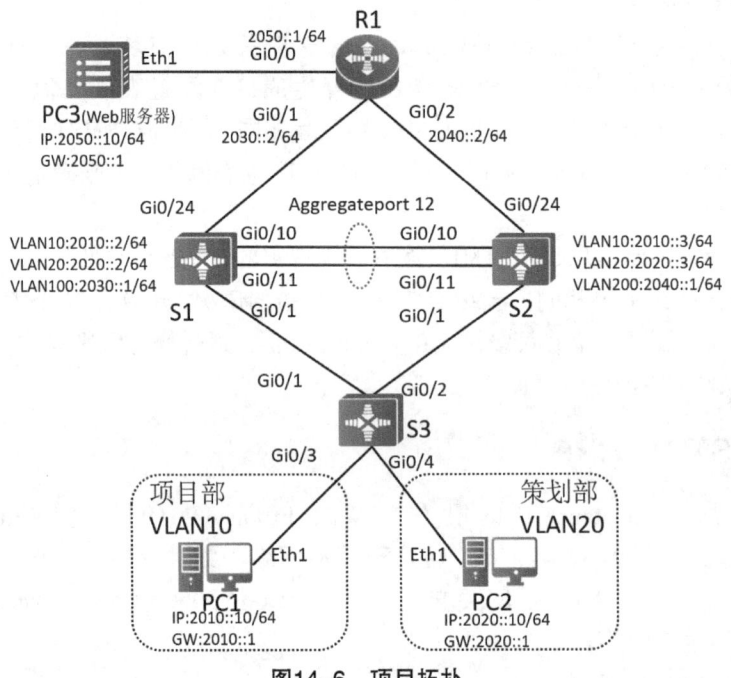

图14-6　项目拓扑

◎ 项目规划

根据项目拓扑进行业务规划，VLAN规划表、端口互联规划表、VRRP6备份组规划表、IPv6地址规划表、MSTP规划表如表14-1 ~ 表14-5所示。

表14-1　VLAN规划表

VLAN	IP地址段	用途
VLAN10	2010::/64	项目部
VLAN20	2020::/64	策划部
VLAN100	2030::/64	S1与R1互联地址
VLAN200	2040::/64	S2与R1互联地址

表14-2 端口互联规划表

本端设备	本端接口	对端设备	对端接口
PC1	Eth1	S3	Gi0/3
PC2	Eth1	S3	Gi0/4
PC3	Eth1	R1	Gi0/0
R1	Gi0/0	PC3	Eth1
	Gi0/1	S1	Gi0/24
	Gi0/2	S2	Gi0/24
S1	Gi0/1	S3	Gi0/1
	Gi0/10	S2	Gi0/10
	Gi0/11	S2	Gi0/11
	Gi0/24	R1	Gi0/1
S2	Gi0/1	S3	Gi0/2
	Gi0/10	S1	Gi0/10
	Gi0/11	S1	Gi0/11
	Gi0/24	R1	Gi0/2
S3	Gi0/3	PC1	Eth1
	Gi0/4	PC2	Eth1
	Gi0/1	S1	Gi0/1
	Gi0/2	S2	Gi0/1

表14-3 VRRP6备份组规划表

备份组号	VLAN	设备名称	虚拟IP地址	虚拟链路本地地址	优先级
10	10	S1	2010::1	FE80::10	200
		S2			150
20	20	S1	2020::1	FE80::20	150
		S2			200

表14-4 IPv6地址规划表

设备名称	接口	IP地址	网关地址	用途
PC1	Eth1	2010::10/64	2010::1	PC1主机地址
PC2	Eth1	2020::10/64	2020::1	PC2主机地址
PC3	Eth1	2050::10/64	2050::1	服务器地址
R1	Gi0/0	2050::1/64	N/A	服务器网关地址
	Gi0/1	2030::2/64	N/A	接口地址
	Gi0/2	2040::2/64	N/A	接口地址

续表

设备名称	接口	IP地址	网关地址	用途
	VLAN10	2010::2/64	N/A	接口地址
S1	VLAN20	2020::2/64	N/A	接口地址
	VLAN100	2030::1/64	N/A	接口地址
	VLAN10	2010::3/64	N/A	接口地址
S2	VLAN20	2020::3/64	N/A	接口地址
	VLAN200	2040::1/64	N/A	接口地址

表14-5　MSTP规划表

设备名称	VLAN	MSTID	域名	优先级
S1	10	10		4096
	20	20	Jan16	8192
S2	10	10		8192
	20	20		4096

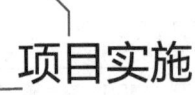

项目实施

任务 14-1　配置部门 VLAN

任务规划

根据端口互联规划表（如表14-2所示）要求，为两台交换机创建部门VLAN，然后将对应端口划分到部门VLAN中。

任务实施

1.在交换机上创建VLAN。

（1）为S1创建部门VLAN10、VLAN20及通信VLAN100。

Ruijie>enable	进入特权模式
Ruijie#configure terminal	进入全局配置模式
Ruijie(config)#hostname S1	修改设备名称
S1(config)#vlan 10	创建VLAN10
S1(config-vlan)#vlan 20	创建VLAN20
S1(config-vlan)#vlan 100	创建VLAN100
S1(config-vlan)#exit	退出

（2）为S2创建部门VLAN10、VLAN20及通信VLAN200。

Ruijie>enable	进入特权模式
Ruijie#configure terminal	进入全局配置模式
Ruijie(config)#hostname S2	修改设备名称
S2(config)#vlan10	创建VLAN10
S2(config-vlan)#vlan 20	创建VLAN20
S2(config-vlan)#vlan 200	创建VLAN200
S2(config-vlan)#exit	退出

（3）为S3创建部门VLAN10、VLAN20。

Ruijie>enable	进入特权模式
Ruijie#configure terminal	进入全局配置模式
Ruijie(config)#hostname S3	修改设备名称
S3(config)#vlan 10	创建VLAN10
S3(config-vlan)#vlan 20	创建VLAN20
S3(config-vlan)#exit	退出

2.为交换机划分端口到部门VLAN中。

（1）为S1划分VLAN，并将对应端口添加到部门VLAN中。

S1(config)#interface GigabitEthernet 0/24	进入端口视图
S1(config-if-GigabitEthernet 0/24)#switchport mode access	配置链路类型为ACCESS
S1(config-if-GigabitEthernet 0/24)#switchport access vlan 100	划分端口到VLAN100中
S1(config-if-GigabitEthernet 0/24)#exit	退出

（2）为S2划分VLAN，并将对应端口添加到部门VLAN中。

S2(config)#interface GigabitEthernet 0/24	进入端口视图
S2(config-if GigabitEthernet 0/24)#switchport mode access	配置链路类型为ACCESS
S2(config-if-GigabitEthernet 0/24)#switchport access vlan 200	划分端口到VLAN200中
S2(config-if-GigabitEthernet 0/24)#exit	退出

（3）为S3划分VLAN，并将对应端口添加到部门VLAN中。

S3(config)#interface GigabitEthernet 0/3	进入端口视图
S3(config-if-GigabitEthernet 0/3)#switchport mode access	配置链路类型为ACCESS
S3(config-if-GigabitEthernet 0/3)#switchport access vlan 10	划分端口到VLAN10中
S3(config-if-GigabitEthernet 0/3)#exit	退出
S3(config)#interface GigabitEthernet 0/4	进入端口视图
S3(config-if-GigabitEthernet 0/4)#switchport mode access	配置链路类型为ACCESS
S3(config-if-GigabitEthernet 0/4)#switchport access vlan 20	划分端口到VLAN20中
S3(config-if-GigabitEthernet 0/4)#exit	退出

任务验证

（1）在S1上使用【show vlan】命令验证VLAN创建情况，如图14-7所示，可以看到VLAN10、VLAN20、VLAN100已经创建完成。

```
S1(config)#show vlan
VLAN Name                      Status      Ports
-------- ---------------------- ----------- ------------------------------
     1 VLAN0001                STATIC     Gi0/1, Gi0/2, Gi0/3, Gi0/4
                                          Gi0/5, Gi0/6, Gi0/7, Gi0/8
                                          Gi0/9, Gi0/10, Gi0/11, Gi0/12
                                          Gi0/13, Gi0/14, Gi0/15, Gi0/16
                                          Gi0/17, Gi0/18, Gi0/19, Gi0/20
                                          Gi0/21, Gi0/22, Gi0/23, Gi0/25
                                          Gi0/26, Gi0/27, Gi0/28, Te0/29
                                          Te0/30, Te0/31, Te0/32
    10 VLAN0010                STATIC
    20 VLAN0020                STATIC
   100 VLAN0100                STATIC     Gi0/24
S1(config)#
```

图14-7　验证S1的VLAN创建情况

（2）在S2上使用【show vlan】命令验证VLAN创建情况，如图14-8所示，可以看到VLAN10、VLAN20、VLAN200已经创建完成。

```
S2(config)#show vlan
VLAN Name                      Status      Ports
-------- ---------------------- ----------- ------------------------------
     1 VLAN0001                STATIC     Gi0/1, Gi0/2, Gi0/3, Gi0/4
                                          Gi0/5, Gi0/6, Gi0/7, Gi0/8
                                          Gi0/9, Gi0/10, Gi0/11, Gi0/12
                                          Gi0/13, Gi0/14, Gi0/15, Gi0/16
                                          Gi0/17, Gi0/18, Gi0/19, Gi0/20
                                          Gi0/21, Gi0/22, Gi0/23, Gi0/25
                                          Gi0/26, Gi0/27, Gi0/28, Te0/29
                                          Te0/30, Te0/31, Te0/32
    10 VLAN0010                STATIC
    20 VLAN0020                STATIC
   200 VLAN0200                STATIC     Gi0/24
S2(config)#
```

图14-8　验证S2的VLAN创建情况

（3）在S3上使用【show vlan】命令验证VLAN创建情况，如图14-9所示，可以看到VLAN10、VLAN 20已经创建完成。

```
S3(config)#show vlan
VLAN Name                      Status      Ports
-------- ---------------------- ----------- ------------------------------
     1 VLAN0001                STATIC     Gi0/1, Gi0/2, Gi0/5, Gi0/6
                                          Gi0/7, Gi0/8, Gi0/9, Gi0/10
                                          Gi0/11, Gi0/12, Gi0/13, Gi0/14
                                          Gi0/15, Gi0/16, Gi0/17, Gi0/18
                                          Gi0/19, Gi0/20, Gi0/21, Gi0/22
                                          Gi0/23, Gi0/24, Gi0/25, Gi0/26
                                          Gi0/27, Gi0/28, Te0/29, Te0/30
                                          Te0/31, Te0/32
    10 VLAN0010                STATIC     Gi0/3
    20 VLAN0020                STATIC     Gi0/4
S3(config)#
```

图14-9　验证S3的VLAN创建情况

（4）在 S1 上使用【show interface switchport】命令验证链路配置情况，如图 14-10 所示。

```
S1(config)#show interface switchport
Interface              Switchport Mode     Access Native  Protected  VLAN lists
------------------------------------------------------------------------------------
… …
GigabitEthernet 0/24   enabled    ACCESS   100    1        Disabled   ALL
… …
S1(config)#
```

图14-10　验证S1的链路配置情况

（5）在 S2 上使用【show interface switchport】命令验证链路配置情况，如图 14-11 所示。

```
S2(config)#show interface switchport
Interface              Switchport Mode     Access Native  Protected  VLAN lists
------------------------------------------------------------------------------------
… …
GigabitEthernet 0/24   enabled    ACCESS   200    1        Disabled   ALL
… …
S2(config)#
```

图14-11　验证S2的链路配置情况

（6）在 S3 上使用【show interface switchport】命令验证链路配置情况，如图 14-12 所示。

```
S3(config)#show interface switchport
Interface              Switchport Mode     Access Native  Protected  VLAN lists
------------------------------------------------------------------------------------
GigabitEthernet 0/3    enabled    ACCESS   10     1        Disabled   ALL
GigabitEthernet 0/4    enabled    ACCESS   20     1        Disabled   ALL
… …
S3(config)#
```

图14-12　验证S3的链路配置情况

任务 14-2　配置聚合链路及交换机互联链路

任务规划

将 S1 与 S2 之间的链路配置为聚合链路，配置交换机之间的互联链路为 TRUNK 链路并为相关 VLAN 配置允许列表。

任务实施

1. 配置 S1 和 S2 间的聚合链路

（1）在交换机 S1 上配置 Gi0/10、Gi0/11 为聚合链路。

S1(config)#interface aggregatePort 12	创建一个AP口
S1(config-if-AggregatePort 12)#exit	退出
S1(config)#interface GigabitEthernet 0/10	进入端口视图
S1(config-if-GigabitEthernet 0/10)#port-group 12	添加成员进AP口
S1(config-if-GigabitEthernet 0/10)#exit	退出
S1(config)#interface GigabitEthernet 0/11	进入端口视图
S1(config-if-GigabitEthernet 0/11)#port-group 12	添加成员进AP口
S1(config-if-GigabitEthernet 0/11)#exit	退出

（2）在交换机S2上配置 Gi0/10、Gi0/11 为聚合链路。

S2(config)#interface aggregatePort 12	创建一个AP口
S2(config-if-AggregatePort 12)#exit	退出
S2(config)#interface GigabitEthernet 0/10	进入端口视图
S2(config-if-GigabitEthernet 0/10)#port-group 12	添加成员进AP口
S2(config-if-GigabitEthernet 0/10)#exit	退出
S2(config)#interface GigabitEthernet 0/11	进入端口视图
S2(config-if-GigabitEthernet 0/11)#port-group 12	添加成员进AP口
S2(config-if-GigabitEthernet 0/11)#exit	退出

2. 配置 S1、S2、S3 的互联链路

（1）在S1上配置交换机互联链路为TRUNK链路，并为相关VLAN配置允许列表。

S1(config)#interface GigabitEthernet 0/1	进入端口视图
S1(config-if-GigabitEthernet 0/1)#switchport mode trunk	配置链路类型为TRUNK
S1(config-if-GigabitEthernet 0/1)#switchport trunk all vlan all	配置允许所有列表
S1(config-if-GigabitEthernet 0/1)#exit	退出
S1(config)#interface aggregatePort 12	进入链路聚合组
S1(config-if-AggregatePort 12)#switchport mode trunk	配置链路类型为TRUNK
S1(config-if-AggregatePort 12)#switchport trunk all vlan all	配置允许所有列表
S1(config-if-AggregatePort 12)#exit	退出

（2）在S2上配置交换机互联链路为TRUNK链路，并为相关VLAN配置允许列表。

S2(config)#interface GigabitEthernet 0/1	进入端口视图
S2(config-if-GigabitEthernet 0/1)#switchport mode trunk	配置链路类型为TRUNK
S2(config-if-GigabitEthernet 0/1)#switchport trunk all vlan all	配置允许所有列表
S2(config-if-GigabitEthernet 0/1)#exit	退出
S2(config)#interface aggregatePort 12	进入链路聚合组
S2(config-if-AggregatePort 12)#switchport mode trunk	配置链路类型为TRUNK
S2(config-if-AggregatePort 12)#switchport trunk all vlan all	配置允许所有列表
S2(config-if-AggregatePort 12)#exit	退出

（3）在S3上配置交换机互联链路为TRUNK链路，并为相关VLAN配置允许列表。

S3(config)#interface GigabitEthernet 0/1	进入端口视图
S3(config-if-GigabitEthernet 0/1)#switchport mode trunk	配置链路类型为TRUNK
S3(config-if-GigabitEthernet 0/1)#switchport trunk all vlan all	配置允许所有列表
S3(config-if-GigabitEthernet 0/1)#exit	退出

S3(config)#interface GigabitEthernet 0/2	进入端口视图
S3(config–if–GigabitEthernet 0/2)#switchport mode trunk	配置链路类型为TRUNK
S3(config–if–GigabitEthernet 0/2)#switchport trunk all vlan all	配置允许所有列表
S3(config–if–GigabitEthernet 0/2)#exit	退出

任务验证

（1）在S1上使用【show aggregatePort 12 summary】【show interface switchport】命令验证聚合链路配置情况和链路状态，如图14-13所示。

```
S1(config)#show aggregatePort 12 summary
AggregatePort MaxPorts SwitchPort Mode   Load balance  Ports
------------- -------- ---------- ------ ------------- ---------------
Ag12          8        Enabled    TRUNK  src-dst-mac   Gi0/10 ,Gi0/11
S1(config)#
S1(config)#show interface switchport
Interface           Switchport Mode   Access Native Protected VLAN lists
------------------- ---------- ------ ------ ------ --------- ----------
GigabitEthernet 0/1 enabled    TRUNK  1      1      Disabled  ALL
… …
AggregatePort 12    enabled    TRUNK  1      1      Disabled  ALL
S1(config)#
```

图14-13 验证S1的聚合链路配置情况和链路状态

（2）在S2上使用【show aggregatePort 12 summary】【show interface switchport】命令验证聚合链路配置情况和链路状态，如图14-14所示。

```
S2(config)#show aggregatePort 12 summary
AggregatePort MaxPorts SwitchPort Mode   Load balance  Ports
------------- -------- ---------- ------ ------------- ---------------
Ag12          8        Enabled    TRUNK  src-dst-mac   Gi0/10 ,Gi0/11
S2(config)#
S2(config)#show interface switchport
Interface           Switchport Mode   Access Native Protected VLAN lists
------------------- ---------- ------ ------ ------ --------- ----------
GigabitEthernet 0/1 enabled    TRUNK  1      1      Disabled  ALL
… …
AggregatePort 12    enabled    TRUNK  1      1      Disabled  ALL
S2(config)#
```

图14-14 验证S2的聚合链路配置情况和链路状态

（3）在S3上使用【show interface switchport】命令验证链路状态，如图14-15所示。

```
S3(config)#show interface switchport
Interface           Switchport Mode   Access Native Protected VLAN lists
------------------- ---------- ------ ------ ------ --------- ----------
GigabitEthernet 0/1 enabled    TRUNK  1      1      Disabled  ALL
GigabitEthernet 0/2 enabled    TRUNK  1      1      Disabled  ALL
… …
S1(config)#
```

图14-15 验证S3的链路状态

任务 14-3　配置路由器、交换机、PC 及服务器的 IPv6 地址

任务规划

根据 IPv6 地址规划表为路由器、交换机及 PC 配置 IPv6 地址。

任务实施

1. 根据表 14-6 为各部门 PC 配置 IPv6 地址

表14-6　各部门PC的IPv6地址

设备名称	IP地址	网关地址
PC1	2010::10/64	2010::1
PC2	2020::10/64	2020::1
PC3	2050::10/64	2050::1

PC2 的 IPv6 地址配置结果如图 14-16 所示，同理完成 PC1 和 PC3 的 IPv6 地址配置。

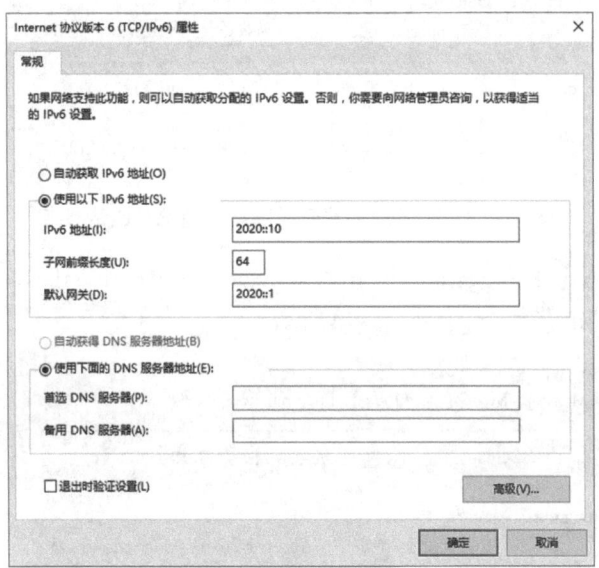

图14-16　PC2的IPv6地址配置结果

2. 配置路由器 R1 的接口 IP 地址

在路由器 R1 上配置 IPv6 地址，作为 PC3 的网关，以及与 S1、S2 互联的地址。

Ruijie>enable	进入特权模式
Ruijie#configure terminal	进入全局配置模式
Ruijie(config)#hostname R1	修改设备名称
R1(config)#interface GigabitEthernet 0/0	进入接口视图
R1(config-if-GigabitEthernet 0/0)#ipv6 enable	开启IPv6功能
R1(config-if-GigabitEthernet 0/0)#ipv6 address 2050::1/64	配置IPv6地址
R1(config-if-GigabitEthernet 0/0)#exit	退出
R1(config)#interface GigabitEthernet 0/1	进入接口视图
R1(config-if-GigabitEthernet 0/1)#ipv6 enable	开启IPv6功能

R1(config-if-GigabitEthernet 0/1)#ipv6 address 2030::2/64	配置IPv6地址
R1(config-if-GigabitEthernet 0/1)#exit	退出
R1(config)#interface GigabitEthernet 0/2	进入接口视图
R1(config-if-GigabitEthernet 0/2)#ipv6 enable	开启IPv6功能
R1(config-if-GigabitEthernet 0/2)#ipv6 address 2040::2/64	配置IPv6地址
R1(config-if-GigabitEthernet 0/2)#exit	退出

3.配置交换机 S1 的 VLAN 接口 IP 地址

在交换机 S1 上配置 IPv6 地址,作为 PC1、PC2 的网关,以及与 R1 互联的地址。

S1(config)#interface vlan 10	进入接口视图
S1(config-if-VLAN 10)#ipv6 enable	启用IPv6功能
S1(config-if-VLAN 10)#ipv6 address 2010::2/64	配置IPv6地址
S1(config-if-VLAN 10)#exit	退出
S1(config)#interface vlan 20	进入接口视图
S1(config-if-VLAN 20)#ipv6 enable	启用IPv6功能
S1(config-if-VLAN 20)#ipv6 address 2020::2/64	配置IPv6地址
S1(config-if-VLAN 20)#exit	退出
S1(config)#interface vlan 100	进入接口视图
S1(config-if-VLAN 100)#ipv6 enable	启用IPv6功能
S1(config-if-VLAN 100)#ipv6 address 2030::1/64	配置IPv6地址
S1(config-if-VLAN 100)#exit	退出

4.配置交换机 S2 的 VLAN 接口 IP 地址

在交换机 S2 上配置 IPv6 地址,作为 PC1、PC2 的网关,以及与 R1 互联的地址。

S2(config)#interface vlan 10	进入接口视图
S2(config-if-VLAN 10)#ipv6 enable	启用IPv6功能
S2(config-if-VLAN 10)#ipv6 address 2010::3/64	配置IPv6地址
S2(config-if-VLAN 10)#exit	退出
S2(config)#interface vlan 20	进入接口视图
S2(config-if-VLAN 20)#ipv6 enable	启用IPv6功能
S2(config-if-VLAN 20)#ipv6 address 2020::3/64	配置IPv6地址
S2(config-if-VLAN 20)#exit	退出
S2(config)#interface vlan 200	进入接口视图
S2(config-if-VLAN 200)#ipv6 enable	启用IPv6功能
S2(config-if-VLAN 200)#ipv6 address 2040::1/64	配置IPv6地址
S2(config-if-VLAN 200)#exit	退出

任务验证

（1）在R1上使用【show ipv6 interface brief】命令验证IPv6地址配置情况，如图14-17所示。

```
R1(config)#show ipv6 interface brief

GigabitEthernet 0/0          [up/up]
        FE80::8205:88FF:FED0:D848
        2050::1
GigabitEthernet 0/1          [up/up]
        FE80::8205:88FF:FED0:D847
      2030::2
GigabitEthernet 0/2          [up/up]
        FE80::8205:88FF:FED0:D846
        2040::2
R1(config)#
```

图14-17　验证R1的IPv6地址配置情况

（2）在S1上使用【show ipv6 interface brief】命令验证IPv6地址配置情况，如图14-18所示。

```
S1(config)#show ipv6 interface brief

VLAN 10                  [up/up]
        FE80::274:9CFF:FEDD:E60D
        2010::2
VLAN 20                  [up/up]
        FE80::274:9CFF:FEDD:E60D
        2020::2
VLAN 100                 [up/up]
        FE80::274:9CFF:FEDD:E60D
        2030::1

S1(config)#
```

图14-18　验证S1的IPv6地址配置情况

（3）在S2上使用【show ipv6 interface brief】命令验证IPv6地址配置情况，如图14-19所示。

```
S2(config)#show ipv6 interface brief

VLAN 10                  [up/up]
        FE80::8205:88FF:FEA5:8568
        2010::3
VLAN 20                  [up/up]
        FE80::8205:88FF:FEA5:8568
        2020::3
VLAN 200                 [up/up]
        FE80::8205:88FF:FEA5:8568
        2040::1
S2(config)#
```

图14-19　验证S2的IPv6地址配置情况

任务 14-4　配置 MSTP

任务规划

根据 MSTP 规划表（如表 14-5 所示）要求，为交换机 S1、S2、S3 配置 MSTP。

任务实施

1.配置 S1 的 MSTP

配置 S1 的生成树模式为 MSTP，配置生成树域名并映射 VLAN 到实例中，同时调整实例的优先级。

S1(config)#spanning-tree	开启生成树
S1(config)#spanning-tree mode mstp	配置STP模式为MSTP
S1(config)#spanning-tree mst configuration	配置MST
S1(config-mst)#name JAN16	配置域名
S1(config-mst)#instance 10 vlan 10	映射VLAN10到实例10
S1(config-mst)#instance 20 vlan 20	映射VLAN20到实例20
S1(config-mst)#exit	退出
S1(config)#spanning-tree mst 10 priority 4096	配置实例优先级
S1(config)#spanning-tree mst 20 priority 8192	配置实例优先级

2.配置 S2 的 MSTP

配置 S2 的生成树模式为 MSTP，配置生成树域名并映射 VLAN 到实例中，同时调整实例的优先级。

S2(config)#spanning-tree	开启生成树
S2(config)#spanning-tree mode mstp	配置STP模式为MSTP
S2(config)#spanning-tree mst configuration	配置MST
S2(config-mst)#name JAN16	配置域名
S2(config-mst)#instance 10 vlan 10	映射VLAN10到实例10
S2(config-mst)#instance 20 vlan 20	映射VLAN20到实例20
S2(config-mst)#exit	退出
S2(config)#spanning-tree mst 10 priority 8192	配置实例优先级
S2(config)#spanning-tree mst 20 priority 4096	配置实例优先级

3.配置 S3 的 MSTP

配置 S3 的生成树模式为 MSTP，配置生成树域名并映射 VLAN 到实例中。

S3(config)#spanning-tree	开启生成树
S3(config)#spanning-tree mode mstp	配置STP模式为MSTP
S3(config)#spanning-tree mst configuration	配置MST
S3(config-mst)#name JAN16	配置域名

续表

S3(config-mst)#instance 10 vlan 10	映射VLAN10到实例10
S3(config-mst)#instance 20 vlan 20	映射VLAN20到实例20
S3(config-mst)#exit	退出
S3(config)#interface GigabitEthernet 0/3	进入端口视图
S3(config-if-GigabitEthernet 0/3)#spanning-tree portfast	配置端口为边缘端口
S3(config-if-GigabitEthernet 0/3)#exit	退出
S3(config)#interface GabitEthernet 0/4	进入端口视图
S3(config-if-GigabitEthernet 0/4)#spanning-tree portfast	配置端口为边缘端口
S3(config-if-GigabitEthernet 0/4)#exit	退出

任务验证

在S3上使用【show spanning-tree summary 】命令显示 MSTP 的各 Instance 的信息及其端口转发状态信息，如图 14-20 所示。可以看到S3上的 Instance 10 以 Gi0/1 作为根端口，以 Gi0/2 作为预备端口，VLAN10 的流量从 Gi0/1 端口进行转发。Instance 20 以 Gi0/2 作为根端口，以 Gi0/1 作为预备端口，VLAN10 的流量从 Gi0/2 端口进行转发。

```
S3(config)#show spanning-tree summary
Spanning tree enabled protocol mstp
MST 0 vlans map : 1-9, 11-19, 21-4094
    Root ID    Priority    32768
               Address    0074.9cdd.e4f8
               this bridge is root
               Hello Time   2 sec  Forward Delay 15 sec  Max Age 20 sec

    Bridge ID  Priority    32768
               Address    0074.9cdd.e4f8
               Hello Time   2 sec  Forward Delay 15 sec  Max Age 20 sec

Interface      Role Sts   Cost      Prio   OperEdge Type
--------------- ------ ------ ---------- -------- ------------ ----------------
Gi0/4          Desg FWD 20000     128    True     P2p
Gi0/3          Desg FWD 20000     128    True     P2p
Gi0/2          Desg FWD 20000     128    False    P2p
Gi0/1          Desg FWD 20000     128    False    P2p

MST 10 vlans map : 10
    Region Root Priority  4096
               Address    0074.9cdd.e60c
               this bridge is region root

    Bridge ID  Priority    32768
               Address    0074.9cdd.e4f8

Interface      Role Sts   Cost      Prio   OperEdge Type
--------------- ------ ------ ---------- -------- ------------ ----------------
Gi0/4          Desg FWD 20000     128    True     P2p
Gi0/3          Desg FWD 20000     128    True     P2p
Gi0/2          Altn BLK 20000     128    False    P2p
```

图 14-20　查看 S3 的 MSTP 运行状态

```
Gi0/1        Root FWD 20000   128    False    P2p

MST 20 vlans map : 20
    Region Root Priority  4096
                 Address    8005.88a5.8567
                 this bridge is region root

    Bridge ID Priority  32768
                 Address    0074.9cdd.e4f8

Interface    Role Sts   Cost    Prio   OperEdge Type
---------------- ------ ------- ---------- -------- ----------- ----------------
Gi0/4        Desg FWD 20000   128    True     P2p
Gi0/3        Desg FWD 20000   128    True     P2p
Gi0/2        Root FWD 20000   128    False    P2p
Gi0/1        Altn BLK 20000   128    False    P2p

S3(config)#
```

图14-20　查看S3的MSTP运行状态（续）

任务 14-5　配置 VRRP6 备份组

任务规划

根据VRRP6备份组规划表（如表14-3所示）要求，为S1和S2配置VRRP6备份组。

任务实施

1.为S1配置VRRP6备份组

为S1创建备份组10和备份组20，调整备份组10的优先级。

S1(config)#interface VLAN 10	进入VLAN接口视图
S1(config-if-VLAN 10)# vrrp10 ipv6 fe80::10	配置虚拟链路本地地址，在虚拟IP之前配置
S1(config-if-VLAN 10)# vrrp10 ipv6 2010::1	配置虚拟IP地址
S1(config-if-VLAN 10)#vrrp6 vrid10 priority 200	配置VRID组的优先级
S1(config-if-VLAN 10)#exit	退出
S1(config)#interface VLAN 20	进入VLAN接口视图
S1(config-if-VLAN 20)# vrrp 20 ipv6 fe80::20	配置虚拟链路本地地址，在虚拟IP之前配置
S1(config-if-VLAN 20)# vrrp 20 ipv6 2020::1	配置虚拟IP地址
S1(config-if-VLAN 20)#exit	退出

2.为S2配置VRRP6备份组

为S2创建备份组10和备份组20，调整备份组20的优先级。

S2(config)#interface VLAN 10	进入VLAN接口视图
S2(config-if-VLAN 10)# vrrp 10 ipv6 fe80::10	配置虚拟链路本地地址，在虚拟IP之前配置
S2(config-if-VLAN 10)# vrrp 10 ipv6 2010::1	配置虚拟IP地址
S2(config-if-VLAN 10)#exit	退出

S2(config)#interface VLAN 20	进入VLAN接口视图
S2(config−if−VLAN 20)# vrrp 20 ipv6 fe80::20	配置虚拟链路本地地址，在虚拟IP之前配置
S2(config−if−VLAN 20)# vrrp 20 ipv6 2020::1	配置虚拟IP地址
S2(config−if−VLAN 20)#vrrp6 vrid 20 priority 200	配置VRID组的优先级
S2(config−if−VLAN 20)#exit	退出

任务验证

（1）在S1上使用【show ipv6 vrrp brief】命令验证VRRP6选举情况，如图14-21所示。

```
S1(config)#show ipv6 vrrp brief
Interface      Grp Pri  timer Own Pre  State   Master addr               Group addr
VLAN 10        10  200  3.21   -   P    Master  FE80::274:9CFF:FEDD:E60D  FE80::10
VLAN 20        20  100  3.60   -   P    Backup  FE80::8205:88FF:FEA5:8568 FE80::20
S1(config)#
```

图14-21　验证S1的VRRP6选举情况

（2）在S2上使用【show ipv6 vrrp brief】命令验证VRRP6选举情况，如图14-22所示。

```
S2(config)#show ipv6 vrrp brief
Interface      Grp Pri  timer Own Pre  State   Master addr               Group addr
VLAN 10        10  100  3.60   -   P    Backup  FE80::274:9CFF:FEDD:E60D  FE80::10
VLAN 20        20  200  3.21   -   P    Master  FE80::8205:88FF:FEA5:8568 FE80::20
S2(config)#
```

图14-22　验证S2的VRRP6选举情况

任务 14-6　配置 OSPFv3

任务规划

在S1、S2、R1之间运行动态路由协议OSPFv3。

任务实施

1.配置路由器R1的OSPFv3

在路由器R1上创建OSPFv3进程，配置Router ID，并宣告接口到OSPFv3的对应区域中。

R1(config)#ipv6 router ospf 1	创建OSPFv3进程1
R1(config-router)#router-id 1.1.1.1 Change router−id and update OSPFv3 process! [yes/no]:yes	配置Router ID
R1(config-router)#exit	退出
R1(config)#interface GigabitEthernet 0/0	进入接口视图
R1(config-if−GigabitEthernet 0/0)#ipv6 ospf 1 area 0	宣告接口到OSPFv3进程1的区域0中
R1(config-if−GigabitEthernet 0/0)#exit	退出
R1(config)#interface GigabitEthernet 0/1	进入接口视图
R1(config-if−GigabitEthernet 0/1)#ipv6 ospf 1 area 0	宣告接口到OSPFv3进程1的区域0中
R1(config-if−GigabitEthernet 0/1)#exit	退出
R1(config)#interface GigabitEthernet 0/2	进入接口视图

R1(config–if–GigabitEthernet 0/2)#ipv6 ospf 1 area 0	宣告接口到OSPFv3进程1的区域0中
R1(config–if–GigabitEthernet 0/2)#exit	退出

2.配置交换机 S1 的 OSPFv3

在交换机S1上创建OSPFv3进程,配置Router ID,并宣告接口到OSPFv3的对应区域中。

S1(config)#ipv6 router ospf 1	创建OSPFv3进程1
S1(config–router)#router–id 2.2.2.2 Change router–id and update OSPFv3 process! [yes/no]:yes	配置Router ID
S1(config–router)#exit	退出
S1(config)#interface vlan 10	进入接口视图
S1(config–if–VLAN 10)#ipv6 ospf 1 area 0	宣告接口到OSPFv3进程1的区域0中
S1(config–if–VLAN 10)#exit	退出
S1(config)#interface vlan 20	进入接口视图
S1(config–if–VLAN 20)#ipv6 ospf 1 area 0	宣告接口到OSPFv3进程1的区域0中
S1(config–if–VLAN 20)#exit	退出
S1(config)#interface vlan 100	进入接口视图
S1(config–if–VLAN 100)#ipv6 ospf 1 area 0	宣告接口到OSPFv3进程1的区域0中
S1(config–if–VLAN 100)#exit	退出

3.配置交换机 S2 的 OSPFv3

在交换机S2上创建OSPFv3进程,配置Router ID,并宣告接口到OSPFv3进程1的区域0中。

S2(config)#ipv6 router ospf 1	创建OSPFv3进程1
S2(config–router)#router–id 3.3.3.3 Change router–id and update OSPFv3 process! [yes/no]:yes	配置Router ID
S2(config-router)#exit	退出
S2(config)#interface vlan 10	进入接口视图
S2(config–if–VLAN 10)#ipv6 ospf 1 area 0	宣告接口到OSPFv3进程1的区域0中
S2(config–if–VLAN 10)#exit	退出
S2(config)#interface vlan 20	进入接口视图
S2(config–if–VLAN 20)#ipv6 ospf 1 area 0	宣告接口到OSPFv3进程1的区域0中
S2(config–if–VLAN 20)#exit	退出
S2(config)#interface vlan 200	进入接口视图
S2(config–if–VLAN 200)#ipv6 ospf 1 area 0	宣告接口到OSPFv3进程1的区域0中
S2(config–if–VLAN 200)#exit	退出

任务验证

（1）在R1上使用【show ipv6 route】命令查看OSPFv3路由学习情况，如图14-23所示。

```
R1(config)#show ipv6 route
… …
L     ::1/128 via Loopback, local host
O     2010::/64 [110/2] via FE80::274:9CFF:FEDD:E60D, GigabitEthernet 0/1
             [110/2] via FE80::8205:88FF:FEA5:8568, GigabitEthernet 0/2
O     2020::/64 [110/2] via FE80::274:9CFF:FEDD:E60D, GigabitEthernet 0/1
             [110/2] via FE80::8205:88FF:FEA5:8568, GigabitEthernet 0/2
… …
R1(config)#
```

图14-23　查看R1的OSPFv3路由学习情况

（2）在S1上使用【show ipv6 route】命令查看OSPFv3路由学习情况，如图14-24所示。

```
S1(config)#show ipv6 route
… …
O     2040::/64 [110/2] via FE80::8205:88FF:FEA5:8568, VLAN 10
             [110/2] via FE80::8205:88FF:FEA5:8568, VLAN 20
             [110/2] via FE80::8205:88FF:FED0:D847, VLAN 100
O     2050::/64 [110/2] via FE80::8205:88FF:FED0:D847, VLAN 100
… …
S1(config)#
```

图14-24　查看S1的OSPFv3路由学习情况

（3）在S2上使用【show ipv6 route】命令查看OSPFv3路由学习情况，如图14-25所示。

```
S2(config)#show ipv6 route
… …
O     2030::/64 [110/2] via FE80::274:9CFF:FEDD:E60D, VLAN 10
             [110/2] via FE80::274:9CFF:FEDD:E60D, VLAN 20
             [110/2] via FE80::8205:88FF:FED0:D846, VLAN 200
… …
O     2050::/64 [110/2] via FE80::8205:88FF:FED0:D846, VLAN 200
… …
```

图14-25　查看S2的OSPFv3路由学习情况

任务 14-7　配置 OSPFv3 接口 Cost 值

任务规划

在S1、S2上配置OSPFv3接口Cost值，实现负载分担。

任务实施

1.配置S1的OSPFv3接口Cost值

在交换机S1的VLAN接口上，修改OSPFv3接口Cost值。

S1(config)#interface vlan 20	进入VLAN20接口视图
S1(config-if-VLAN 20)#ipv6 ospf cost 10	修改接口Cost值
S1(config-if-VLAN 20)#exit	退出

2.配置S2的OSPFv3接口Cost值

在交换机S2的VLAN接口上，修改OSPFv3接口Cost值。

S2(config)#interface vlan 10	进入VLAN10接口视图
S2(config−if−VLAN 10)#ipv6 ospf cost 10	修改接口Cost值
S2(config−if−VLAN 10)#exit	退出

任务验证

在 R1 上使用【show ipv6 route】命令查看 OSPFv3 路由学习情况，可以看到 R1 去往 2010::/64 的路由下一跳为 S1，去往 2020::/64 的路由下一跳为 S2，如图 14−26 所示。

```
R1(config)#show ipv6 route
… …
O    2010::/64 [110/2] via FE80::274:9CFF:FEDD:E60D, GigabitEthernet 0/1
O    2020::/64 [110/2] via FE80::8205:88FF:FEA5:8568, GigabitEthernet 0/2
… …
R1(config)#
```

图14−26　查看R1的OSPFv3路由学习情况

项目验证

（1）使用项目部PC1 tracert PC3的IPv6地址2050::10，如图14−27所示。

```
PC>tracert 2050::10

traceroute to 2050::10, 8 hops max, press Ctrl_C to stop
 1  2010::2   47 ms  31 ms  47 ms
 2  2030::2   63 ms  62 ms  63 ms
 3  2050::10  62 ms  63 ms  62 ms
```

图14−27　项目部与PC3之间网络连通性测试

（2）使用策划部PC2 tracert PC3的IPv6地址2050::10，如图14−28所示。

```
PC>tracert 2050::10

traceroute to 2050::10, 8 hops max, press Ctrl_C to stop
 1  2020::2   94 ms   31 ms  78 ms
 2  2040::2   94 ms   94 ms  62 ms
 3  2050::10  110 ms  78 ms  93 ms
```

图14−28　策划部与PC3之间网络连通性测试

练习与思考

◎ 理论题

1.以下关于MSTP的描述中错误的是（　　）。

　　A.1个Instance仅支持映射1个VLAN

B. 1 个 Instance 可以映射 1 个或多个 VLAN

C. 不同 MSTI 之间独立运行，互不影响

D. 同一个 MSTI 中，优先级最高的交换机将成为根交换机

2. MSTP 是在哪个协议中定义的？（　　　）

    A. 802.1W   B. 802.1D   C. 802.1S   D. 802.1Q

3. 交换机默认运行的生成树协议是哪一个？（　　　）

    A. PVST   B. MSTP   C. STP   D. RSTP

4. 以下哪些参数将会影响交换机对 MST 区域的识别？（　　　）（多选）

    A. 优先级   B. 域名   C. 修订级别   D. 端口 ID

5. 可以在 MSTP 网络中配置多个 MSTI，不同 MSTI 定义不同的根交换机来实现数据链路层流量负载分担。（　　　）（判断）

◎ 项目实训题

1. 项目背景与要求

Jan161 公司网络中有项目部与策划部，现需要配置 VRRP6，为项目部和策划部分别配备主网关和备份网关以保障业务的可靠性。为方便网络路由管理，需要配置 OSPFv3 来维护公司网络的路由，如图 14-29 所示。具体要求如下：

（1）在 S1、S2、S3 上创建部门 VLAN 和业务 VLAN，并划分 VLAN。

（2）在 S1 与 S2 之间配置以太网聚合链路。

（3）配置交换机之间的链路为 TRUNK 链路并为相关 VLAN 配置允许列表。

（4）配置 MSTP。

（5）根据实训拓扑，为 PC、路由器、交换机分别配置 IPv6 地址（x 为班级，y 为短学号）。

（6）在 R1、S1、S2 上配置 OSPFv3 并调整 OSPFv3 开销值。

（7）为 S1 与 S2 配置 VRRP6。

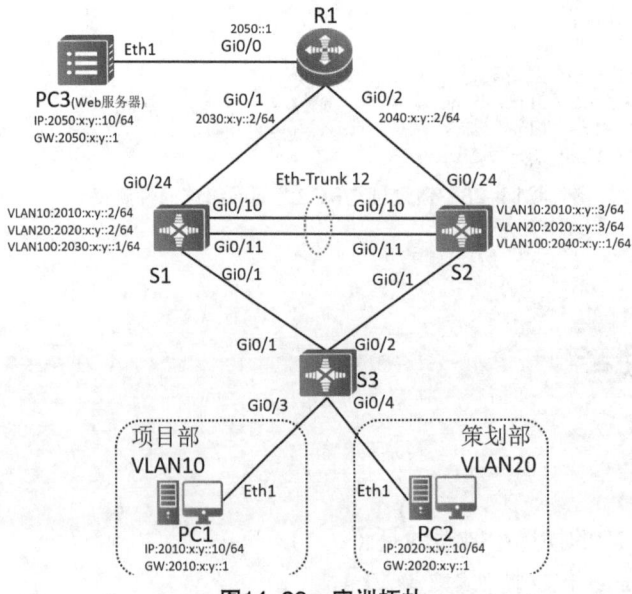

图 14-29　实训拓扑

2. 实训业务规划

根据以上实训拓扑和需求，参考本项目的项目规划完成表14-7 ~ 表14-10。

表14-7　端口互联规划表

本端设备	本端接口	对端设备	对端接口

表14-8　VRRP6备份组规划表

备份组号	VLAN	设备名称	虚拟IP地址	虚拟链路本地地址	优先级

表14-9　IPv6地址规划表

设备名称	接口	IP地址	网关地址	用途

表14-10　MSTP规划表

设备名称	VLAN	MSTID	域名	优先级

3. 实训要求

完成实训后，请截取以下实训验证截图：

（1）在S1上使用【show aggregatePort 12 summary】命令，验证链路聚合情况。

（2）在S3上使用【show spanning-tree summary】命令，验证MSTP运行情况。

（3）在R1上使用【show ipv6 route】命令，查看IPv6路由表。

（4）在S1上使用【show ipv6 route】命令，查看IPv6路由表。

（5）在S2上使用【show ipv6 route】命令，查看IPv6路由表。

（6）在S1上使用【show ipv6 vrrp brief】命令，验证VRRP6配置情况。

（7）在S2上使用【show ipv6 vrrp brief】命令，验证VRRP6配置情况。

（8）使用项目部PC1 ping PC3，测试部门与PC3之间的网络连通性。

（9）使用策划部PC2 ping PC3，测试部门与PC3之间的网络连通性。

项目 15

Jan16 公司总部及分部 IPv6 网络联调

扫一扫，
看微课

项目描述

Jan16公司在某园区A栋建立了公司总部，在B栋建立了分部。分部与总部网络时常有互访需求，但园区网路由器仅能连通总部和分部网络的出口路由器，公司要求管理员配置路由器实现总部和分部内网能够互访。公司网络拓扑如图15-1所示，具体要求如下：

（1）S1和S2分别作为总部和分部PC的网关交换机。

（2）公司总部使用动态路由协议OSPFv3维护公司路由。分部内网规模较小，使用RIPng维护分部路由。公司网络出口路由器通过静态路由与运营商通信。

（3）运营商网络目前仅支持IPv4协议，总部与分部通过在R1与R3之间配置IPv6 Over IPv4 GRE实现通信。

（4）财务部数据较为机密，要求禁止设计部访问财务部。

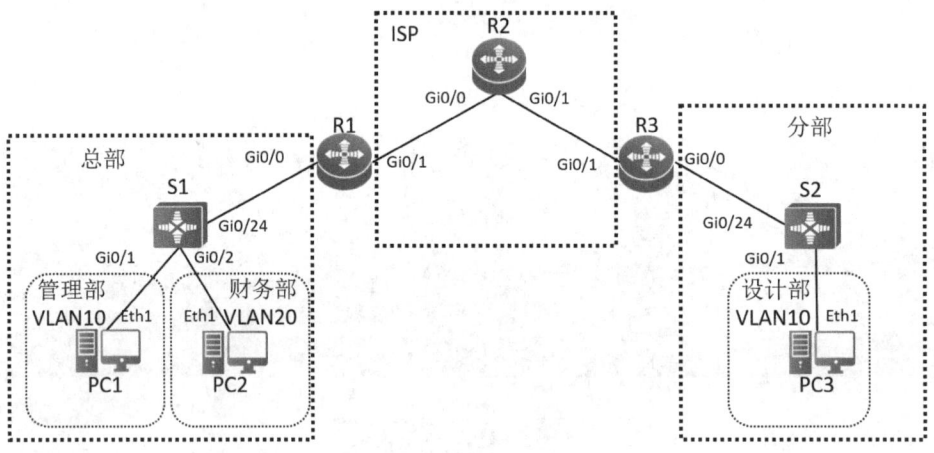

图15-1 公司网络拓扑

项目需求分析

Jan16公司总部和分部需要进行IPv6网络互通；在R1与S1之间配置OSPFv3维护公司总部路由，在R3与S2之间配置RIPng维护公司分部路由，在R1与R3上分别配置指向运营商R2的默认路由；在R1与R3之间配置IPv6 Over IPv4 GRE隧道及隧道路由，实现公司总部与分部之间的通信；为保证财务部网络安全，可在R3上配置ACL6，禁止设计部访问财务部。

因此，本项目可以分解为以下工作任务来完成：

（1）互联网网络配置。

（2）总部基础网络配置。

（3）总部IP地址及路由配置。

（4）分部基础网络配置。

（5）分部IP地址及路由配置。

（6）总部及分部互联隧道配置。

（7）总部安全配置。

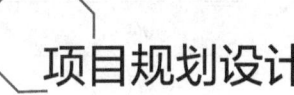

项目规划设计

◎ 项目拓扑

本项目使用3台 PC、3台路由器、2台三层交换机搭建项目拓扑，如图15-2所示。其中 PC1 是管理部员工主机，PC2 是财务部员工主机，PC3 是设计部员工主机，R1 是总部的出口路由器，R3 是分部的出口路由器。S1 用于连接管理部和财务部员工 PC，S2 用于连接设计部员工 PC。

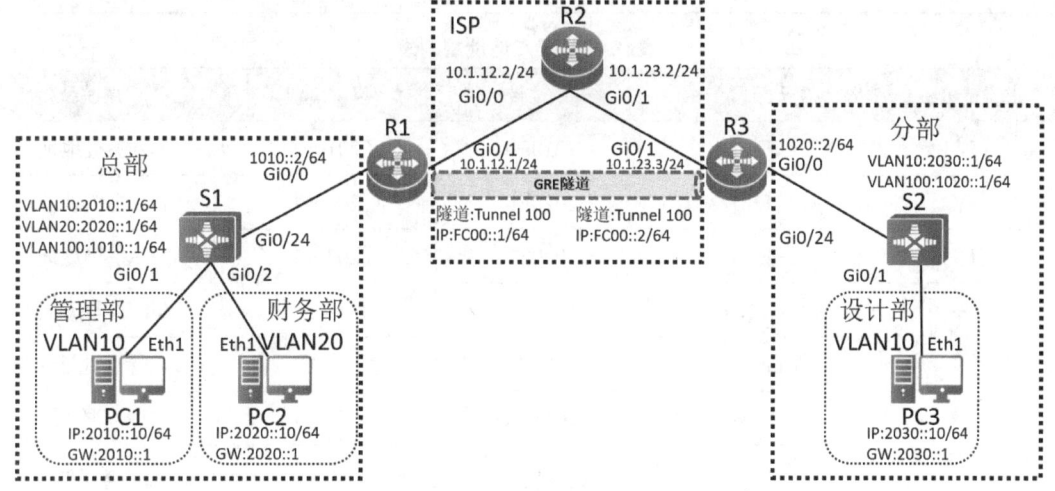

图15-2　项目拓扑

◎ 项目规划

根据项目拓扑进行业务规划，端口互联规划表、IPv6 地址规划表、IPv4 地址规划表如表15-1 ～ 表15-3 所示。

表15-1　端口互联规划表

本端设备	本端接口	对端设备	对端接口
PC1	Eth1	S1	Gi0/1
PC2	Eth1	S1	Gi0/2
PC3	Eth1	S2	Gi0/1
R1	Gi0/0	S1	Gi0/24
	Gi0/1	R2	Gi0/0

本端设备	本端接口	对端设备	对端接口
R2	Gi0/0	R1	Gi0/1
	Gi0/1	R3	Gi0/1
R3	Gi0/1	R2	Gi0/1
	Gi0/0	S2	Gi0/24
S1	Gi0/1	PC1	Eth1
	Gi0/2	PC2	Eth1
	Gi0/24	R1	Gi0/0
S2	Gi0/1	PC3	Eth1
	Gi0/24	R3	Gi0/0

表15-2　IPv6地址规划表

设备名称	接口	IP地址	网关地址	用途
PC1	Eth1	2010::10	2010::1	PC1主机地址
PC2	Eth1	2020::10	2020::1	PC2主机地址
PC3	Eth1	2030::10	2030::1	PC3主机地址
R1	Gi0/0	1010::2/64	N/A	与S1互联地址
	Tunnel 100	FC00::1/64	N/A	隧道地址
R3	Gi0/0	1020::2/64	N/A	与S2互联地址
	Tunnel 100	FC00::2/64	N/A	隧道地址
S1	VLAN10	2010::1/64	N/A	PC1网关地址
	VLAN20	2020::1/64	N/A	PC2网关地址
	VLAN100	1010::1/64	N/A	与R1互联地址
S2	VLAN10	2030::1/64	N/A	PC3网关地址
	VLAN100	1020::1/64	N/A	与R3互联地址

表15-3　IPv4地址规划表

设备名称	接口	IP地址	用途
R1	Gi0/1	10.1.12.1/24	与R2互联地址
R2	Gi0/0	10.1.12.2/24	与R1互联地址
	Gi0/1	10.1.23.2/24	与R3互联地址
R3	Gi0/1	10.1.23.3/24	与R2互联地址

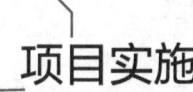

项目实施

任务 15-1　互联网网络配置

任务规划

根据 IPv4 地址规划表（如表15-3所示），为运营商路由器 R2 配置 IPv4 地址。

任务实施

配置 R2 的接口 IP 地址。

在 R2 上为两个接口配置 IPv4 地址，作为与 R1、R3 互联的地址。

Ruijie>enable	进入特权模式
Ruijie#configure terminal	进入全局配置模式
Ruijie(config)#hostname R2	配置设备名称为R2
R2(config)#interface GigabitEthernet 0/0	进入接口视图
R2(config–if–GigabitEthernet 0/0)#ip address 10.1.12.2 255.255.255.0	配置IPv4地址
R2(config–if–GigabitEthernet 0/0)#exit	退出
R2(config)#interface GigabitEthernet 0/1	进入接口视图
R2(config–if–GigabitEthernet 0/1)#ip address 10.1.23.2 255.255.255.0	配置IPv4地址
R2(config–if–GigabitEthernet 0/1)#exit	退出

任务验证

在 R2 上使用【show ip interface brief】命令验证 IPv4 地址配置情况，如图15-3所示。

```
R2(config)#show ip interface brief
Interface          IP-Address(Pri)   IP-Address(Sec)   Status   Protocol Description
… …
GigabitEthernet 0/0   10.1.12.2/24      no address        up       up
GigabitEthernet 0/1   10.1.23.2/24      no address        up       up
… …
R2(config)#
```

图15-3　验证R2的IPv4地址配置情况

任务 15-2　总部基础网络配置

任务规划

根据端口互联规划表（如表15-1所示）要求，为 S1 创建部门 VLAN，然后将对应端口划分到 VLAN 中。

任务实施

1.在交换机 S1 上创建 VLAN

为 S1 创建 VLAN10、VLAN20、VLAN100。

Ruijie>enable	进入特权模式
Ruijie#configure terminal	进入全局配置模式
Ruijie(config)#hostname S1	配置设备名称为S1
S1(config)#vlan 10	创建VLAN10
S1(config-vlan)#vlan 20	创建VLAN20
S1(config-vlan)#vlan 100	创建VLAN100
S1(config-vlan)#exit	退出

2.将交换机端口添加到对应VLAN中

为S1划分VLAN，并将对应端口添加到VLAN中。

S1(config)#interface GigabitEthernet 0/1	进入端口视图
S1(config-if-GigabitEthernet 0/1)#switchport mode access	配置链路类型为ACCESS
S1(config-if-GigabitEthernet 0/1)#switchport access vlan 10	划分端口到VLAN10中
S1(config-if-GigabitEthernet 0/1)#exit	退出
S1(config)#interface GigabitEthernet 0/2	进入端口视图
S1(config-if-GigabitEthernet 0/2)#switchport mode access	配置链路类型为ACCESS
S1(config-if-GigabitEthernet 0/2)#switchport access vlan 20	划分端口到VLAN20中
S1(config-if-GigabitEthernet 0/2)#exit	退出
S1(config)#interface GigabitEthernet 0/24	进入端口视图
S1(config-if-GigabitEthernet 0/24)#switchport mode access	配置链路类型为ACCESS
S1(config-if-GigabitEthernet 0/24)#switchport access vlan 100	划分端口到VLAN100中
S1(config-if-GigabitEthernet 0/24)#exit	退出

任务验证

（1）在S1上使用【show vlan】命令验证VLAN创建情况，如图15-4所示。

```
S1(config)#show vlan
VLAN Name                    Status      Ports
-------- -------------------- ----------- ------------------------------------
    1 VLAN0001               STATIC      Gi0/3, Gi0/4, Gi0/5, Gi0/6
                                         Gi0/7, Gi0/8, Gi0/9, Gi0/10
                                         Gi0/11, Gi0/12, Gi0/13, Gi0/14
                                         Gi0/15, Gi0/16, Gi0/17, Gi0/18
                                         Gi0/19, Gi0/20, Gi0/21, Gi0/22
                                         Gi0/23, Gi0/25, Gi0/26, Gi0/27
                                         Gi0/28, Te0/29, Te0/30, Te0/31
                                         Te0/32
   10 VLAN0010               STATIC      Gi0/1
   20 VLAN0020               STATIC      Gi0/2
  100 VLAN0100               STATIC      Gi0/24
S1(config)#
```

图15-4 验证S1的VLAN创建情况

（2）在S1上使用【show interface switchport】命令验证链路配置情况，如图15-5所示。

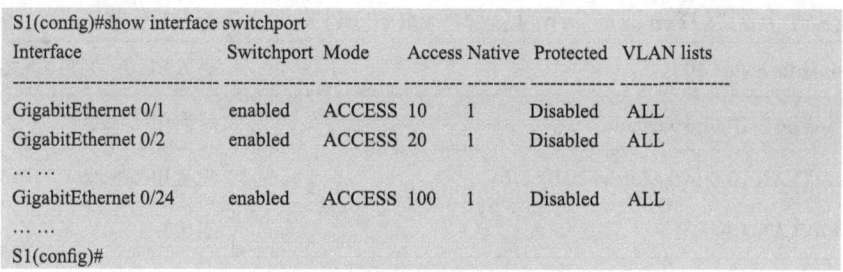

```
S1(config)#show interface switchport
Interface            Switchport Mode   Access Native Protected VLAN lists
---------------------------------------------------------------------------
GigabitEthernet 0/1  enabled    ACCESS 10     1      Disabled  ALL
GigabitEthernet 0/2  enabled    ACCESS 20     1      Disabled  ALL
… …
GigabitEthernet 0/24 enabled    ACCESS 100    1      Disabled  ALL
… …
S1(config)#
```

图15-5　验证S1的链路配置情况

任务 15-3　总部 IP 地址及路由配置

任务规划

根据IPv6和IPv4地址规划，为总部的路由器和交换机配置IPv6和IPv4地址；为S1配置DHCP服务；为S1与R1之间配置OSPFv3并配置R1指向运营商的IPv4默认路由。

任务实施

1.根据表15-4为总部各部门PC配置IPv6地址及网关

表15-4　总部各部门PC的IPv6地址及网关

设备名称	IP地址	网关地址
PC1	2010::10/64	2010::1
PC2	2020::10/64	2020::1

PC2的IPv6地址配置结果如图15-6所示，同理完成PC1的IPv6地址配置。

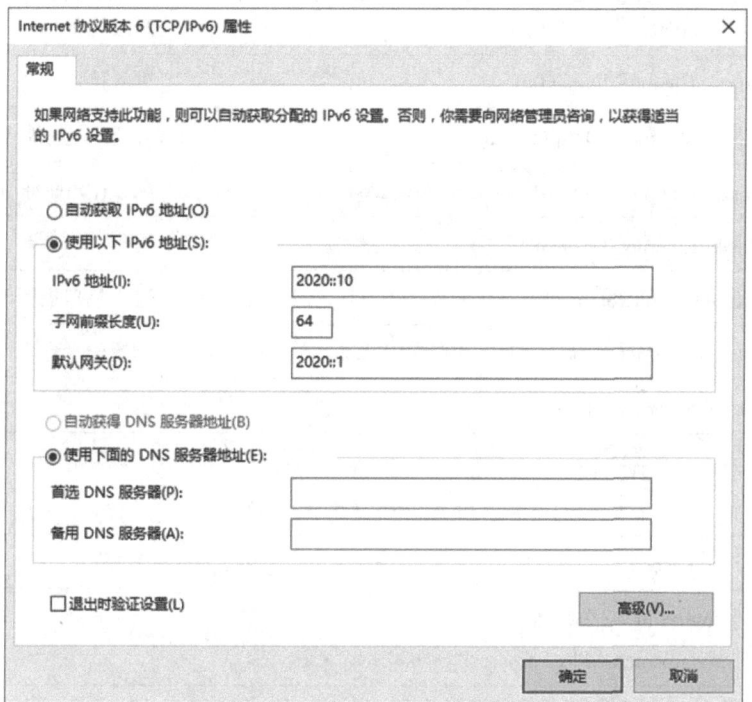

图15-6　PC2的IPv6地址配置结果

2.配置交换机和路由器的接口 IP 地址

（1）在 S1 上配置 IPv6 地址，作为总部各部门的网关，以及与 R1 互联的地址。

S1(config)#interface vlan 10	进入 VLAN10 接口视图
S1(config-if-VLAN 10)#ipv6 enable	开启 IPv6 功能
S1(config-if-VLAN 10)#ipv6 address 2010::1/64	配置 IPv6 地址
S1(config-if-VLAN 10)#exit	退出
S1(config)#interface vlan 20	进入 VLAN20 接口视图
S1(config-if-VLAN 20)#ipv6 enable	开启 IPv6 功能
S1(config-if-VLAN 20)#ipv6 address 2020::1 64	配置 IPv6 地址
S1(config-if-VLAN 20)#exit	退出
S1(config)#interface vlan 100	进入 VLAN30 接口视图
S1(config-if-VLAN 100)#ipv6 enable	开启 IPv6 功能
S1(config-if-VLAN 100)#ipv6 address 1010::1/64	配置 IPv6 地址
S1(config-if-VLAN 100)#exit	退出

（2）在 R1 上配置 IPv6 地址，作为与总部 S1 互联的地址，配置 IPv4 地址，作为与 R2 互联的地址。

Ruijie>enable	进入特权模式
Ruijie#configure terminal	进入全局配置模式
Ruijie(config)#hostname R1	修改设备名称
R1(config)#interface GigabitEthernet 0/0	进入接口视图
R1(config-if-GigabitEthernet 0/0)#ipv6 enable	开启 IPv6 功能
R1(config-if-GigabitEthernet 0/0)#ipv6 address 1010::2/64	配置 IPv6 地址
R1(config-if-GigabitEthernet 0/0)#exit	退出
R1(config)#interface GigabitEthernet 0/1	进入接口视图
R1(config-if-GigabitEthernet 0/1)#ip address 10.1.12.1 255.255.255.0	配置 IPv4 地址
R1(config-if-GigabitEthernet 0/1)#exit	退出

3.配置 OSPFv3 路由协议

（1）在交换机 S1 上创建 OSPFv3 进程，并宣告接口到 OSPFv3 的对应区域中。

S1(config)#ipv6 router ospf 1	创建 OSPFv3 进程 1
S1(config-router)#router-id 2.2.2.2 Change router-id and update OSPFv3 process! [yes/no]:yes	配置 Router ID
S1(config-router)#exit	退出

S1(config)#interface vlan 10	进入VLAN10接口视图
S1(config–if–VLAN 10)#ipv6 ospf 1 area 0	宣告接口到OSPFv3进程1的区域0中
S1(config–if–VLAN 10)#exit	退出
S1(config)#interface vlan 20	进入VLAN20接口视图
S1(config–if–VLAN 20)#ipv6 ospf 1 area 0	宣告接口到OSPFv3进程1的区域0中
S1(config–if–VLAN 20)#exit	退出
S1(config)#interface vlan 100	进入VLAN100接口视图
S1(config–if–VLAN 100)#ipv6 ospf 1 area 0	宣告接口到OSPFv3进程1的区域0中
S1(config–if–VLAN 100)#exit	退出

（2）在路由器R1上创建OSPFv3进程，并宣告接口到OSPFv3的对应区域中。

R1(config)#ipv6 router ospf 1	创建OSPFv3进程1
R1(config–router)# router–id 1.1.1.1 Change router–id and update OSPFv3 process! [yes/no]:yes	配置Router ID
R1(config–router)#exit	退出
R1(config)#interface GigabitEthernet 0/0	进入Gi0/0接口视图
R1(config–if–GigabitEthernet 0/0)#ipv6 ospf 1 area 0	宣告接口到OSPFv3进程1的区域0中
R1(config–if–GigabitEthernet 0/0)#exit	退出

4.配置路由器的默认路由

为R1配置默认路由，作为总部的IPv4网络默认出口。

R1(config)#ip route 0.0.0.0 0.0.0.0 10.1.12.2	配置默认路由

任务验证

（1）在R1上使用【show ip interface brief 】【 show ipv6 interface brief 】命令验证IP地址配置情况，如图15-7所示。

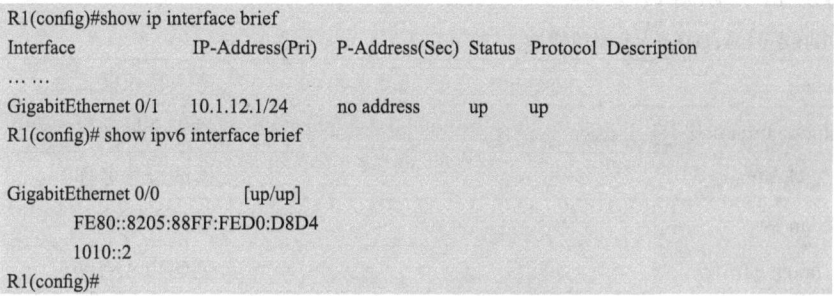

图15-7　验证R1的IP地址配置情况

（2）在S1上使用【show ipv6 interface brief】命令验证IPv6地址配置情况，如图15-8所示。

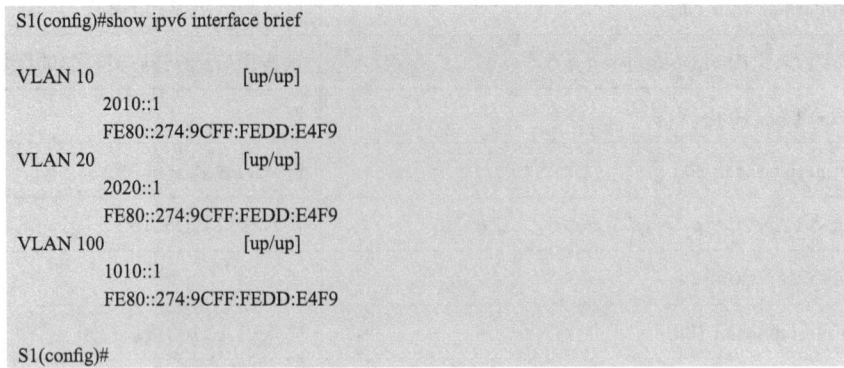

```
S1(config)#show ipv6 interface brief

VLAN 10                    [up/up]
        2010::1
        FE80::274:9CFF:FEDD:E4F9
VLAN 20                    [up/up]
        2020::1
        FE80::274:9CFF:FEDD:E4F9
VLAN 100                   [up/up]
        1010::1
        FE80::274:9CFF:FEDD:E4F9

S1(config)#
```

图15-8　验证S1的IPv6地址配置情况

（3）在R1上使用【show ip route】【show ipv6 route】命令验证默认路由和OSPFv3路由学习情况，如图15-9所示。

```
R1(config)#show ip route
… …
Gateway of last resort is 10.1.12.2 to network 0.0.0.0
S*     0.0.0.0/0 [1/0] via 10.1.12.2
… …
R1(config)#
R1(config)#show ipv6 route
… …
O    2010::/64 [110/2] via FE80::274:9CFF:FEDD:E4F9, GigabitEthernet 0/0
O    2020::/64 [110/2] via FE80::274:9CFF:FEDD:E4F9, GigabitEthernet 0/0
… …
R1(config)#
```

图15-9　验证R1的默认路由和OSPFv3路由学习情况

任务 15-4　分部基础网络配置

任务规划

根据端口互联规划表（如表15-1所示）要求，为S2创建部门VLAN，然后将对应端口划分到部门VLAN中。

任务实施

1.为交换机S2创建VLAN

为S2创建VLAN10、VLAN100。

Ruijie>enable	进入特权模式
Ruijie#configure terminal	进入全局配置模式
Ruijie(config)#hostname S2	修改设备名称
S2(config)#vlan 10	创建VLAN10
S2(config-vlan)#vlan 100	创建VLAN100
S2(config-vlan)#exit	退出

2.将交换机端口添加到对应VLAN中

为S2划分VLAN，并将对应端口添加到部门VLAN中。

S2(config)#interface GigabitEthernet 0/1	进入端口视图
S2(config–if–GigabitEthernet 0/1)#switchport mode access	配置链路类型为ACCESS
S2(config–if–GigabitEthernet 0/1)#switchport access vlan 20	划分端口到VLAN20中
S2(config–if–GigabitEthernet 0/1)#exit	退出
S2(config)#interface GigabitEthernet 0/24	进入端口视图
S2(config–if–GigabitEthernet 0/24)#switchport mode access	配置链路类型为ACCESS
S2(config–if–GigabitEthernet 0/24)#switchport access vlan 100	划分端口到VLAN100中
S2(config–if–GigabitEthernet 0/24)#exit	退出

任务验证

在 S2 上使用【 show vlan 】【 show interface switchport 】命令验证 VLAN 创建情况和链路配置情况，如图15-10所示。

```
S2(config)#show vlan
VLAN Name                    Status   Ports
-------- -------------------- -------- --------------------------
   1 VLAN0001                STATIC   Gi0/2, Gi0/3, Gi0/4, Gi0/5
                                      Gi0/6, Gi0/7, Gi0/8, Gi0/9
                                      Gi0/10, Gi0/11, Gi0/12, Gi0/13
                                      Gi0/14, Gi0/15, Gi0/16, Gi0/17
                                      Gi0/18, Gi0/19, Gi0/20, Gi0/21
                                      Gi0/22, Gi0/23, Gi0/25, Gi0/26
                                      Gi0/27, Gi0/28, Te0/29, Te0/30
                                      Te0/31, Te0/32
  10 VLAN0010                STATIC   Gi0/1
 100 VLAN0100                STATIC   Gi0/24
S2(config)#
S2(config)#show interface switchport
Interface          Switchport Mode    Access Native Protected VLAN lists
------------------ ---------- ------- ------ ------ --------- ----------
GigabitEthernet 0/1   enabled ACCESS  10     1      Disabled  ALL
… …
GigabitEthernet 0/24  enabled ACCESS  100    1      Disabled  ALL
… …
S2(config)#
```

图15-10　验证S2的VLAN创建情况和链路配置情况

任务 15-5　分部 IP 地址及路由配置

任务规划

根据 IPv6 和 IPv4 地址规划表，为分部的路由器和交换机配置 IPv6 和 IPv4 地址；为 S2 开启 RA 报文发送功能；在 R3 与 S2 之间运行 RIPng 并为 R3 配置指向运营商的 IPv4 默认路由。

任务实施

1. 根据表 15-5 为分部部门 PC 配置 IPv6 地址及网关

表15-5　分部部门PC的IPv6地址及网关

设备名称	IP地址	网关地址
PC3	2030::10/64	2030::1

PC3的IPv6地址配置结果如图15-11所示。

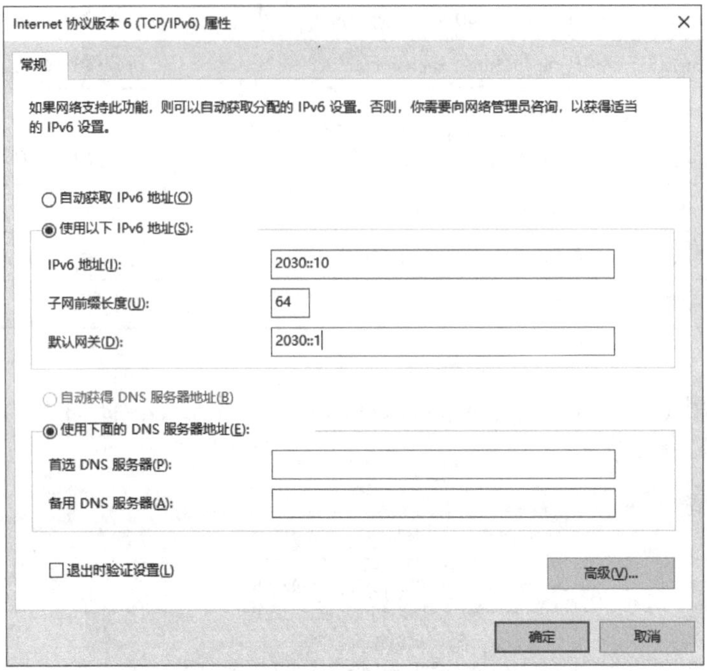

图15-11　PC3的IPv6地址配置结果

2.配置交换机和路由器的接口IP地址

（1）在S2上配置IPv6地址，作为分部设计部的网关，以及与R3互联的地址。

S2(config)#interface vlan 10	进入VLAN10接口视图
S2(config-if-VLAN 10)#ipv6 enable	开启IPv6功能
S2(config-if-VLAN 10)#ipv6 address 2030::1/64	配置IPv6地址
S2(config-if-VLAN 10)#exit	退出
S2(config)#interface vlan 100	进入VLAN100接口视图
S2(config-if-VLAN 100)#ipv6 enable	开启IPv6功能
S2(config-if-VLAN 100)#ipv6 address 1020::1/64	配置IPv6地址
S2(config-if-VLAN 100)#exit	退出

（2）在R3上配置IPv6地址，作为与分部S2互联的地址，配置IPv4地址，作为与R2互联的地址。

Ruijie>enable	进入特权模式
Ruijie#configure terminal	进入全局配置模式
Ruijie(config)#hostname R3	修改设备名称
R3(config)#interface GigabitEthernet 0/0	进入接口视图
R3(config-if-GigabitEthernet 0/0)#ipv6 enable	开启IPv6功能
R3(config-if-GigabitEthernet 0/0)#ipv6 address 1020::2/64	配置IPv6地址

R3(config-if-GigabitEthernet 0/0)#exit	退出
R3(config)#interface GigabitEthernet 0/1	进入接口视图
R3(config-if-GigabitEthernet 0/1)#ip address 10.1.23.3 255.255.255.0	配置IPv4地址
R3(config-if-GigabitEthernet 0/1)#exit	退出

3.配置RIPng路由协议

（1）在交换机S2上配置RIPng，并宣告对应接口到RIPng中。

S2(config)#ipv6 router rip	启动 RIPng 路由进程，进入路由进程模式
S2(config-router)#exit	退出
S2(config)#interface vlan 10	进入VLAN10接口
S2(config-if-VLAN 10)#ipv6 rip enable	在接口上运行 RIPng
S2(config-if-VLAN 10)#exit	退出
S2(config)#interface vlan 100	进入VLAN100接口
S2(config-if-VLAN 100)#ipv6 rip enable	在接口上运行 RIPng
S2(config-if-VLAN 100)#exit	退出

（2）在路由器R3上配置RIPng，并宣告对应接口到RIPng中。

R3(config)#ipv6 router rip	启动 RIPng 路由进程，进入路由进程模式
R3(config-router)#exit	退出
R3(config)#interface GigabitEthernet0/0	进入接口视图
R3(config-if-GigabitEthernet 0/0)#ipv6 rip enable	在接口上运行 RIPng
R3(config-if-GigabitEthernet 0/0)#exit	退出

4.配置路由器的默认路由

为R3配置默认路由，作为分部的IPv4网络默认出口。

R3(config)#ip route 0.0.0.0 0.0.0.0 10.1.23.2	配置默认路由

任务验证

（1）在R3上使用【show ip interface brief】【show ipv6 interface brief】命令验证IP地址配置情况，如图15-12所示。

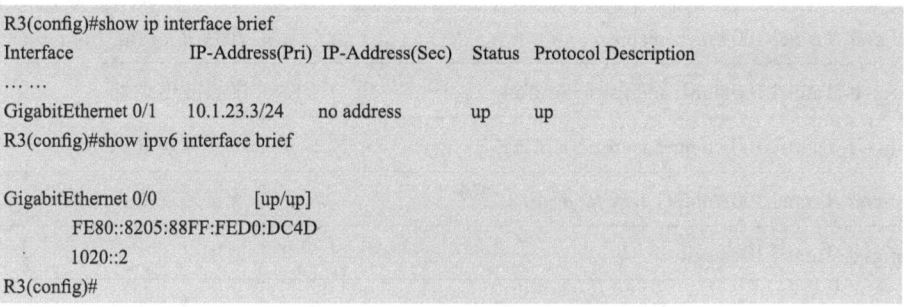

图15-12　验证R3的IP地址配置情况

（2）在S2上使用【show ipv6 interface brief】命令验证IPv6地址配置情况，如图15–13所示。

```
S2(config)#show ipv6 interface brief

VLAN 10                    [up/up]
        FE80::8205:88FF:FEA5:8568
        2030::1
VLAN 100                   [up/up]
        FE80::8205:88FF:FEA5:8568
        1020::1
S2(config)#
```

图15–13　验证S2的IPv6地址配置情况

（3）在R3上使用【show ip route】【show ipv6 route】命令验证默认路由和OSPFv3查看路由学习情况，如图15–14所示。

```
R3(config)#show ip route
… …
Gateway of last resort is 10.1.23.2 to network 0.0.0.0
S*    0.0.0.0/0 [1/0] via 10.1.23.2
… …
R3(config)#
R3(config)#show ipv6 route
… …
R     2030::/64 [120/2] via FE80::8205:88FF:FEA5:8568, GigabitEthernet 0/0
… …
R3(config)#
```

图15–14　验证R3的默认路由和OSPFv3路由学习情况

任务 15–6　总部及分部互联隧道配置

任务规划

在R1与R3之间配置IPv6 Over IPv4 GRE隧道及隧道路由，并将隧道路由分别引入总部和分部的网络。

任务实施

1.配置R1的IPv6 Over IPv4 GRE隧道及隧道路由

创建隧道接口Tunnel 100，配置隧道协议为GRE（默认），IPv6地址为FC00::1/64，隧道起点地址为10.1.12.1，隧道终点地址为10.1.23.3。配置指向设计部的隧道路由。

R1(config)#interface tunnel 100	创建隧道接口
R1(config–if–Tunnel 100)#ipv6 enable	开启IPv6功能
R1(config–if–Tunnel 100)#ipv6 address fc00::1/64	配置隧道地址
R1(config–if–Tunnel 100)#tunnel source 10.1.12.1	配置隧道起点地址
R1(config–if–Tunnel 100)#tunnel destination 10.1.23.3	配置隧道终点地址
R1(config–if–Tunnel 100)#exit	退出
R1(config)#ipv6 route 2030::/64 tunnel 100	配置隧道路由

2.配置 R3 的 IPv6 Over IPv4 GRE 隧道及隧道路由

创建隧道接口 Tunnel 100，配置隧道协议为 GRE，IPv6 地址为 FC00::2/64，隧道起点地址为 10.1.23.3，隧道终点地址为 10.1.12.1。配置指向管理部和财务部的隧道路由。

R3(config)#interface tunnel 100	创建隧道接口
R3(config–if–Tunnel 100)#ipv6 enable	开启IPv6功能
R3(config–if–Tunnel 100)#ipv6 address fc00::2/64	配置隧道地址
R3(config–if–Tunnel 100)#tunnel source 10.1.23.3	配置隧道起点地址
R3(config–if–Tunnel 100)#tunnel destination 10.1.12.1	配置隧道终点地址
R3(config–if–Tunnel 100)#exit	退出
R3(config)#ipv6 route 2010::/64 tunnel 100	配置IPv6静态路由
R3(config)#ipv6 route 2020::/64 tunnel 100	配置IPv6静态路由

3.引入隧道路由

（1）在 R1 上将隧道路由引入 OSPFv3 中。

R1(config)#ipv6 router ospf 1	进入OSPFv3进程1
R1(config-router)#redistribute static	引入静态路由
R1(config-router)#exit	退出

（2）在 R3 上将隧道路由引入 RIPng 中。

R3(config)#ipv6 router rip	进入RIPng路由进程模式
R3(config-router)#redistribute static	引入静态路由
R3(config-router)#exit	退出

任务验证

（1）在 R1 上使用【ping fc00::2】命令尝试 ping 通隧道终点，如图 15–15 所示。

```
R1#ping fc00::2
Sending 5, 100-byte ICMP Echoes to fc00::2, timeout is 2 seconds:
  < press Ctrl+C to break >
!!!!!
Success rate is 100 percent (5/5), round-trip min/avg/max = 1/1/1 ms
R1#
```

图15–15　隧道连通性测试

（2）在 S1 上使用【show ipv6 route】命令验证是否学习到隧道路由，如图 15–16 所示。

```
S1(config)#show ipv6 route
… …
O   E2   2030::/64 [110/20] via FE80::8205:88FF:FED0:D8D4, VLAN 100
… …
S1(config)#
```

图15–16　验证S1是否学习到隧道路由

（3）在 S2 上使用【show ipv6 route】命令验证是否学习到隧道路由，如图 15-17 所示。

```
S2(config)#show ipv6 route
… …
R     2010::/64 [120/2] via FE80::8205:88FF:FED0:DC4D, VLAN 100
R     2020::/64 [120/2] via FE80::8205:88FF:FED0:DC4D, VLAN 100
… …
S2(config)#
```

图15-17   验证S2是否学习到隧道路由

任务 15-7   总部安全配置

任务规划

在 R3 上配置 ACL6，禁止设计部访问财务部。

任务实施

配置 R3 的 ACL6。

创建 ACL6，名称为 JAN16，创建规则 5，动作为"deny"，匹配源地址为设计部网段 "2030::/64"，匹配目的地址为财务部网段 "2020::/64"；应用于 R3 Gi0/0 接口流量的入口方向。

R3(config)#ipv6 access-list JAN16	创建ACL6
R3(config-ipv6-acl)#5 deny ipv6 2030::/64 2020::/64	创建规则5
R3(config-ipv6-acl)#10 permit ipv6 any any	创建规则10
R3(config-ipv6-acl)#exit	退出
R3(config)#interface GigabitEthernet 0/0	进入接口视图
R3(config-if-GigabitEthernet 0/0)#ipv6 traffic-filter JAN16 in	接口流量入口方向上调用ACL6
R3(config-if-GigabitEthernet 0/0)#exit	退出

任务验证

在 R3 上使用【show access-lists】命令验证 ACL6 创建情况，如图 15-18 所示。

```
R3(config)#show access-lists

ipv6 access-list JAN16
 5 deny ipv6 2030::/64 2020::/64
R3(config)#
```

图15-18   验证R3的ACL6创建情况

项目验证

（1）使用管理部 PC1 ping 财务部 PC2 的 IPv6 地址 2020::10，如图 15-19 所示。

```
C:\Users\admin>ping 2020::10

正在 ping 2020::10 具有 32 字节的数据：
来自 2020::10 的回复：时间 =1ms
来自 2020::10 的回复：时间 =1ms
来自 2020::10 的回复：时间 =1ms
来自 2020::10 的回复：时间 <1ms


2020::10 的 ping 统计信息：
    数据包：已发送 =4，已接收 =4，丢失 =0 (0% 丢失)，
往返行程的估计时间 (以毫秒为单位)：
    最短 =0ms，最长 =1ms，平均 =0ms
```

图15-19　管理部与财务部之间网络连通性测试

（2）使用管理部 PC1 ping 设计部 PC3 的 IPv6 地址 2030::10，如图 15-20 所示。

```
C:\Users\admin>ping 2030::10

正在 ping 2030::10 具有 32 字节的数据：
来自 2030::10 的回复：时间 =1ms
来自 2030::10 的回复：时间 =1ms
来自 2030::10 的回复：时间 =1ms
来自 2030::10 的回复：时间 =1ms


2030::10 的 ping 统计信息：
    数据包：已发送 =4，已接收 =4，丢失 =0 (0% 丢失)，
往返行程的估计时间 (以毫秒为单位)：
    最短 =1ms，最长 =1ms，平均 =1ms
```

图15-20　管理部与设计部之间网络连通性测试

（3）使用设计部 PC3 ping 财务部 PC2 的 IPv6 地址 2020::10，如图 15-21 所示。

```
C:\Users\admin>ping 2020::10

正在 ping 2020::10 具有 32 字节的数据：
请求超时。
请求超时。
请求超时。
请求超时。

2020::10 的 ping 统计信息：
    数据包：已发送 =4，已接收 =0，丢失 =4 (100% 丢失)，
```

图15-21　设计部与财务部之间网络连通性测试

练习与思考

◎ 项目实训题

1.项目背景与要求

Jan161公司网络工程师小钱，接到对公司总部与分部网络进行规划设计的任务。具体要求如下：

（1）在S1、S2上创建部门VLAN和业务VLAN并划分VLAN。

（2）根据图15-22所示的实训拓扑，为PC、路由器、交换机分别配置IPv6地址（x为班级，y为短学号）。

（3）在R1、S1上配置OSPFv3，维护总部网络路由。

（4）在R3、S2上配置RIPng，维护分部网络路由。

（5）在R1与R3上配置IPv4默认路由，下一跳为R2，与运营商网络互通。

（6）在R1与R3上配置GRE隧道。

（7）在R1与R3上分别配置隧道路由并分别引入OSPFv3和RIPng中。

（8）在R3上配置ACL6禁止设计部访问财务部。

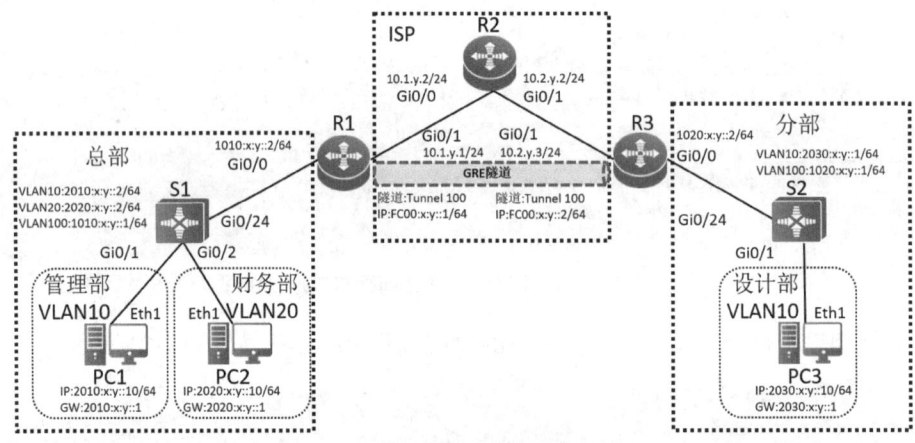

图15-22 实训拓扑

2.实训业务规划

根据以上实训拓扑和需求，参考本项目的项目规划完成表15-6~表15-8。

表15-6 端口互联规划表

本端设备	本端接口	对端设备	对端接口

表15-7　IPv6地址规划表

设备名称	接口	IP地址	网关地址	用途

表15-8　IPv4地址规划表

设备名称	接口	IP地址	用途

3.实训要求

完成实训后，请截取以下实训验证截图：

（1）在S1上使用【show interface switchport】命令，验证链路配置情况。

（2）在S2上使用【show interface switchport】命令，验证链路配置情况。

（3）在R1上使用【show ip route】命令，查看IPv4路由表。

（4）在R3上使用【show ip route】命令，查看IPv4路由表。

（5）在R1上使用【show ipv6 route】命令，查看IPv6路由表。

（6）在S1上使用【show ipv6 route】命令，查看IPv6路由表。

（7）在R3上使用【show ipv6 route】命令，查看IPv6路由表。

（8）在S2上使用【show ipv6 route】命令，查看IPv6路由表。

（9）以R1作为GRE隧道的起点，ping隧道终点地址FC00:x:y::2，验证隧道创建情况。

（10）使用管理部PC1 ping设计部PC3，测试部门之间的网络连通性。

（11）使用财务部PC2 ping设计部PC3，测试部门之间的网络连通性。